金属塑性变形技术应用

Metal Plastic Deformation Technology Application

孙 颖　张慧云　郑留伟　赵晓青 主编

输入刮刮卡密码
查看本书数字资源

北 京
冶 金 工 业 出 版 社
2025

内 容 提 要

本书包括走进金属压力加工、金属塑性变形基本规律应用、金属综合性能分析、轧制变形能力分析、轧制时宽展和前滑后滑的分析、计算轧制压力、模拟调整轧机消除板带厚度误差 7 个模块，共 18 个任务。本书内容结合高职高专教学特点，进行了大量的改革创新，注重培养学生在轧钢生产中寻找和利用有利因素与条件以降低生产能耗、提高产品质量和成材率的能力，以及分析问题解决问题的能力。

本书可作为高职高专轧钢工程技术专业和材料成型及控制工程专业的教材，也可供轧钢企业职工培训或相关专业领域的工程技术人员参考。

图书在版编目(CIP)数据

金属塑性变形技术应用/孙颖等主编 .—北京：冶金工业出版社，2021.10（2025.1 重印）

高职高专规划教材

ISBN 978-7-5024-8937-3

Ⅰ.①金…　Ⅱ.①孙…　Ⅲ.①金属—塑性变形—高等职业教育—教材　Ⅳ.①TG111.7

中国版本图书馆 CIP 数据核字(2021)第 197080 号

金属塑性变形技术应用

出版发行　冶金工业出版社　　**电　　话**　(010)64027926
地　　址　北京市东城区嵩祝院北巷 39 号　　**邮　　编**　100009
网　　址　www.mip1953.com　　**电子信箱**　service@mip1953.com

责任编辑　杜婷婷　美术编辑　吕欣童　版式设计　郑小利
责任校对　梅雨晴　责任印制　禹　蕊

三河市双峰印刷装订有限公司印刷

2021 年 10 月第 1 版，2025 年 1 月第 3 次印刷

787mm×1092mm　1/16；16.5 印张；402 千字；254 页

定价 49.00 元

投稿电话　(010)64027932　投稿信箱　tougao@cnmip.com.cn
营销中心电话　(010)64044283
冶金工业出版社天猫旗舰店　yjgycbs.tmall.com

前　言

本书是山西工程职业学院国家“双高计划”A档专业群“钢铁智能冶金技术专业群”的专业基础课程教材，是智慧职教MOOC学院在线开放课程“金属塑性变形技术应用”配套教材，是教育部黑色冶金技术专业国家教学资源库课程配套教材。课程于2008年作为国家示范性高职院校重点建设专业课程开始教学改革，并于2013年被评为山西省精品资源共享课程，在2018年4月在智慧职教MOOC学院正式上线，同年在山西省职业院校技能大赛中，课程教学案例“分析如何顺利咬入”获高职组教学设计一等奖，2021年，思政微课“工欲善其事，必先利其器——轧制咬入”被认定为山西省职业教育铸魂育人计划项目。

本书坚持以习近平新时代中国特色社会主义思想为指导，落实立德树人根本任务，立足“三教”改革，结合高职高专学生特点，在传统教材的基础上，进行了大量的改革创新。全书图文并茂、形象直观，贴近当前职业教育教学实际，使学生在快乐中学习、在快乐中创造，新颖的呈现形式能调动学生的学习积极性。

本书由山西工程职业学院教师与多家钢铁企业技术专家联合编写，深度渗透校企合作、产教融合最新成果与实践。经过团队教师的精心打磨，校企合作共同开发，在教材的结构、内容、形式上力求推陈出新，使得教材既能体现工学结合、保持与企业实际生产的高度匹配，也能满足多种形式的线上线下教学模式改革。本书创新点如下：

（1）落实立德树人根本任务，课程思政贯穿始终。本书以习近平新时代中国特色社会主义思想为指导，以立德树人为根本任务，全面落实课程思政要求。开篇课程导学“厉害了我的国”引入我国近几年钢铁行业重大事件及伟大成就，引导学生热爱钢铁行业，激发钢铁报国情怀；每个任务前都引入钢铁行业内典型人物及工匠故事（钢铁人物、钢铁企业、钢铁故事），并将党的二十大钢铁人物风采、钢铁企业辉煌十年变化等内容及时引入；每个任务后附有能量小贴士名言警句、习近平总书记对青年人的寄语、习近平在中国共产党第二十次全国代表大会上的报告等，将习近平新时代中国特色社会主义思想、社会主义核心价值观、中华优秀传统文化、革命文化和社会主义先进文化、爱国主义教育、党的二十大精神融入其中，增强了学生大国工匠的使命感和责任感，弘扬了劳动光荣、技能宝贵、创造伟大的时代风尚。

(2) 深化“三教”改革，重构教材体系。本书立足“三教”改革，结合高职高专教育教学规律、技术技能人才成长规律，紧扣产业升级和数字化改造，依据职业教育国家教学标准体系，对接职业标准和岗位（群）能力要求，以真实生产项目、典型工作任务、案例为载体组织教学单元，教材内容与行业标准、生产过程、岗位任务完全对接，深入浅出、图文并茂，更加突出了应用性。

(3) 融媒体活页式。本书内容囊括任务情景、任务背景知识、学生工作任务单（任务页）、实验、思考与练习、电子课件、知识闯关答题（学生通过扫码可以交互式答题）、微课视频资源等；形式上包含主二维码交互内容、配套数字资料等。通过各方面的交叉、融合，形成了一种多元化、立体化、共享化的可听、可视、可练、可互动的活页式、工作手册式数字融媒体教材。

(4) 大量实验。通过实验来验证理论，增加学生动手能力、实践能力及合作交流能力。

(5) 知识拓展。每个任务都有“知识拓展”板块，介绍钢铁冶金前沿动态，结合中国国情、伟大成就、领先技术、发展理念，融入了新技术、新材料、新装备、新产品、新业态、新工艺等相关内容，如材料的氢脆、长度测量工具的发展、材料的组织形貌分析手段等，紧密对接产业升级和技术变革，以此开阔学生视野，培养学生科学探索、独立思考、开拓创新能力。

本书由山西工程职业学院孙颖、张慧云、赵晓青，太原理工大学郑留伟担任主编。其中，孙颖主要编写任务2.2、任务5.1、任务5.2、任务6.1、任务6.2，张慧云主要编写任务3.1、任务3.2、任务7.1、任务7.2，郑留伟主要编写任务2.1、任务2.3、任务2.4，赵晓青主要编写任务1.1、任务3.3、任务3.4、任务4.1~任务4.3。参与本书编写工作的企业技术人员有宝武太钢集团卢振敏、王玮璐，中阳钢铁有限公司王朝辉。本书在编写过程中得到了宝武宝钢股份公司巩荣建、河钢邯钢集团公司刘红艳等多名技术人员的技术支持，在此一并表示感谢。

由于编者水平有限，书中不足之处，恳请读者批评指正。

编　者

2022年11月

目　录

课程导学

厉害了我的国！

2018 年 10 月港珠澳大桥正式通车，这座世界上最长的钢铁大桥，是使用了国产 42 万吨超级钢铁打造的超级钢桥。其因超大的建筑规模、空前的施工难度以及顶尖的建造技术而闻名世界。

2019 年 12 月 17 日，我国第一艘国产航母山东舰在海南三亚某军港交付海军。山东舰是我国首艘自主建造的国产航母，基于对苏联库兹涅佐夫级航空母舰、中国辽宁号航空母舰的研究，由我国自行改进研发而成，是我国真正意义上的第一艘国产航空母舰。

2019 年 9 月 17 日，第 21 届中国国际工业博览会在国家会展中心（上海）开幕，其中，关注度、科技含量较高的亮点展品有山西太钢展区的宽幅超薄不锈钢精密箔，它属于不锈钢板带领域中的高端产品。与常规不锈钢薄板不同，不锈钢精密带钢是指特殊极薄规格的冷轧不锈带钢，其厚度一般在 0.05～0.5mm 之间，0.05mm 以下则称为不锈钢箔。目前，市场上多为 0.05mm 的软态不锈钢。太钢研发的“手撕钢”，其厚度只有 0.02mm，徒手就能将不锈钢箔撕成碎片。“手撕钢”广泛应用于航空航天、国防、医疗器械、石油化工、精密仪器等领域。因为工艺控制难度大、产品质量要求高，其核心制造技术一直掌握在日本、德国等发达国家手中。山西太钢不锈钢精密带钢有限公司不仅自主攻克了不锈钢箔材精密制造技术，批量生产出宽度 600mm、厚度 0.02mm 的不锈钢箔材，而且还将不锈钢箔材的制造工艺提高到世界领先水平。该项目的开发成功打破了国外垄断，填补了国内空白，迫使同类超薄带钢进口吨钢售价降低 50%，每年可为国家节约外汇 100 亿元。目前，“手撕钢”已经应用到柔性显示屏、柔性太阳能组件、传感器、储能电池等高科技领域。

从军用到民用，从建筑到生活，钢铁无处不在。钢材从坯料到成品，加工很重要，离不开金属塑性变形原理与技术的应用，那么就让我们深入学习金属塑性变形原理与技术，探索金属的“成材”之路吧。

能量小贴士

新时代十年的伟大变革，在党史、新中国史、改革开放史、社会主义发展史、中华民族发展史上具有里程碑意义。

——党的二十大报告金句

模块1 走进金属压力加工

本模块课件

模块背景

随着现代金属材料科学的不断发展，种类繁多的金属材料在机械制造、国防、航空航天、建筑、农业、矿业、电子信息、日常生活用品等领域，有明显的性价比优势和广阔的市场。据统计，金属材料中90%以上都要经过压力加工成坯或成材后才能被各行业所使用。

学习目标

知识目标：掌握金属压力加工的概念和种类；
　　　　　熟悉轧制、锻造、挤压、拉拔、冲压等压力加工方法；
　　　　　了解金属压力加工的特点。
技能目标：会描述金属压力加工的概念和种类；
　　　　　能分析金属压力加工的优点；
　　　　　能识别典型压力加工方法和压力加工产品。
德育目标：培养学生爱国情怀和主人翁精神；
　　　　　培养严谨细致的工作作风，提高对比分析、总结归纳的能力。

任务1.1　认知典型压力加工方法

钢铁材料

王国栋院士：如何打造“超级钢”

衡量一个国家的工业化水平，最直观的就是钢铁。工业对于钢铁的需求几乎等同于人类对于粮食的渴望。钢铁是目前全球应用范围最广的金属材料，高端、特种钢材则是钢铁材料中的明珠。各国钢铁竞争已不仅仅是总产量，还有产品结构，尤其是高端特种钢材的生产水平和能力，而这方面恰恰是我国亟待补齐的一块短板。飞机起落架、高速列车车轴、轴承等抗疲劳高强钢，核电站用耐高温、抗辐射的不锈耐热钢管等特种钢材，都曾长期依赖进口。2017年，我国成功完成了“超级钢”的研制，这种技术绝对算得上是颠覆性的。这种“超级钢”的强度和延展性都极为出色，强韧度达2200MPa，这几乎领先了俄罗斯航母钢强韧度的两倍之多。另外，这种钢材在重量上相较于其他钢材轻 30%，该材料还因此获得了全球顶级学术杂志《Science》的高度评价。到 2019 年，我国仍然是唯一一个真正实现了“超级钢”大规模工业生产的国家，其他国家依旧没办法实现大规模工业生产，只能在实验室少量生产。

什么是“超级钢”？“超级钢”是比现有钢材性能更优越的工业材料，它是在压轧时把压力增加到通常的 5 倍，通过提高冷却速度和严格控制温度开发成功的，其晶粒直径只有 1μm，为一般钢铁的 1/10~1/20，因此组织细密，强度高，韧性也大，而且即使不添加镍、铜等元素也能够保持很高的强度。超级钢主要用于汽车、桥梁、航空、国防等领域，我国超级钢的开发应用已经成为国际上钢铁领域令人瞩目的研究热点。

钢铁到底是怎样炼成的？首先把煤和铁矿石通过焦化和烧结变成焦炭和烧结矿；然后二者在高炉里发生化学反应，将其变成铁水；铁水经过转炉的冶炼、吹氧、去碳、降碳，使碳达到一定的程度，再经过精炼，调整成分变成钢水；钢水经过连铸变成钢坯；钢坯加热轧制变成热轧产品；热轧产品经过冷轧，变成冷轧产品。这时就得到了各种各样的钢材，如型材、板材、管材等。在钢铁成型过程中，通过调节加工过程、加工工艺可提高钢材的性能，这就是王国栋院士提到的控轧控冷技术。钢材的控轧控冷技术，是指在轧制过程中通过控制加热温度、轧制过程、冷却条件等工艺参数，改善钢材的强度、韧性、焊接等性能。钢铁轧制就是通过施加一定的压力，使钢锭、钢坯在旋转的轧辊间改变形状和性能。在钢铁生产技术中，轧制控制是使粗钢变成高精度、高性能、高效益的钢铁产品的一个关键工艺。王国栋院士的团队就是通过控制钢材的变形程度、温度等对钢材性能进行调控的。

20 世纪 70 年代，日本开发了 Super OLAC 超级冷却系统。在这一系统的启发下，王国栋院士团队开始想办法设计自己的轧机快速冷却系统。正好当时石家庄敬业集团有个 3100mm 轧机，于是我国的第一套超快冷系统在这一轧机进行了初试，效果还不错，接着又把这一技术应用在鞍钢 4300mm 轧机上，经过大家的共同努力，轧制出来的板子非常平。板形问题的解决使我国管线钢的生产不断提升，以至于我国管线钢是目前全世界做得最好的。

在板钢的冷却控制上，我国与世界先进水平的差距是从跟跑，到并跑，最后走向领跑的一个趋势。在新时期，随着人们眼光和期望的变化，我们必须要“啃一些硬骨头”，开发更多自主的、原创的、外国没有的东西，这样才有市场。

最后，引用王国栋院士的一段话：“钢铁工业 200 多年历史了，到今天来说不是夕阳工业，历久弥新，还正在朝阳。只要创新，钢铁工业永远是朝阳工业。因为社会在发展，需求在不断提出来，钢铁的潜力通过新技术的开发会不断地提升。创新任重道远，历史的重任落在我们中国人的身上，责无旁贷。因为现在我们占着全世界二分之一还要多的钢铁产量，我们中国人把这事做好，就是勇于担当与挑战、勇于创新，留下中国人的钢铁印记，进入到世界领先的钢铁行业集群。”

任务引领

一大一小两个铁球碰到了一起，它们进行了一段有意思的对话。

大铁球：你好，小老弟。

小铁球：你好，大个子。你看上去不太好啊，你的脸色怎么不像我一样容光焕发啊。

大铁球：我很正常啊，人类造我出来就这样啊。我健康着呢！

小铁球：他们怎样造的你？

大铁球：开始我被他们用火烧，身体里原来排列很整齐的原子都散了架了。然后我被装进了一个黑洞洞的屋子里，想逃也逃不掉，慢慢变冷，最后就成这样子了。

小铁球：我的境遇虽然与你不同，但也好不到哪里去。他们对我可狠了，对我又挤又压，我都喘不过气了，我从长条状就变成了小球球。后来他们还用火烧我，把我变得很热之后，就把我丢到油里面让我洗澡。最后他们还脱去我表面的一层皮，我好痛啊。不过，好的一面是我变漂亮了。

大铁球：小老弟，你这么小，能干什么呢？

小铁球：我的作用可大了。他们把我做成轴承，可以让轴转得飞快。你呢，你能干什么呢？

大铁球：我不做轴承。他们把我放进一个叫作球磨机的大家伙肚子里，我在里面可以把各种硬硬的矿石块磨成细细的粉。

各位同学，你知道大铁球和小铁球分别是如何造出来的吗？

学生工作单

学生工作任务单

<table>
<tr><td>学习领域课程</td><td colspan="3">金属塑性变形技术应用</td></tr>
<tr><td>模块 1</td><td colspan="3">金属压力加工认知</td></tr>
<tr><td>任务 1.1</td><td colspan="3">认知典型压力加工方法</td></tr>
<tr><td rowspan="3">任务描述</td><td>能力目标</td><td colspan="2">（1）会描述金属压力加工的概念和种类；
（2）能分析压力加工的特点；
（3）能识别典型压力加工方法</td></tr>
<tr><td>知识目标</td><td colspan="2">（1）了解金属塑性成形及其特点；
（2）掌握金属塑性成形、压力加工分类；
（3）熟悉锻造、轧制、拉拔、挤压、冲压等压力加工方法</td></tr>
<tr><td>训练内容</td><td colspan="2">（1）描述典型压力加工过程；
（2）完成任务情境中问题</td></tr>
<tr><td>参考资料及资源</td><td colspan="3">《金属压力加工理论基础》，段小勇，冶金工业出版社，2008；
“金属塑性变形技术应用”精品课程网站资源</td></tr>
<tr><td>任务实施过程说明</td><td colspan="3">（1）学生分组，每组 5~8 人；
（2）分发学生工作任务单；
（3）相关背景知识学习；
（4）小组讨论制定工作计划；
（5）小组分工完成工作任务；
（6）小组互相检查并总结；
（7）小组合作，做好汇报准备，进行讲解演练；
（8）小组为单位进行成果汇报，教师评价</td></tr>
<tr><td>任务实施注意事项</td><td colspan="3">（1）小组分工明确、合理；
（2）小组内相互检查时完成互评；
（3）推选优秀代表进行汇报展示</td></tr>
<tr><td>任务下发人</td><td></td><td>日期</td><td>年　月　日</td></tr>
<tr><td>任务执行人</td><td></td><td>组别</td><td></td></tr>
</table>

学生工作任务页

<table>
<tr><td>学习模块 1</td><td colspan="3">金属压力加工认知</td></tr>
<tr><td>任务 1.1</td><td colspan="3">认知典型压力加工方法</td></tr>
<tr><td>情景描述</td><td colspan="3">任务情境中大铁球和小铁球分别是如何造出来的?</td></tr>
<tr><td>相关知识</td><td colspan="3">铸造、锻造、轧制、拉拔、挤压、冲压等加工方法及成型特点</td></tr>
<tr><td>任务实施过程</td><td colspan="3"></td></tr>
<tr><td>任务下发人</td><td></td><td>日期</td><td>年　月　日</td></tr>
<tr><td>任务执行人</td><td></td><td>组别</td><td></td></tr>
</table>

任务背景知识

1.1.1　金属压力加工的概念与分类

1.1.1.1　压力加工的概念

金属压力加工是利用金属在外力作用下所产生的塑性变形，来获得具有一定形状、尺寸和力学性能的原材料、毛坯或零件的生产方法，又称金属塑性加工。

压力加工可生产各种截面的型材，如线材、管材、板材等，也可生产各种机器零件的毛坯或制品，如轴、齿轮、连杆等。压力加工产品在机械、电力、交通、航空、国防等工业部门占有重要地位，如钢桥、压力容器、石油钻井平台等广泛用到型材；飞机、汽车和机械工程上各种受力零件都采用锻件；电器、仪表及生活用品的金属制品，绝大多数都是冲压件。

1.1.1.2　压力加工分类

金属压力加工可按加工工件的温度以及加工时工件的受力和变形方式分类。

A　按加工工件的温度分类

按照加工工件的温度，金属压力加工可分为热加工（热变形）、冷加工（冷变形）和温加工（温变形）。热加工和冷加工不是根据变形时是否加热来区分的，而是根据变形时的温度处于再结晶温度以上还是以下来划分的。如 Fe 的再结晶温度为 451℃，其在 400℃以下的加工仍为冷加工，而 Sn 的再结晶温度为-71℃，其在室温下的加工为热加工。

热加工是指在金属的再结晶温度以上的塑性变形加工方法，如钢材的热锻、热轧和热挤压。由于温度处于再结晶温度以上，金属材料发生塑性变形后，随即发生恢复、再结晶过程，因此塑性变形引起的加工硬化效应随即被再结晶过程的软化作用所消除，使材料保持良好的塑性状态。热加工是压力加工中应用最广的一种加工方法，大多数金属的加工都可通过热加工来完成。

冷加工是指在金属的再结晶温度以下的塑性变形加工方法，如低碳钢的冷轧、冷拔、冷冲等。由于加工温度处于再结晶温度以下，金属材料发生塑性变形时不会伴随再结晶过程，因此冷加工变形后，金属的强度、硬度升高，而塑性、韧性下降，即产生加工硬化的现象。

温加工处于冷、热变形之间，存在加工硬化，同时还有部分恢复和再结晶，它同时具有冷热变形的优点，如温轧、温锻、温挤等。

这几种变形加工各有所长。冷变形加工可以达到较高精度和较低的表面粗糙度，并有加工硬化的效果，但是变形抗力大，一次变形量有限。冷变形加工多用于截面尺寸较小，要求表面粗糙度值低的零件和坯料。而热变形加工与此相反，热变形加工多用于形状较复杂的零件毛坯及大件毛坯的锻造和热轧钢锭成钢材等。

B　按加工时工件的受力和变形方式分类

按加工时工件的受力和变形方式，金属压力加工可以分为轧制、锻造、挤压、拉拔、冲压五种典型压力加工方法。其中，轧制、锻造、挤压是靠压力使金属产生塑性变形的，而拉拔、冲压是靠拉力使金属产生塑性变形的。

1.1.2　典型金属压力加工方法

1.1.2.1　轧制

轧制是金属坯料在两个回转轧辊的缝隙中，被坯料与轧辊间的摩擦力拉入变形区，使金属坯料横断面缩小、形状改变、长度增加，以获得各种产品的压力加工方法，如图1-1所示。按操作方法与变形特点，轧制可分为纵轧、横轧和斜轧；按轧制温度的不同，轧制可分为冷轧和热轧；按轧制产品的成型特点，轧制还可分为一般轧制和特殊轧制。

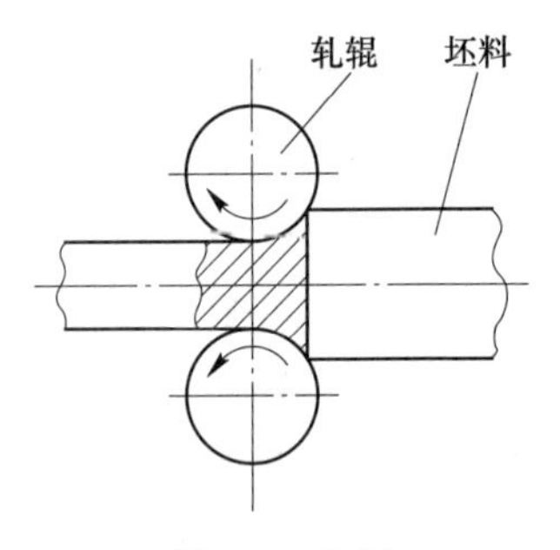

图1-1　轧制

（1）热轧和冷轧。钢锭或钢坯在常温下很难变形，不易加工，需要加热到1100~1250℃进行轧制，这种轧制工艺称为热轧。常温下的轧制一般理解为冷轧，然而从金属学角度来看，热轧与冷轧的界限应该以金属再结晶的温度来区分，即低于再结晶温度的轧制为冷轧；高于再结晶温度的轧制为热轧。钢的再结晶温度一般在450~600℃范围之内。

（2）纵轧和横轧。纵轧是纵向轧制的简称，是被轧物体通过两个反向转动的轧辊得到加工产品的轧制方法。纵轧时轧件通过辊面间缝隙向前运动，其运动方向与轧辊轴线垂直。纵轧是轧制中最常见的一种轧制方法。横轧是轧件围绕自身中心线在轧辊间旋转，并且轧件旋转中心线与轧辊轴线平行，轧件只在横向受到压力加工的一种轧制方法。

轧制的主要产品有型材、圆钢、方钢、角钢、铁轨等。

锻造

正挤压

拉拔

冲压

反挤压

1.1.2.2　锻造

锻造是金属在锻压设备及工（模）具的作用下产生塑性变形，以获得一定几何尺寸、形状和质量的锻件的加工方法，如图1-2所示。锻造分为自由锻造（如镦粗、延伸，见图1-2（a））和模型锻造（见图1-2（b））两种。

锻造可生产几克到200t以上的各种形状的锻件，如各种轴类、曲柄和连杆等。

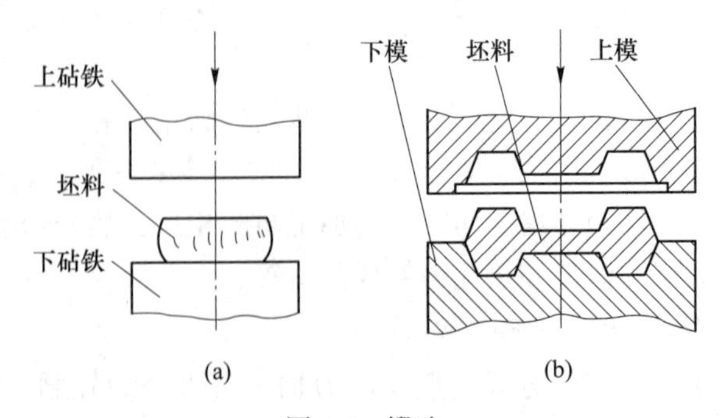

图1-2　锻造

（a）自由锻造；（b）模型锻造

1.1.2.3　挤压

挤压是对放在容器中的锭坯一端施加压力，使之从模孔流出而成为具有一定形状、尺寸和性能的制品的一种加工方法。挤压分为正挤压和反挤压，正挤压时推头的运动方向和从模孔中挤出的金属的前进方向相同，如图 1-3（a）所示；反挤压时推头的运动方向和从模孔中挤出金属的前进方向相反，如图 1-3（b）所示。

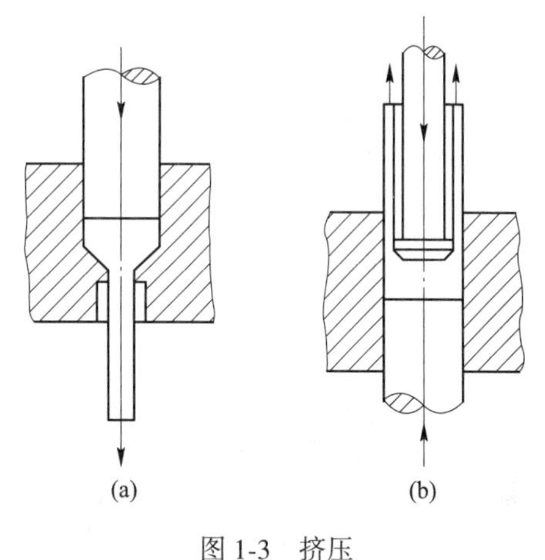

图 1-3　挤压
（a）正挤压；（b）反挤压

挤压方法主要用于生产断面形状复杂、尺寸精确、表面质量较高的有色金属管、棒、型材，也可以生产钢制品，比如用挤压法生产无缝钢管。生产薄壁和超厚壁断面复杂的管材、型材及脆性材料时，挤压是唯一可行的塑性加工方法。

1.1.2.4　拉拔

拉拔是具有一定截断面积的金属材料，在外拉力作用下，强行通过断面尺寸逐渐缩小的模孔，获得所要求的截面形状和尺寸的加工方法，如图 1-4 所示。

拉拔可生产各种断面的型材、棒材和管材。

1.1.2.5　冲压

冲压（拉延）是金属板料在冲模之间受拉产生分离或塑性变形，从而获得一定尺寸、形状和性能的加工方法，如图 1-5 所示。冲压的基本工序包括分离（如冲裁、切断、切口等）和变形（如深冲、弯曲、成型等）两大类，其中深冲是使用最多的一种冲压方法。

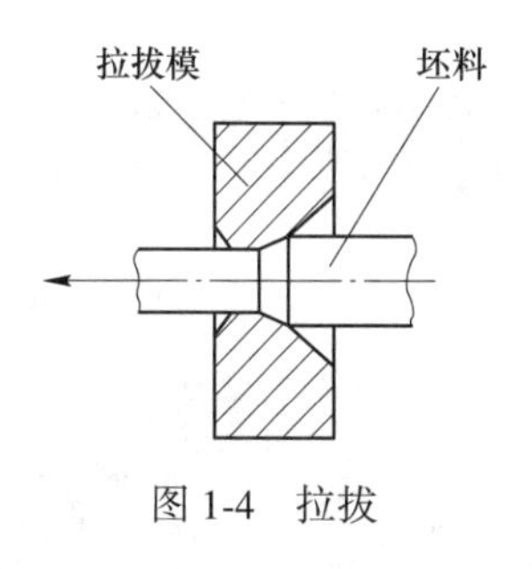

图 1-4　拉拔

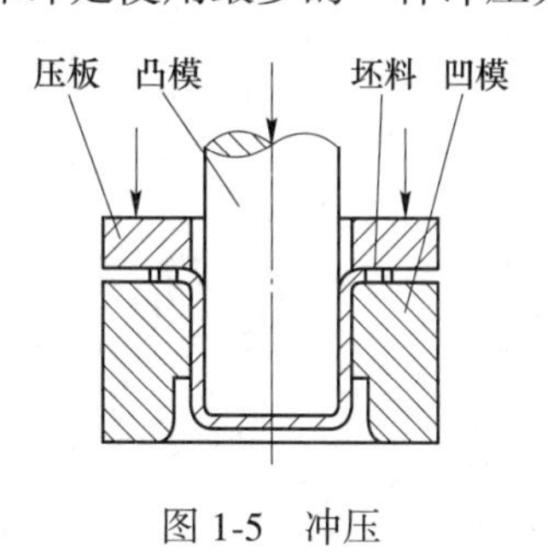

图 1-5　冲压

1.1.3　金属压力加工特点

1.1.3.1　优点

（1）力学性能高。金属在产生塑性变形后，内部的缺陷得到压合，组织改善，晶粒细化，并且可以获得合理的流线分布，大大提高了金属的强度、硬度和韧性。

（2）节省金属。一些精密模锻件的尺寸精度和表面粗糙度接近成品零件的要求，只需少量切削甚至不需切削加工即可得到成品零件，因而材料利用率高。由于提高了金属的力学性能，在同样受力和工作条件下，金属压力加工可以缩小零件的截面尺寸，减轻重量，延长使用寿命。

（3）生产效率高。多数压力加工方法，特别是轧制、挤压，金属连续变形，且变形速度很高，所以生产率高。

（4）适用范围广。金属压力加工件质量可大可小，小的不到 1kg，大的可达数百吨，并且既可进行单件小批量生产，又可进行大批量生产。

1.1.3.2 缺点

（1）一般工艺表面质量差（氧化）。

（2）与铸造方法相比，压力加工由于在固态下成型，无法获得截面形状，故不能成型形状复杂件。

（3）设备庞大、价格昂贵。

（4）劳动条件差，如劳动强度大、机器噪声大等。

知识拓展——不得不知的塑性成型工艺

塑性成型是材料在工具与模具的外力作用下，通过塑性变形来加工制件的少切削或无切削的工艺方法。塑性成型的种类有很多，主要包括锻造、轧制、挤压、拉拔、冲压等。

（1）锻造（见图 1-6 和图 1-7）。根据成型机理，锻造可分为自由锻、模锻、碾环、特殊锻造。自由锻造一般是塑性金属在锤锻或者水压机上，利用简单的工具将金属锭或者块料锤成所需形状和尺寸的加工方法。模锻是指在专用模锻设备上利用模具使毛坯成型而获得锻件的锻造方法。碾环通过专用设备碾环机生产不同直径的环形零件，也可以生产汽车轮毂、火车车轮等轮形零件。特种锻造包括辊锻、楔横轧、径向锻造、液态模锻等锻造方式，这些方式都比较适用于生产某些特殊形状的零件。

图 1-6 大型锻压机

图 1-7 锻造

锻造的工艺流程为锻坯加热→辊锻备坯→模锻成型→切边→冲孔→矫正→中间检验→锻件热处理→清理→矫正→检查。

锻造的技术特点为：

1）锻件质量比铸件高，能承受大的冲击力，塑性、韧性和其他方面的力学性能也都比铸件高甚至比轧件高。

2）不仅节约原材料，还能缩短加工工时。

3）生产效率高。

4）自由锻造适合于单件小批量生产，灵活性比较大。

锻造常用来生产大型轧钢机的轧辊、人字齿轮，汽轮发电机组的转子、叶轮、护环，巨大的水压机工作缸和立柱，机车轴，汽车和拖拉机的曲轴、连杆等。

（2）轧制（见图 1-8 和图 1-9）。按轧件运动方式，轧制分为纵轧、横轧和斜轧。纵轧是金属从两个旋转方向相反的轧辊之间通过，并在其间产生塑性变形的加工方法。横轧是轧件的运动方向与轧辊轴线方向一致。斜轧是轧件做螺旋运动，轧件与轧辊轴线非特角。轧制生产流程如图 1-10 所示。

图 1-8　带钢轧制

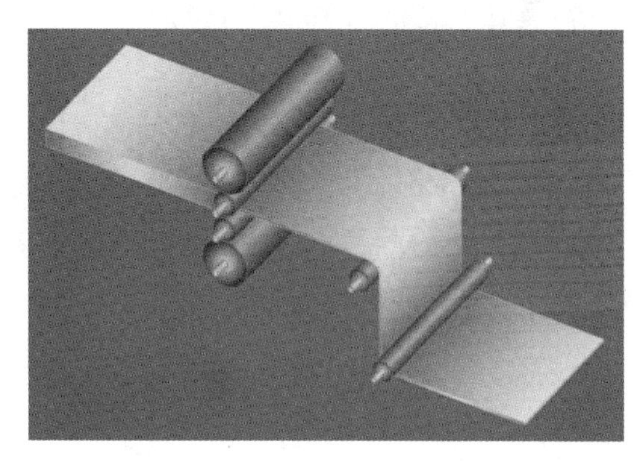

图 1-9　轧制简图

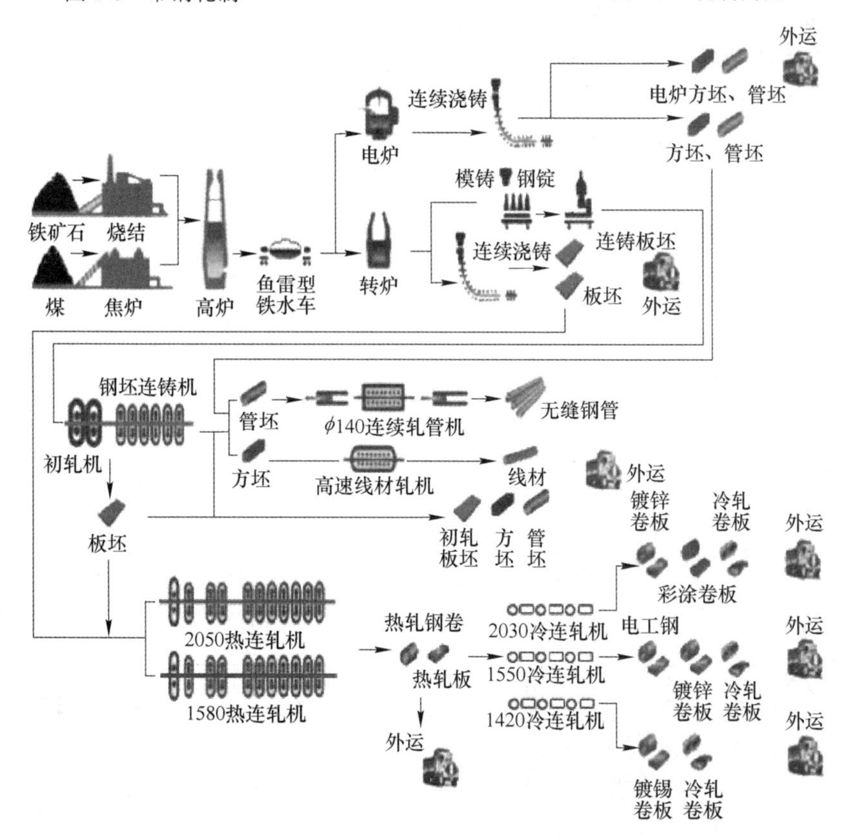

图 1-10　轧制生产流程图

轧制主要用在金属材料中，如型材、板、管材等，有时也用在某些非金属材料中，如塑料制品与玻璃制品。

(3) 挤压（见图 1-11 和图 1-12）。挤压的工艺流程为：挤压前准备→铸棒加热→挤压→拉伸扭拧校直→锯切（定尺）→取样检查→人工时效→包装入库。

图 1-11　挤压制件

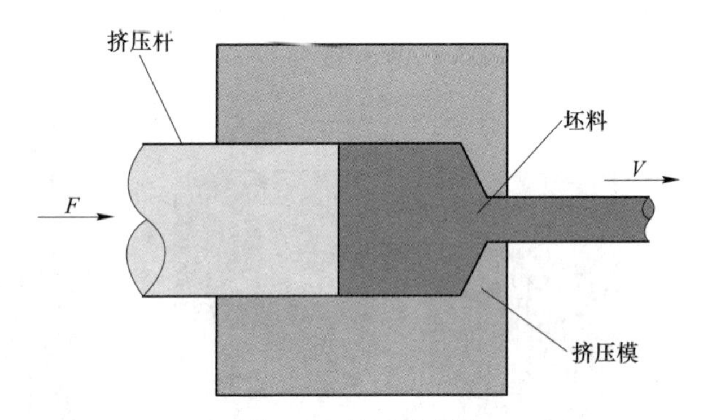

图 1-12　挤压示意图

其优点为：

1) 生产范围广，产品规格、品种多。

2) 生产灵活性大，适合小批量生产。

3) 产品尺寸精度高，表面质量好。

4) 设备投资少，厂房面积小，易实现自动化生产。

缺点为：

1) 几何废料损失大。

2) 金属流动不均匀。

3) 挤压速度低，辅助时间长。

4) 工具损耗大，成本高。

挤压主要用于制造长杆、深孔、薄壁、异形断面零件。

(4) 拉拔（见图 1-13 和图 1-14）。拉拔的优点为：

图 1-13　拉拔棒材

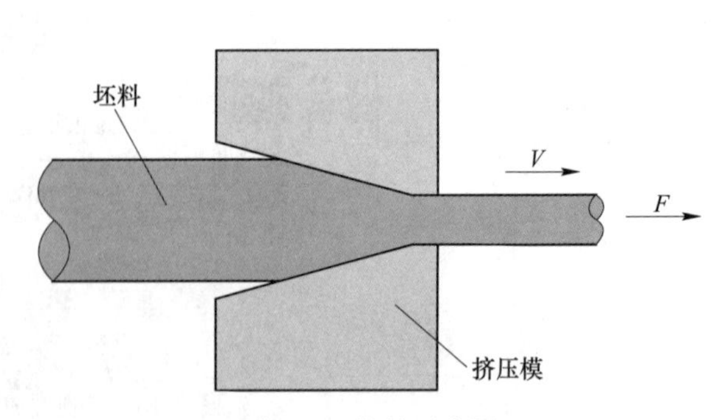

图 1-14　拉拔示意图

1）尺寸精确，表面光洁。

2）工具、设备简单。

3）能连续高速生产断面小的长制品。

缺点为：

1）道次变形量与两次退火间的总变形量有限。

2）长度受限制。

拉拔是金属管材、棒材、型材及线材的主要加工方法。

（5）冲压（见图 1-15 和图 1-16）。冲压的优点有：

图 1-15 冲压件

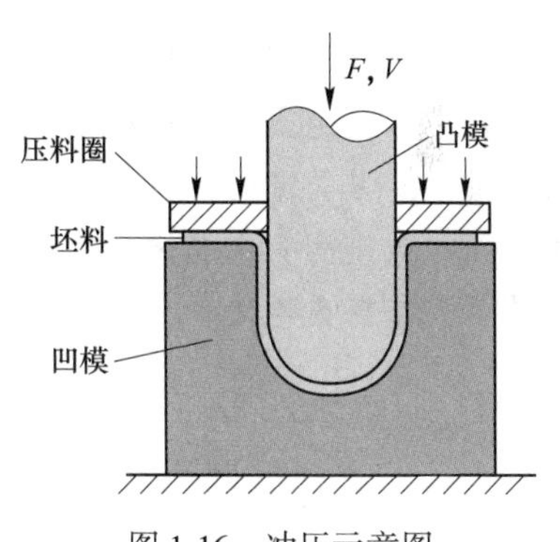

图 1-16 冲压示意图

1）可得到轻量、高刚性的制品。

2）生产性良好，适合大量生产，成本低。

3）可得到品质均一的制品。

4）材料利用率高、剪切性及回收性良好。

全世界的钢材有 60%~70% 是板材，其中大部分经过冲压制成成品。汽车的车身、底盘、油箱、散热器片，锅炉的汽包，容器的壳体，电机、电器的铁芯硅钢片等都是冲压加工的。仪器仪表、家用电器、自行车、办公机械、生活器皿等产品中，也有大量冲压件。

能量小贴士

子曰："学而时习之，不亦说乎？有朋自远方来，不亦乐乎？人不知而不愠，不亦君子乎？"——《论语》

模块2 金属塑性变形基本规律应用

本模块课件

模块背景

生产中许多零件都要经过压力加工成型。压力加工的基本特点是金属在外力作用下发生塑性变形，金属内部组织结构发生变化，变形前后体积保持不变，变形时金属总是沿着阻力最小的方向流动，而且变形是不均匀的。了解和掌握塑性变形的基本规律和变形过程中组织和性能的变化规律，对于全面掌握金属塑性变形原理、改进金属加工工艺、提高产品质量具有重要意义。

学习目标

知识目标：了解体积不变定律、最小阻力定律及二者在金属塑性变形中的应用；
初步认识各种塑性加工产品变形前后的微观组织变化。

技能目标：会描述金属的变形力学条件；
能分析典型压力加工方式的变形力学图示；
能灵活应用体积不变定律、最小阻力定律并采取措施减轻不均匀变形；
能比较并分析塑性变形对金属组织与性能的影响规律。

德育目标：培养学生分析问题、运用规律解决实际问题的能力；
培养学生实践、团队协作和口语表达能力。

任务 2.1 分析力与变形规律

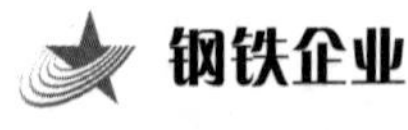

从“中国制造”向“中国精造”迈进的太钢

很多人可能不知道，我们日常用的圆珠笔笔尖竟然不是国货。数据显示，我国作为全球笔类生产大国，年产400多亿支笔，占全球市场的80%。然而，由于不具备生产笔尖球座体所需的易切削不锈钢线材的能力，在钢铁产能严重过剩的情况下，我国每年仍需进口特殊品类的高质量钢材。以圆珠笔为例，90%的笔尖球珠需进口，笔尖球座体的生产设备更是全部从瑞士、日本等国进口。

别看圆珠笔本身廉价，但是小小的笔尖其实已经用到了高精度的机械加工技术。生产一个小小的圆珠笔头需要50多道工序。2017年1月，太钢历时5年，成功研发出圆珠笔头球座体所用的“超易切削钢丝”，打破了圆珠笔头原材料依赖进口的局面，给数百亿支圆珠笔安上了“中国笔头”。

“手撕钢”也是太钢自主研发的新型材料，在本书开篇提过，厚度约为A4纸的1/4，即0.02mm，宽度可达600mm，目前已开始出口世界，广泛应用于航空航天、电子、石油化工、汽车等领域。与普通铝箔相比，超薄不锈钢具有更好的耐腐蚀性、防潮性、耐刮性，尤其是耐热性。

“手撕钢”和“笔尖钢”仅是太钢研发生产的众多新产品中的两个案例。实际上，自2016年起，太钢“高精尖特”产品研制的步伐明显加快，相继推出了十余种打破国外垄断的新产品。2018年由太钢生产的双相不锈钢钢筋新型材料成功替代了传统钢材，应用于港珠澳大桥工程建设，实现了双相不锈钢钢筋在国内桥梁建设的首次批量化应用，不仅大幅延长桥梁使用寿命，而且有力推动了我国跨海大桥建设材料的升级。

太钢集团始建于1934年，前身是民国时期创立的西北实业公司所属西北炼钢厂。新中国成立之初，被国家定位于发展特殊钢，先后生产出中国第一炉不锈钢、第一张热轧硅钢片、第一块电磁纯铁，也是中国第一台不锈钢精炼炉、第一台不锈钢立式板坯连铸机、第一条冷轧不锈钢生产线、第一条冷轧宽带不锈钢光亮退火线、第一条不锈钢冷热卷混合退火酸洗线的诞生地。

如今，太钢仍然充满活力地推动着“中国制造”向“中国精造”迈进。太钢以创新引领发展，依托国家级技术中心、先进不锈钢材料国家重点实验室等科技创新平台，形成了以不锈钢、冷轧硅钢、高强韧系列钢材为主的高效节能长寿型产品集群，重点产品应用于石油、化工、造船、集装箱、铁路、汽车、城市轻轨、大型电站、“神舟”系列飞船等重点领域和新兴行业，笔尖钢、手撕钢、核电用钢、铁路用钢、双相不锈钢、新能源汽车用高牌号硅钢等高精尖产品享誉国内外。太钢集团先后荣获“中国工业大奖”“中国质量奖提名奖”“全国质量奖”“全国循环经济先进单位”“全国自主创新十强”“国家技术创新示范企业”“全国最具社会责任感企业”“全国模范劳动关系和谐企业”“全国企业文化建设优秀单位”“全国绿化模范单位”等荣誉称号。

2020年12月23日，太钢实现与中国宝武联合重组，控股股东变更为中国宝武；2021年1月1日，受托管理中国宝武旗下宝钢德盛不锈钢有限公司和宁波宝新不锈钢有限公司。面向未来，太钢集团将继续坚持以习近平新时代中国特色社会主义思想为指导，坚决贯彻落实习近平总书记考察调研中国宝武重要讲话精神，加快融入中国宝武“高质量钢铁生态圈”，携手打造“全球钢铁业引领者”，把太钢建设成为中国宝武开疆拓土的示范企业和全球不锈钢业引领者，为中国宝武创建世界一流示范企业，为山西在转型发展上率先蹚出一条新路贡献太钢力量！

任务情境

各种金属材料的板材、棒材、线材和型材都是经过轧制、挤压、拉拔、锻造、冲压等压力加工方法制成的。这些加工方法的特点是金属材料在外力的作用下，按一定设计要求发生永久性变形。在各行各业中，很大一部分金属零部件是通过压力加工发生塑性变形而成型的。研究金属的塑性变形需要考虑的一个很重要的因素就是加工过程中的变形力学条件。实践证明，虽然导致金属产生不同变形的因素很多，但力对金属的加工成型具有非常直接的影响。在力的作用下，金属的塑性、变形抗力、组织和性能均会发生变化，因此变形力学条件是研究金属塑性变形的基础和条件。掌握外力作用下金属的变形规律对于选择金属材料的加工工艺，提高产品强度、硬度，合理使用材料都有重大意义。

学生工作单

学生工作任务单

<table>
<tr><td>模块 2</td><td colspan="4">金属塑性变形基本规律应用</td></tr>
<tr><td>任务 2.1</td><td colspan="4">认知力与变形规律</td></tr>
<tr><td rowspan="3">任务描述</td><td>能力
目标</td><td colspan="3">（1）会描述金属的变形力学条件；
（2）能分析典型压力加工方式的变形力学图示；
（3）能选用正确的压力加工方法</td></tr>
<tr><td>知识
目标</td><td colspan="3">（1）了解压力加工时金属的受力情况；
（2）熟悉应力状态、应力状态图示、变形图示、变形力学图示等概念；
（3）掌握典型压力加工方法的变形力学图示</td></tr>
<tr><td>训练
内容</td><td colspan="3">（1）观察镦粗时单位压力的分布；
（2）观察金属受力时的变形区域</td></tr>
<tr><td>参考资料与资源</td><td colspan="4">《金属压力加工理论基础》，段小勇，冶金工业出版社，2008；
“金属塑性变形技术应用”精品课程网站资源</td></tr>
<tr><td>任务实施
过程说明</td><td colspan="4">（1）学生分组，每组 5~8 人；
（2）分发学生工作任务单；
（3）学习相关背景知识；
（4）小组讨论制定工作计划；
（5）小组分工完成工作任务；
（6）小组互相检查并总结；
（7）小组合作，做好汇报准备，进行讲解演练；
（8）小组为单位进行成果汇报，教师评价</td></tr>
<tr><td>任务实施
注意事项</td><td colspan="4">（1）实验前要认真阅读实训指导书有关内容；
（2）实验前要重点回顾有关设备仪器使用方法与规程；
（3）实验中及时记录实验现象和结果；
（4）分析实验现象的本质原因</td></tr>
<tr><td>任务下发人</td><td colspan="2"></td><td>日期</td><td>年　月　日</td></tr>
<tr><td>任务执行人</td><td colspan="2"></td><td>组别</td><td></td></tr>
</table>

学生工作页

学生工作任务页

<table>
<tr><td>模块 2</td><td colspan="3">金属塑性变形基本规律应用</td></tr>
<tr><td>任务 2.1</td><td colspan="3">认知力与变形规律</td></tr>
<tr><td>任务描述</td><td colspan="3">镦粗金属材料圆柱体时，圆柱体各个位置上金属质点将如何流动？</td></tr>
<tr><td>相关知识</td><td colspan="3">镦粗金属圆柱体时，圆柱体与工具接触表面上的质点受工具对工件的正压力和摩擦力作用，远离接触表面的内部金属质点只受到径向正压力的作用</td></tr>
<tr><td>任务实施过程</td><td colspan="3"></td></tr>
<tr><td>任务下发人</td><td></td><td>日期</td><td>年　月　日</td></tr>
<tr><td>任务执行人</td><td></td><td>组别</td><td></td></tr>
</table>

任务背景知识

2.1.1　力与变形

金属的塑性变形是在外力的作用下产生的，而物体之间的这种作用力可存在于直接接触时，也可存在于相互分开时。如锻造时锤头与金属间的相互作用力是作用在接触面上的，称为表面力。而磁力、重力等是相互分开时也存在的作用力，这种力作用于整个体积上，称为体积力。金属塑性加工中所研究的外力，是指表面力而不包括体积力。

2.1.1.1　外力

金属在发生塑性变形时，作用在变形物体上的外力有作用力和约束反力两种。

A　作用力

通常把压力加工时设备的可动部分对工件所作用的力称为作用力，又称主动力，例如，锻压时锤头的机械运动对工件施加的压力 P，如图 2-1 所示；拉拔时拉丝钳对工件作用的拉力 P，如图 2-2 所示；挤压时活塞的顶头对工件的挤压力 P，如图 2-3 所示。

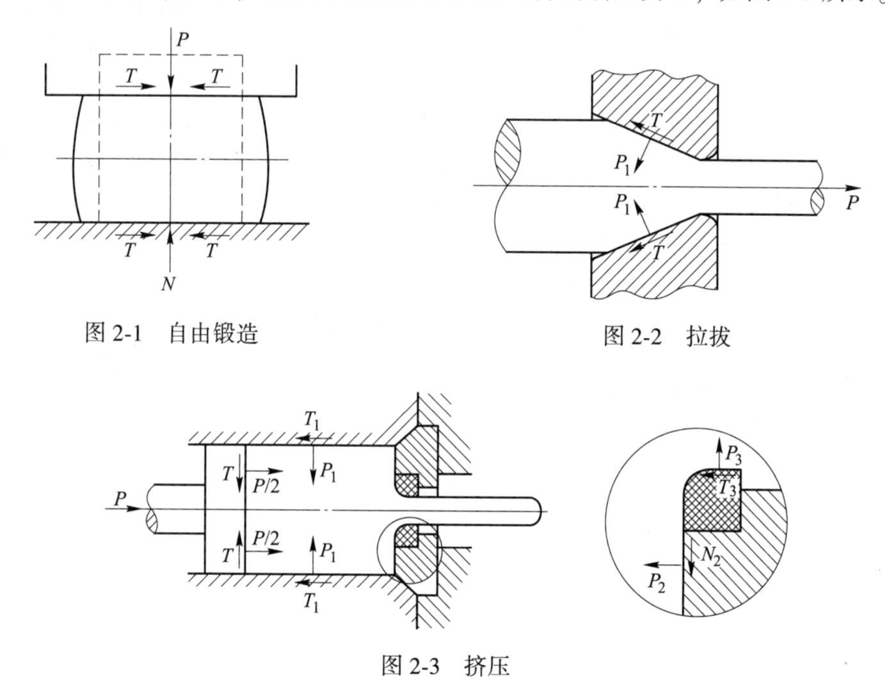

图 2-1　自由锻造

图 2-2　拉拔

图 2-3　挤压

作用力的大小取决于工件变形时所需能量的多少，它可以由仪器实测，也可用理论和经验的方法计算出来。

B　约束反力

工件在主动力的作用下，其运动受到工具其他部分的限制而产生变形，工件变形时金属质点的流动又会受到工具与工件接触面上摩擦力的制约。约束反力就是工件在主动力的作用下，其整体运动和质点流动受到工具的约束时所产生的力。这样，在工件和工具接触表面上的约束反力就有正压力和摩擦力两种。

（1）正压力：沿工具与工件接触面的法线方向阻碍金属整体移动或金属流动的力，其方向垂直指向变形工件的接触面，如图 2-1 中的 N 和图 2-2 中的 P_1。

（2）摩擦力：沿工具与工件接触面的切线方向阻碍金属流动的剪切力，其方向与金属质点流动方向或变形趋势相反，如图 2-1 中的 T 和图 2-2 中的 T。

物体在不受外力作用时，也存在着内力。它是物体内原子之间相互作用的吸引力和排斥力，这种引力和斥力的代数和为零，因此使得金属（固体）保持一定的形状和尺寸。当物体受外力作用时，且其质点的运动受到阻碍时，为平衡外力，物体内部产生了抵抗外力的力，这种抵抗变形的力就是我们所研究的内力。

由此可见，在外力作用下金属内部会产生与之相平衡的内力抵抗变形，同时为维护自身的相平衡金属内部也会产生一定的内力，如不均匀变形、不均匀加热（或冷却）与金属相变等过程产生的内力。如图 2-4 所示，金属右边温度高，左边温度低，造成右边的热膨胀大于左边，但由于金属是一个整体，因此温度高的一侧将受到温度低的一侧的限制，不能独立膨胀到应有的伸长量而受到压缩；同样，温度低的一侧在另一侧的影响下受拉而增长。此时，金属内部产生了一对相互平衡的内力，即拉力和压力。

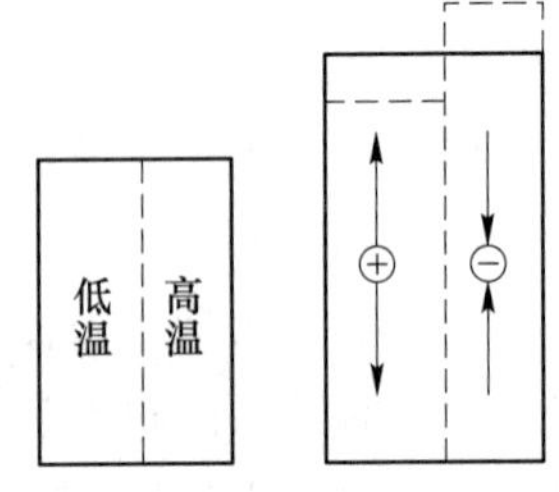

图 2-4 左右温度不均匀引起的自相平衡内力

轧件轧制后的不均匀冷却造成的弯曲、瓢曲与金属相变等都会使工件内部产生内力。内力的强度称为应力，即单位面积上作用的内力称为应力。一般所说的应力，应理解为一极小面积 ΔF 上的总内力 ΔP 与其面积 ΔF 的比值的极限，其数学表达式为：

$$\sigma = \lim_{\Delta F \to 0} \frac{\Delta P}{\Delta F} \tag{2-1}$$

只有当内力是均匀作用于被研究的截面时，才可以用一点的应力大小来表示该界面上的应力。如果内力分布不均匀，则不能用某点的应力表示所研究截面上的应力，而只能用内力与该截面的比值表示。此值称为平均应力，即：

$$\sigma_M = \lim_{\Delta F \to 0} \frac{P}{F} \tag{2-2}$$

式中 σ_M——平均应力；

P——总内力；

F——内力作用的面积。

应力的单位一般使用 N/m^2(Pa) 或 N/mm^2(MPa)。

2.1.1.2 变形

金属在受力状态下产生内力，且其形状和尺寸也发生变化的现象称为变形。

金属内部原子通过其间的作用力（吸引力和排斥力）紧密地结合在一起。为使金属变形，所施加的外力必须克服其原子间的相互作用力与结合能。原子间的相互作用力和原子势能同原子间距的关系如图 2-5 所示。由图可知，当两个原子相距无限远时，它们相互作用的引力和斥力均为零。在把它们从无限远处移近时，其引力和斥力的大小随原子间距的变化而变化。当原子间距 $r=r_0$ 时，引力和斥力相等，即原子间相互作用的合力为零，此时原子间的势能最低，因而原子在 r_0 处最稳定，处于平衡位置。图 2-6 为一理想晶体中的原子点阵及其势能曲线。显然，在 AB 线上的原子处于 A_0、A_1、A_2 等位置上时最为稳定。

A_0 处的原子如果要移到 A_1 位置上，就必须越过高为 h 的“势垒”才有可能。

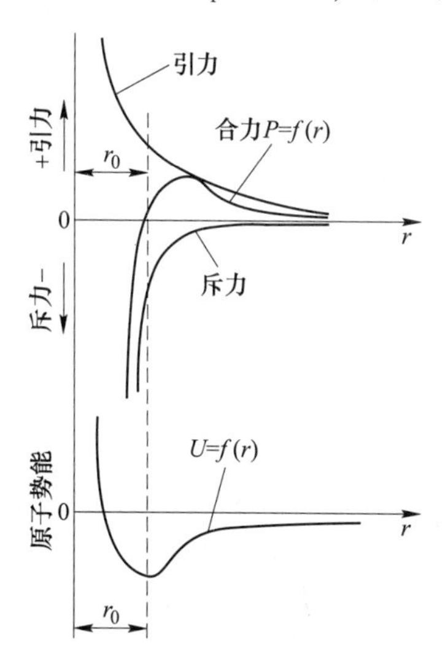

图 2-5　原子间的作用力和能同原子间距的关系

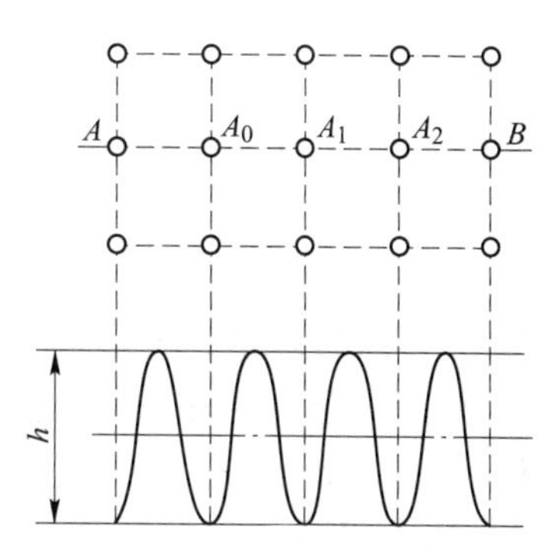

图 2-6　理想晶体中的原子排列及其位能曲线

在外力作用下，原子间原有的平衡被打破，原子由原来的稳定状态变为不稳定状态。此时，原子间距发生变化，原子的位置发生偏移，一旦外力去除，原子仍可恢复到原来的平衡位置，使变形消失，这就是弹性变形。因此，弹性变形实质上是指当所施加的外力或外界赋予材料的能不足以使原子跨越势垒时所产生的变形，即可完全恢复原有状态的变形。

但当外力大到可以使原子跨越势垒而由原有的一种平衡达到另一种新的平衡，且外力去除后，原子也不能恢复到原有位置的变形就是塑性变形。

由此可见，金属变形的形式取决于外力的大小。金属在发生塑性变形以前，必然先发生弹性变形，即由弹性变形过渡到塑性变形，这就是弹-塑性共存定律。

2.1.2　应力状态与应力状态图示

2.1.2.1　应力状态

在外力作用下，金属内部产生应力。外力是从不同方向作用于金属的，因而金属内部也会相应地产生复杂的应力状态。所谓物体处于应力状态，就是物体内的原子被迫偏离其平衡位置的状态。金属内部的应力状态决定了金属内部各质点所处的状态，如弹性状态、塑性状态或断裂状态。一切压力加工的目的均是在外力的作用下，使金属产生塑性变形，从而获得所需要的各种形状和尺寸的产品。因此，了解各种压力加工中金属内部的应力状态特点，对于确定物体开始产生塑性变形所需的外力，以及采用什么样的工具与加工制度，使力能的消耗最小等方面都具有重要的实际意义。

为了研究金属变形时的应力状态，必须先了解金属内任意一点的应力状态，由此来推断整个变形物体的应力状态。在变形体内取一无限小的正六面体（可视为一点），在每个面上都作用着一个全应力，将全应力按取定的坐标轴方向进行分解，每个全应力均能分解为一个法向应力（正应力）和两个切向应力，如图 2-7 所示。

σ 表示法向应力，σ_x、σ_y 和 σ_z 分别表示 x 轴、y 轴和 z 轴垂直面上的法向应力，并规定与坐标轴方向一致者为正，反之为负。

τ 表示切向应力，在与 x 轴、y 轴和 z 轴垂直的面上，分别有切应力 τ_{xy} 与 τ_{xz}、τ_{yz}、τ_{yx} 及 τ_{zx}、τ_{zy}，所指方向与坐标轴方向一致者为正，反之为负。

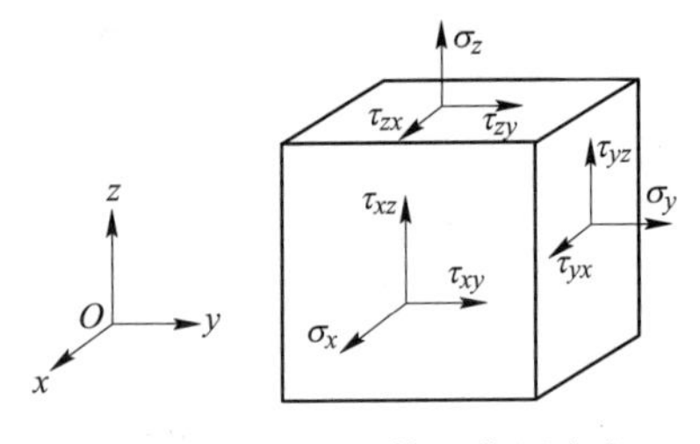

图 2-7　单元六面体上作用应力

由上述可知，一点的应力状态取决于对应坐标方向的 3 个全应力矢量或相应的 9 个分量。由力矩平衡条件知，位于彼此对称位置上的切应力彼此相等，即：

$$\tau_{xy}=\tau_{yx},\ \tau_{yz}=\tau_{zy},\ \tau_{zx}=\tau_{xz}$$

由张量理论，可认为理想流体只存在法向应力的分量，而切应力的分量为零。因此将垂直主轴方向的平面称为主平面，作用在主平面上的应力（法向应力）称为主应力，三个主应力分别用符号 σ_1、σ_2、σ_3 表示，并且规定 σ_1 是最大的主应力，σ_2 是中间主应力，σ_3 是最小的主应力，即 $\sigma_1>\sigma_2>\sigma_3$。因此，确定点的应力状态，只要研究柱坐标系下主应力的大小和方向就可以了。

2.1.2.2　应力状态图示

应力状态图示是用箭头来表示所研究的某一点（或所研究物体的某部分）在三个互相垂直的主轴方向上，有无主应力存在或主应力方向如何（但不表示主应力大小）的定性示意图。如果主应力为拉应力，则箭头向外指；如果主应力为压应力，则箭头向内指。在压力加工过程中，将变形体的长、宽、高方向近似认为与主轴方向一致，与长、宽、高垂直的截面看成是主平面，按主应力的存在情况，应力状态图示有 2 种单向应力状态（也称线应力状态）、3 种两向应力状态（也称平面应力状态）和 4 种三向应力状态（也称体应力状态），共 9 种可能的应力状态形式，如图 2-8 所示。

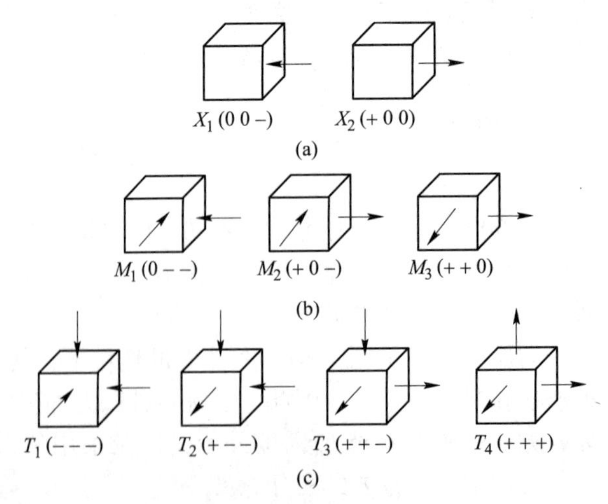

图 2-8　可能的应力状态

（a）单向应力状态；（b）双向应力状态；（c）三向应力状态

在压力加工过程中，变形体内的应力状态与外力的大小和方向有关。图 2-9 列举了各种加工方法下的应力状态图示，其中最常见的是三向应力状态图。在三向应力状态图中，应力符号相同的（T_1 与 T_4，见图 2-8）称为同号应力图；应力符号不相同的称为异号应力图。在同号应力图 T_1 中，若三个主应力相等，即 $\sigma_1=\sigma_2=\sigma_3$ 时，若金属内部无空隙、疏松和其他缺陷，则不会产生滑移，也就是理论上讲不可能产生塑性变形。但实际上三向均匀压缩，可使金属内存在的缝隙贴紧，消除裂纹等缺陷，有利提高金属的强度和塑性。这种三向相等的压缩应力称为静水压力，用 σ_m 表示，即

$$\sigma_m=\frac{\sigma_1+\sigma_2+\sigma_3}{3} \tag{2-3}$$

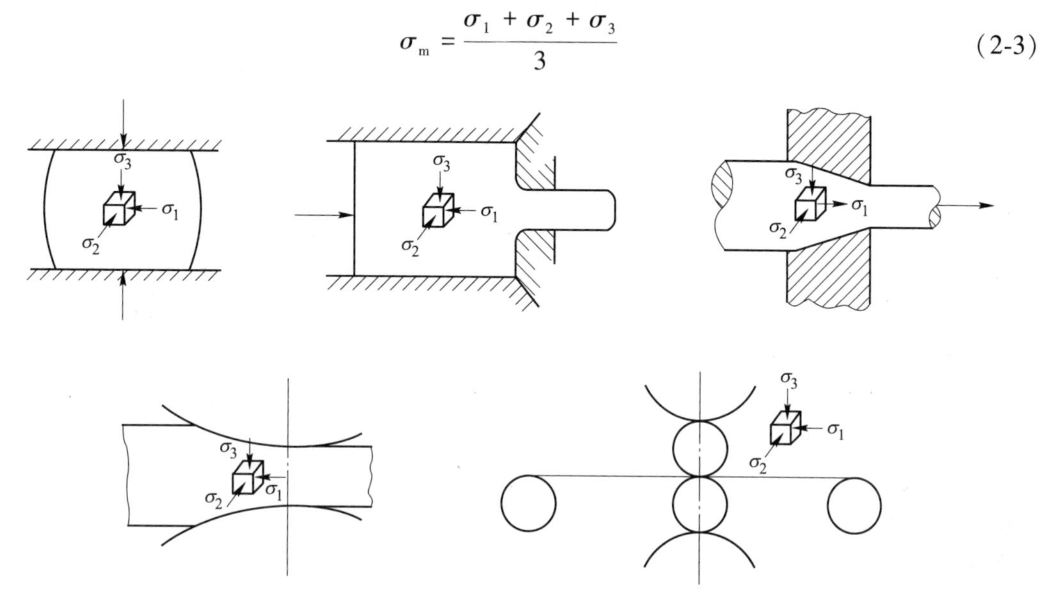

图 2-9　不同加工条件下的应力状态图示

金属压力加工中，金属产生塑性变形，不可能采用 $\sigma_1=\sigma_2=\sigma_3$ 的 T_1 应力状态，但在粉末制品生产中，可采用静水压力状态进行压力成型。相反，三向拉应力状态会破坏塑性很高的金属的连续性而导致断裂，因此最好不要直接采用 T_4 应力状态。

对于异号应力状态 T_2 和 T_3，不论三个应力数值是否相等，均可产生塑性变形。其中 T_2 应力状态在压力加工中应用较普遍，例如棒材、管材、线材等的拉拔，带钢的张力轧制，斜轧穿孔等。而 T_3 应力状态在带底容器的冲压成型和锻造开口冲孔中有所体现，可见，不同的加工条件会导致不同的应力状态，同时产生不同的变形效果。

应该指出的是，变形体内的应力状态不是静止孤立的，在一定条件下可以互相转化。例如，将一金属圆棒沿纵轴方向拉深，应力状态为单向拉应力状态（+00），但随着变形的增加，当出现细颈时，由于应力线在细颈处发生弯曲，因此该处的应力状态转化为三向拉应力状态（+++）。

2.1.3　变形图示与变形力学图示

2.1.3.1　变形图示

当变形体处于一定的应力状态，并在主应力方向上产生不可恢复的塑性变形时，这种变形称为主变形。因此变形物体中任意一点的变形状态可以用三个主变形表示。用来表示三个主变形是否存在及其变形方式的图示即为主变形状态图示（简称变形图示），如图

2-10 所示。如果没有变形就不画箭头；如果变形为延伸，则箭头向外；如果变形为压缩，则箭头向内，但箭头的长短不表示变形的大小。

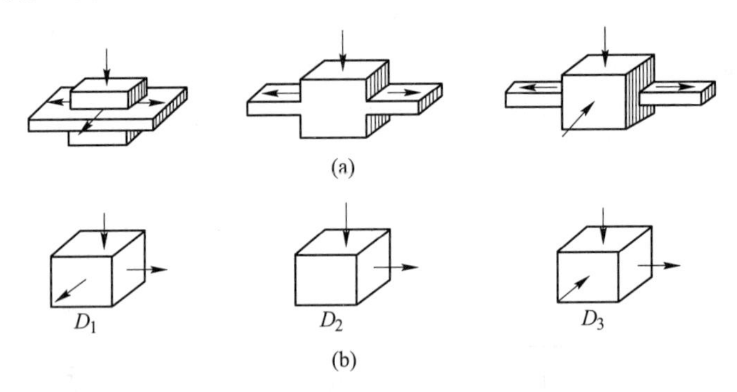

图 2-10　三种可能的变形

（a）变形方式；（b）变形图示

由于金属塑性变形受体积不变条件的限制，因此虽然加工方式很多，但只存在三种可能的变形方式，如图 2-10（a）所示，相应的变形图示如 2-10（b）所示。

D_1 表示一向压缩，两向伸长变形，如平锤头锻压或平辊轧制矩形断面（有宽展时）的情况。

D_2 表示一向压缩，一向伸长，第三个变形方向为零，如轧制薄而宽的板带时（可忽略宽展时）的变形情况。

D_3 表示两向压缩，一向伸长变形，如拉拔和挤压时的变形情况。

2. 1. 3. 2　变形力学图示

如前所述，金属的变形是在一定的应力状态下实现的，因此将主应力图和主变形图结合起来进行分析更可全面地了解加工过程的特点。如图 2-11 所示，变形区内任意一点 A 处，为 $T_1(---)$ 状态与 $D_1(-++)$ 状态的组合，这种组合称为变形力学图示。

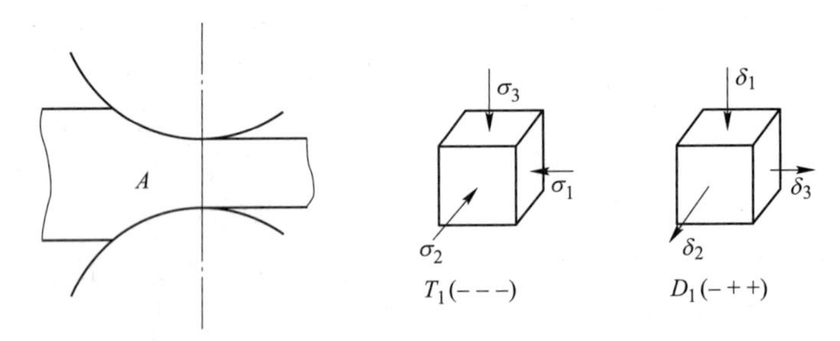

图 2-11　轧制时变形区中任意一点 A 处的变形力学图示

变形力学图示在压力加工中的重要性，可通过下面的例子来说明。例如，将短而粗的圆柱体坯料加工成为细长的圆棒材，它可以由 D_1 变形图示得到。但确定压力加工方法并不是简单的事。因为同一种产品可以用不同的压力加工方法得到，而不同的方法有不同的应力状态，加工的难易程度、生产效率也不一样。上述例子至少可以用以下四种方法来完成加工：

（1）用简单拉伸方法，其应力状态图示为 $X_2(+00)$；

（2）在挤压机上进行挤压，其应力状态图示为 $T_1(---)$；

（3）在孔型中进行轧制，其应力状态图示为 $T_1(---)$；

（4）在拉拔机上经模孔拉拔，其应力状态图示为 $T_2(+--)$。

由此可见，不同的应力状态会使金属产生组织和性能的差异，同时影响产品的质量。因此合理地确定金属的变形力学图示，正确地选择加工方法，是极为重要的。

金属塑性变形过程中，其应力状态有 9 种类型，而其变形图示有 3 种方式。从数学角度考虑，变形力学图示的组合可能有 3×9＝27 种，但实际生产中可能的变形力学图示只有 23 种（见图 2-12），另外 4 种组合没有物理意义。对应力状态 $X_1(00-)$ 来说，其变形图示中 D_2 和 D_3 是不可能存在的；同样对应力状态 $X_2(+00)$ 来说 D_1 和 D_3 也是不存在的。

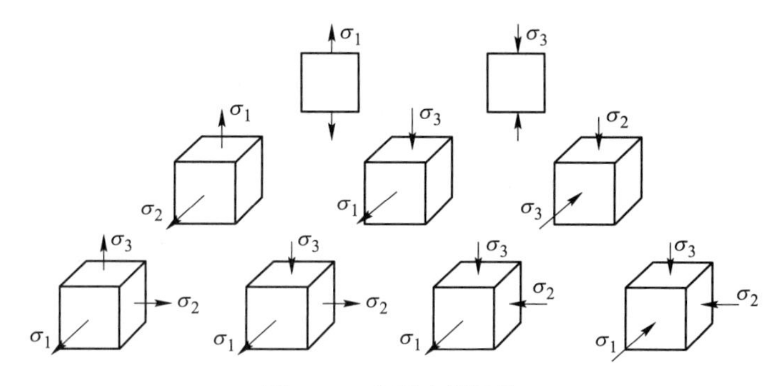

图 2-12　变形力学图示

虽然应力状态图示和变形图示的组合多种多样，但理论上可以证明，当三个主应力的大小和符号已经确定时，相应的变形图示是唯一的，它们之间有确定的对应关系。这种关系是由三个主应力 σ_1、σ_2、σ_3 分别减去平均应力（静水压力）σ_m，余下的应力分量 $\sigma_1-\sigma_m$、$\sigma_2-\sigma_m$、$\sigma_3-\sigma_m$ 和符号与变形图示一致。

例如，若变形体内三个主应力分别为 $\sigma_1=60\text{MPa}$，$\sigma_2=-60\text{MPa}$，$\sigma_3=-240\text{MPa}$，则

$$\sigma_m=\frac{\sigma_1+\sigma_2+\sigma_3}{3}=\frac{60+(-60)+(-240)}{3}=-80\text{MPa}$$

$$\sigma_1-\sigma_m=60-(-80)=140\text{MPa}$$

$$\sigma_2-\sigma_m=-60-(-80)=20\text{MPa}$$

$$\sigma_3-\sigma_m=-240-(-80)=-160\text{MPa}$$

由计算结果判定：在主应力 σ_1 和 σ_2 方向为延伸变形，在 σ_3 方向为压缩变形。因此其变形图示为 D_1，其变形力学图示为 $T_2(+--)\times D_1(++-)$。

实验 2-1 镦粗时单位压力分布观察

学生工作任务单

<table>
<tr><td>实验项目</td><td colspan="3">镦粗时单位压力分布的实验观察</td></tr>
<tr><td>任务描述</td><td colspan="3">观察镦粗时接触表面上的单位压力分布</td></tr>
<tr><td>实验器材</td><td colspan="3">铅试样、游标卡尺、模具、万能试验机</td></tr>
<tr><td>任务实施
过程说明</td><td colspan="3">（1）实验准备：铅试样、游标卡尺、模具。
（2）实验操作步骤：
1）测量实验样品的长度及厚度；
2）将样品、模具放置压板，启动压机，开始压缩样品；
3）观察模具缝隙中金属流动变化</td></tr>
<tr><td>任务下发人</td><td></td><td>日期</td><td>年 月 日</td></tr>
<tr><td>任务执行人</td><td></td><td>组别</td><td></td></tr>
</table>

学生工作任务页

<table>
<tr><td>实验项目</td><td colspan="6">观察镦粗时单位压力的分布</td></tr>
<tr><td colspan="7">（1）观察、记录并描述实验现象。

（2）为什么接触面中心处的压力最大？

</td></tr>
<tr><td rowspan="9">检查与评估</td><td>考核项目</td><td>评分标准</td><td>分数</td><td>评价</td><td colspan="2">备注</td></tr>
<tr><td>安全生产</td><td>无安全隐患</td><td></td><td></td><td colspan="2"></td></tr>
<tr><td>团队合作</td><td>和谐愉快</td><td></td><td></td><td colspan="2"></td></tr>
<tr><td>现场 5S</td><td>做到</td><td></td><td></td><td colspan="2"></td></tr>
<tr><td>劳动纪律</td><td>严格遵守</td><td></td><td></td><td colspan="2"></td></tr>
<tr><td>工量具使用</td><td>规范、标准</td><td></td><td></td><td colspan="2"></td></tr>
<tr><td>操作过程</td><td>规范、正确</td><td></td><td></td><td colspan="2"></td></tr>
<tr><td>实验报告书写</td><td>认真、规范</td><td></td><td></td><td colspan="2"></td></tr>
<tr><td colspan="6"></td></tr>
<tr><td>总分</td><td colspan="6"></td></tr>
<tr><td>任务下发人</td><td colspan="3"></td><td>日期</td><td colspan="2">年　月　日</td></tr>
<tr><td>任务执行人</td><td colspan="3"></td><td>组别</td><td colspan="2"></td></tr>
</table>

实验 2-2　金属变形区域观察

学生工作任务单

实验项目	观察金属的变形区域		
任务描述	观察圆柱压缩时金属的变形区分布情况		
实验器材	铅试样、游标卡尺、万能试验机		
任务实施过程说明	（1）实验准备：5 个尺寸相同的圆柱铅试样、游标卡尺。 （2）实验操作步骤： 1）将 5 个尺寸相同的铅试样分别编号 1、2、3、4、5，并分别测量其直径； 2）将 5 个样品按 1 至 5 的顺序叠放至压板上； 3）启动压机，按 50%变形量压缩样品； 4）压缩后，从整体来看出现了鼓形，随后将 5 个样品分开，观察各个样品的变形情况		
任务下发人		日期	年　月　日
任务执行人		组别	

学生工作任务页

学生工作页

<table>
<tr><td>实验项目</td><td colspan="5">金属变形区域的实验观察</td></tr>
<tr><td colspan="6">（1）观察、记录并描述实验现象。

（2）思考：圆柱体墩粗时什么地方容易产生裂纹？</td></tr>
<tr><td rowspan="8">检查与评估</td><td>考核项目</td><td>评分标准</td><td>分数</td><td>评价</td><td>备注</td></tr>
<tr><td>安全生产</td><td>无安全隐患</td><td></td><td></td><td></td></tr>
<tr><td>团队合作</td><td>和谐愉快</td><td></td><td></td><td></td></tr>
<tr><td>现场 5S</td><td>做到</td><td></td><td></td><td></td></tr>
<tr><td>劳动纪律</td><td>严格遵守</td><td></td><td></td><td></td></tr>
<tr><td>工量具使用</td><td>规范、标准</td><td></td><td></td><td></td></tr>
<tr><td>操作过程</td><td>规范、正确</td><td></td><td></td><td></td></tr>
<tr><td>实验报告书写</td><td>认真、规范</td><td></td><td></td><td></td></tr>
<tr><td>总分</td><td colspan="5"></td></tr>
<tr><td>任务下发人</td><td colspan="3"></td><td>日期</td><td>年　月　日</td></tr>
<tr><td>任务执行人</td><td colspan="3"></td><td>组别</td><td></td></tr>
</table>

 知识拓展——钢铁人必备的轧钢生产工艺知识

钢铁的生产由铁矿石到成品大体可分为烧结、炼铁、炼钢、轧钢四大环节。从炼钢厂出来的钢坯还是半成品，必须要在轧钢厂进行轧制，才能成为成品。炼钢厂送来的连铸坯，首先进入加热炉，然后过初轧机反复轧制后，进入精轧机。说简单点，轧钢板就像擀面条，经过擀面杖的多次挤压与推进，面就越擀越薄。轧钢生产的工序十分复杂，尽管随着轧制质量要求的提高、品种范围的扩大以及新技术与新设备的应用，组成工艺过程的各个工序都会有相应的变化，但整个轧钢生产过程是由以下几个基本工序组成（见图 2-13）：

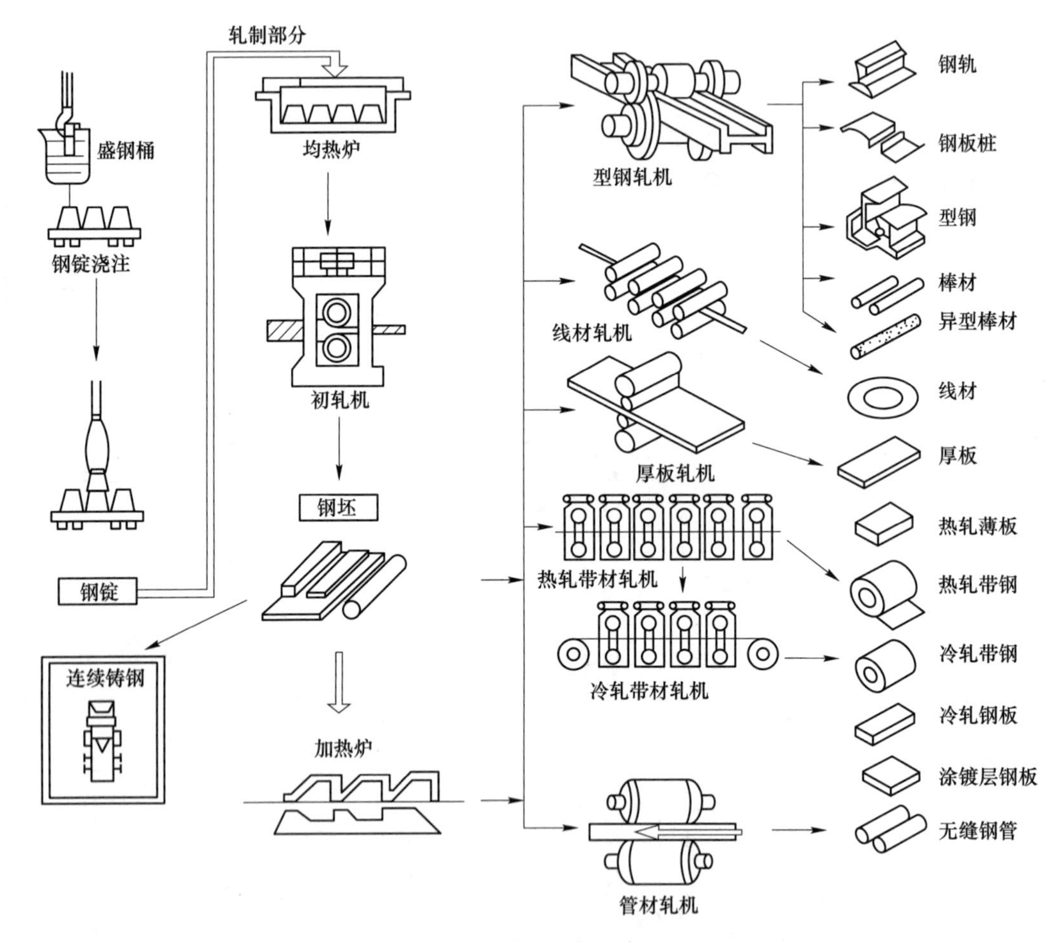

图 2-13　轧钢一般工序图

（1）坯料准备。坯料准备包括表面缺陷的清理、表面氧化铁皮的去除和坯料的预先热处理等。

（2）坯料加热。这是热轧生产工艺过程的重要工序。

（3）钢的轧制。这是整个轧钢生产过程的核心。坯料通过轧制完成变形过程。轧制工序对产品质量起着决定性作用。轧制产品的质量要求包括产品的几何形状和尺寸精确度、内部组织和性能以及产品光洁度三个方面。

（4）精整。这是轧钢生产过程中的最后一个工序，也是较为复杂的一个工序。其对产

品的质量起着最终的保证作用。产品的技术要求不同，精整工序的内容也不大相同。精整的工序通常包括钢材的卷取、轧后冷却、矫直、成品热处理、成品表面清理以及各种涂色等许多具体工序。

轧钢原料目前主要为连铸坯，另外还有钢锭、锻/轧钢坯等。轧钢生产对原料有一定的技术要求，比如钢种、断面形状、尺寸、重量、表面质量等。这些技术要求是保证钢材质量所必须的，也是确定和选择坯料时应具体考虑的内容。

为了得到所要求的产品质量，包括精确成型及改善组织和性能，在轧机机组上采用的一切生产工艺制度称为轧制工艺制度，其中包括轧制变形制度、轧制速度制度和轧制温度制度。

（1）轧制变形制度：即一定轧制条件下从坯料到成品的总变形量和轧制的总道次，各机组的总变形量各道次的变形量、轧制方式等。对于型钢，轧件在孔型中轧制，并且在每个孔型中轧制一道，因此，型钢的变形制度是以孔型的形式表示的，孔型确定后变形制度就确定了。因此确定型钢轧制的变形制度就是进行孔型设计，孔型设计包括道次确定、延伸系数分配、断面孔型设计、轧辊孔型设计。

（2）轧制温度制度：即轧件在轧制过程中开轧或终了温度的具体规定。在现代轧机上，要求控制各阶段的温度，一般设置中间水箱进行控制。对型钢轧制来说，要控制开轧温度、终轧温度、变形温度、开冷温度、中冷温度、下床温度、下冷床温度等。

（3）轧制速度控制：即轧制时对各道次轧辊的线速度以及每道中不同阶段的轧辊速度的具体规定，也称速度规程。不同类型的轧机有不同的速度要求和规定，连轧机组的速度制度更为重要。要保证各机架的金属秒流量相等，就应控制和调整各轧机的轧制速度。

思考与练习

知识闯关
力与变形规律

1. 填空

（1）主平面上的正应力称为________。

（2）只有正应力而切应力为零的平面称为__________。

（3）变形是金属在外力作用下，其________发生变化的现象。

（4）摩擦力是沿工具和工件接触面的__________方向阻碍金属流动的力。

（5）应力是指单位面积上作用的__________。

2. 单项选择

（1）金属压力加工中，可能的变形图示有（　　）。

A. 23 种　　B. 9 种　　C. 3 种

（2）变形力学图示是应力状态图示和变形图示的组合，可能的变形力学图示有（　　）。

A. 27 种　　B. 23 种　　C. 12 种

（3）单向拉伸时应力状态为单向拉应力状态，其变形图示为（　　）变形。

A. 一向伸长一向压缩　　B. 两向伸长一向压缩　　C. 两向压缩一向伸长

（4）可能的应力状态图示有（　　）。

A. 3 种　　B. 9 种　　C. 23 种

（5）在变形物体主轴方向作用的应力称为（　　）。

A. 正应力　　B. 主应力　　C. 切应力

（6）金属处于三向压应力状态时的塑性（　　）。

A. 最差　　B. 最好　　C. 与应力状态无关

3. 判断

（　　）（1）内力是金属内部产生的与外力相抗衡的力，在某些条件下，不加外力也会产生内力。

（　　）（2）在金属压力加工中，体积力对变形体的变形不起作用，故可以忽略不计。

（　　）（3）轧制与拉拔的变形图示为两向压缩一向延伸变形，应力图示均为三向压应力状态。

（　　）（4）金属塑性变形的约束反力包括正压力、摩擦力和反作用力。

（　　）（5）变形体内应力状态是孤立静止的，不能进行转化。

4. 计算后回答

（1）有一立方体素上分别作用有 -120MPa、-100MPa、-50MPa 的主应力，试判断其变形图示。

（2）轧制板带时 $\delta_2=0$，试确定三个主应力之间的关系。

能量小贴士

全党全国各族人民要在党的旗帜下团结成“一块坚硬的钢铁”，心往一处想、劲往一处使，推动中华民族伟大复兴号巨轮乘风破浪、扬帆远航。

——习近平

任务 2.2　选择与计算金属变形前后尺寸

党的二十大人物风采

牛国栋：科技创新赋能高质量发展

牛国栋是来自中国宝武太钢集团的一名轧钢工人。他是全国五一劳动奖章获得者、太钢十大杰出青年、太钢特级劳模、太原市五一劳动奖章获得者、太原市特级劳模、山西省特级劳模，2012 年当选中共十八大代表，2017 年当选中共十九大代表，2022 年当选中共二十大代表。我们来听一听他在党的二十大后的心声：

认真聆听报告后，我的心情十分激动，深受鼓舞。报告中指出，要完善科技创新体系，坚持创新在我国现代化建设全局中的核心地位，健全新型举国体制，强化国家战略科技力量，提升国家创新体系整体效能，形成具有全球竞争力的开放创新生态。我认为，科技创新在全面建成小康社会和高质量发展中发挥了重要作用，要大力加强科技创新，赋能高质量发展。

最近，我所在的不锈钢冷连轧生产线陆续上岗了 16 位“新员工”，它们干起活来一个顶三个，既专业又敬业。我们车间里基本上不开灯，因为都是机器在运行，车间的房顶都是铺的太阳能，用太阳能发电就满足了这个车间的使用。机器人“宝罗”的加入，让这条世界先进的冷连轧生产线的智能化水平和生产效率又上了一个档次，确实方便、高效、快捷、安全、绿色。

我们企业非常重视科技创新工作。目前，太钢集团加快智慧化集控建设和智慧制造体系建设，夯实数据基础，重构操控界面，打破组织边界，优化岗位配置，实现从数据采集、实时在线监控到集中智控的全流程全覆盖应用。围绕宝武集团提出的“万名宝罗上岗计划”，太钢集团通过智能装备应用强化人机协同，替代人工作业，提升本质化安全。目前，已新增 385 台套智能装备，减少人工作业 577 个，关键工序数控化率达到 86%。

在日常工作中，我深知，搞技术创新，仅凭一己之力是远远不够的。2011 年由我牵头成立了“牛国栋创新工作室”，我把身边的党员职工组织起来，开展“创建学习型班组，争做知识型职工”活动，我们啃下了一个又一个“硬骨头”，创下了诸多第一：控制悠卷断带“五步法”，成功解决了钢卷质量控制问题，每年可为企业减少损失 710 万元；“焊缝连续通过五机架连轧机一减二抬三调整”操作法创效 1026 万元，被评为山西省“五小”竞赛一等奖；2021 年，我们把总结的先进操作法应用到了生产中，成立了“冷连轧降低成本、提高效率”创新项目组，实现年创效益 240 万元。创新工作室成立以来，累计提出合理化建议 50 项，总结操作法 32 项，总结创新成果 92 项，申报专利 35 项，累计创效达 9800 余万元。工作室在培养人才方面，累计结成师徒 88 对，培养出高级轧钢工 105 名、班组长 28 名，带出技师 22 名、高级技师 6 名。

“创新就是每天进步一点点，每天改变一点点。”这是我们团队的座右铭。今后，我要立足岗位和专业，依托创新工作室平台，大力加强科技创新，用实际行动来弘扬劳模精神、劳动精神、工匠精神，为企业高质量发展奉献自己全部力量。

任务引领

任务情境

太原钢铁（集团）有限公司（简称太钢）地处山西省会城市太原。山西境内煤、铁、铝矾土、镓等矿产资源储量居全国前列，是我国重要的能源和原材料工业基地。太原毗邻京津，属环渤海经济圈和京津都市圈。地理和资源禀赋，使太钢具有资源、能源和交通优势。

太钢集团生产的不锈钢、高牌号冷轧硅钢、高强度汽车大梁钢、火车轮轴钢、不锈钢-碳钢复合板、纯铁、花纹板市场占有率全国第一，产品远销 30 多个国家和地区。现已形成年产 1000 万吨钢（其中 300 万吨不锈钢）的生产能力，营业收入超过 1000 亿元人民币，综合实力跃居国内钢铁行业前列。

学生工作单

学生工作任务单

<table>
<tr><td>模块 2</td><td colspan="4">金属塑性变形基本规律应用</td></tr>
<tr><td>任务 2. 2</td><td colspan="4">选择与计算金属变形前后尺寸</td></tr>
<tr><td rowspan="3">任务描述</td><td>能力
目标</td><td colspan="3">（1）能正确使用测量工具；
（2）能合理选择金属变形前后尺寸；
（3）能利用体积不变定律计算金属变形前后尺寸</td></tr>
<tr><td>知识
目标</td><td colspan="3">（1）熟悉游标卡尺、螺旋测微器等工具的使用方法；
（2）理解体积不变定律的含义；
（3）掌握利用体积不变定律计算金属变形前后尺寸的方法</td></tr>
<tr><td>训练
内容</td><td colspan="3">选择与计算金属变形前后尺寸</td></tr>
<tr><td>参考资料与资源</td><td colspan="4">《金属压力加工理论基础》，段小勇，冶金工业出版社，2008；
“金属塑性变形技术应用”精品课程网站资源</td></tr>
<tr><td>任务实施
过程说明</td><td colspan="4">（1）学生分组，每组 5~8 人；
（2）分发学生工作任务单；
（3）学习相关背景知识；
（4）小组讨论制定工作计划；
（5）小组分工完成工作任务；
（6）小组互相检查并总结；
（7）小组合作，制作项目汇报 PPT，进行讲解演练；
（8）小组为单位进行成果汇报，教师评价</td></tr>
<tr><td>任务实施
注意事项</td><td colspan="4">（1）实训前要认真阅读实训指导书有关内容；
（2）实训前要重点回顾有关设备仪器使用方法与规程；
（3）每次测量与计算后要及时记录数据，填写表格；
（4）结果分析时在企业实际生产中应用要考虑原料的烧损</td></tr>
<tr><td>任务下发人</td><td colspan="2"></td><td>日期</td><td>年　月　日</td></tr>
<tr><td>任务执行人</td><td colspan="2"></td><td>组别</td><td></td></tr>
</table>

学生工作任务页

模块 2	金属塑性变形基本规律及其应用		
任务 2.2	选择与计算金属变形前后尺寸		
任务描述	太钢不锈热轧厂接到一个订单，要轧制 20mm×1600mm×8000mm 中板，供货连铸坯截面尺寸为 1600mm×200mm，工段长要求王工确定轧制这种产品时所需原料的种类及尺寸。如果你是小王，你该如何做？		
相关知识	根据生产实践经验，选择加热时的烧损率为 2%，轧制后切头、切尾及重轨加工余量共长 1.9m，根据标准选定由于钢坯断面圆角产生的损失体积为 2%		
任务实施过程说明			
任务下发人		日期	年　月　日
任务执行人		组别	

任务背景知识

2.2.1　体积不变定律的内容

在金属塑性变形的理论计算与实际应用中，一般认为，只要金属的密度不发生变化，变形前后金属的体积就不会产生变化，它是金属塑性变形的基本规律之一。

若设变形前金属的体积为 V_0，变形后金属的体积为 V_n，则有：

$$V_0 = V_n = 常数$$

2.2.2　体积不变定律的应用

设矩形坯料的高、宽、长分别为 H、B、L，轧后轧件的高、宽、长分别为 h、b、l，如图 2-14 所示。

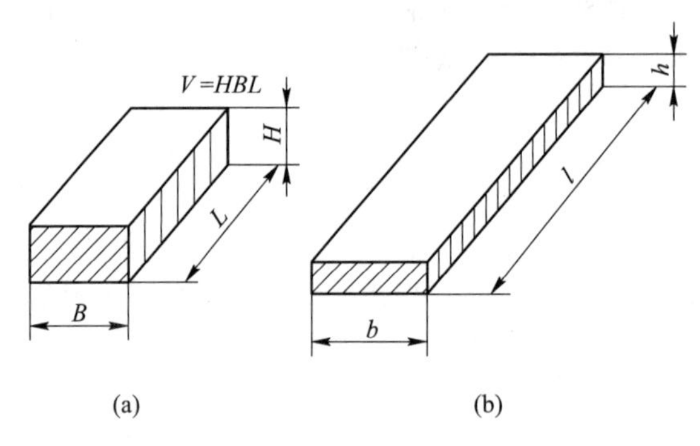

图 2-14　矩形断面工件加工前后的尺寸
（a）加工前的矩形坯料尺寸；（b）轧制后轧件的尺寸

加工前的矩形坯料体积：

$$V_0 = HBL$$

轧制后轧件的体积：

$$V_n = hbl$$

根据体积不变条件，有：

$$HBL = hbl$$

可以计算轧制后轧件的长：

$$l = \frac{HBL}{hb}$$

根据产品的断面面积和定尺长度，选择合理的坯料尺寸。

[案例]　轧制直径为 20mm 的圆钢，所用原料为方坯，其尺寸为 100mm×100mm×3000mm。计算轧后轧件长度（忽略烧损）。

解：坯料原始截面积为：

$$S_0 = 100 \times 100 = 10000\text{mm}^2$$

轧件轧后横截面积为：

$$S_n = (3.14 \times 20^2)/4 = 314\text{mm}^2$$

由体积不变定律可得：

$$10000 \times 3000 = 314 \times l$$

由此可得轧件轧后长度为：

$$l = \frac{10000 \times 3000}{314} \approx 95540\text{mm}$$

在连轧生产中，为了保证每架轧机之间不产生堆钢和拉钢，必须使单位时间内金属从每架轧机间流过的体积保持相等，即：

$$S_1 v_1 = S_2 v_2 = S_3 v_3 \cdots\cdots S_n v_n$$

式中　S_1，S_2，S_3，S_n——每架轧机上轧件出口的断面积；

v_1，v_2，v_3，v_n——各架轧机上轧件的出口速度。

此即为连轧生产中的秒流量相等定律。

实验 2-3　体积不变定律的验证

学生工作任务单

<table>
<tr><td>实验项目</td><td colspan="3">体积不变定律的验证</td></tr>
<tr><td>实验器材</td><td colspan="3">（1）ϕ130mm 实验轧机；
（2）游标卡尺、锉刀、20 号机油、200 号溶剂汽油或丙酮、直角尺、划针；
（3）铅试样 $H \times B \times L = 7\text{mm} \times 40\text{mm} \times 60\text{mm}$ 一块，如图 2-15 所示

(a)　　(b)
图 2-15　铅试样
（a）轧制前；（b）轧制后</td></tr>
<tr><td>相关知识</td><td colspan="3">在实际生产中，铸态沸腾钢锭在轧制后其体积约减少 13%，继续加工时其密度则始终保持不变。因此可以说，除内部存在大量气泡的沸腾钢锭或者有缩孔及疏松的镇静钢锭的前期加工外，热加工时，金属的体积是不变的。而冷加工时，金属内部形成微细的疏松，金属的体积略有增大，当然，所引起的体积变化是完全可以忽略的。因此在实际计算时可以认为体积是不变的，用数学公式可以表示为 $V_0 = V_n$</td></tr>
<tr><td>任务实施过程说明</td><td colspan="3">（1）选取铅试样，清洁其表面并锉去飞翅，用直角尺和划针画出其边长为整数的矩形，如图 2-15 所示，将 H、B_H、L_H 记入实验数据记录表内，为了精确起见，可多量几次取平均值；
（2）在用汽油擦净和调整好的轧机上采用 $\Delta h_1 = 2\text{mm}$，轧制一道后测量各对应尺寸 h、B_h、L_h 记入表内；
（3）再以 $\Delta h_2 = 1.5\text{mm}$ 和 $\Delta h_3 = 1\text{mm}$ 各轧制一道，并将对应尺寸分别记录在表内</td></tr>
<tr><td>任务实施注意事项</td><td colspan="3">（1）实训前要认真阅读实训指导书有关内容；
（2）实训前要重点回顾有关设备仪器使用方法与规程；
（3）每次测量与计算后要及时记录数据，填写表格；
（4）结果分析时在企业实际生产中应用要考虑原料的烧损</td></tr>
<tr><td>任务下发人</td><td></td><td>日期</td><td>年　月　日</td></tr>
<tr><td>任务执行人</td><td></td><td>组别</td><td></td></tr>
</table>

学生工作页

学生工作任务页

实验项目	体积不变定律的验证					
实验数据记录						
道次	方块	H/mm	B_H/mm	L_H/mm	h/mm	V/mm
0	1					
	2					
	3					
	平均					
1	1					
	2					
	3					
	平均					
2	1					
	2					
	3					
	平均					
3	1					
	2					
	3					
	平均					
检查与评估		考核项目	评分标准	分数	评价	备注
		安全生产	无安全隐患			
		团队合作	和谐愉快			
		现场 5S	做到			
		劳动纪律	严格遵守			
		工量具使用	规范、标准			
		操作过程	规范、正确			
		实验报告书写	认真、规范			
总分						
任务下发人				日期	年 月 日	
任务执行人				组别		

知识拓展——连轧秒流量相等

堆钢

1. 连轧基本原理

一根轧件同时在两个或两个以上的机架中轧制时称为连续轧制，也称为连轧。在连轧过程中，任何一机架的轧制条件都受到相邻机架的轧制条件的影响。

实际上，在生产中是保持不了秒流量体积不变的，而是同时存在着三种状态：

（1）自由轧制状态。$V_n=V_{n+1}$，第 n 道轧制速度等于第 $n+1$ 道的咬入速度，在连轧中不存在速度差，称无速差轧制。

（2）推力轧制状态。$V_n>V_{n+1}$，第 n 道的轧制速度大于第 $n+1$ 道的咬入速度，即在两机架间产生堆料现象。

（3）张力状态轧制。$V_n<V_{n+1}$，第 n 道的轧制速度小于第 $n+1$ 道的咬入速度，即在两机架间产生张力。

实际生产中，由于设备、工艺、轧件、孔型等因素的变化，三种状态在连续轧制过程中交替变换的，而后两种轧制状态的堆、拉值，即张力系数（或称堆拉系数），是保证连续轧制进行的关键。如果堆拉值超过允许值，则会造成起套或拉断轧件情况，破坏正常轧制状态。

为了防止起套堆钢，连轧机架间安装有活套装置，在机架秒流量大于后机架时，用来短时存储多余的带钢。

2. 实际连轧的过程

（1）为保证连轧过程的正常进行，理论上要求通过连轧机组各架轧机的金属秒流量必须保持相等。实际的连轧过程中通过连轧机组各架轧机的金属秒流量肯定不等。

（2）如果按照理论上相等金属秒流量所对应的工艺参数对每架轧机进行设定，进行轧钢，那么钢是不能顺利生产出来的。热轧宽带采用的手段是张力轧制。

（3）由于干扰因素（如来料厚度、材质、摩擦系数、温度等）或调节量（如辊缝、辊速等）总在不断变化，因此连轧过程中的平衡状态（稳态）是暂时的、相对的，连轧过程总是处于“稳态→干扰→新的稳态→新的干扰”这样一种不断波动着的动态平衡过程中。

思考与练习

（1）体积不变定律在实际生产中有什么应用？

（2）如何利用体积不变定律进行轧机间距设计？

能量小贴士

子曰：“三人行，必有我师焉，择其善者而从之，其不善者而改之。”——《论语》

任务 2.3 判断金属流动方向

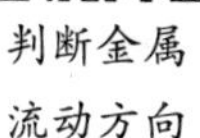
判断金属流动方向

爱上中国造：中国造超级轧钢机，打造国产航母甲板

钢铁工业是重要的基础产业，被誉为工业的脊梁。轧钢机是钢铁工业核心装备之一。无论是决定战争胜负的航空母舰、核潜艇等尖端武器，还是关乎社会安危的核电站安全壳、巨型桥梁结构钢、大型水库闸门等基础设施，也无论是工业生产海上钻井平台结构钢，还是人们日常生活中的汽车、冰箱、洗衣机等消费品，都离不开大型轧钢机生产的优质钢材。

轧钢机的出现和发展已经经历了几百年的时间，宽厚板轧机只是其中的一个分支。20世纪的两次世界大战中，庞大的军火需求极大地推动了轧钢机发展。世界上陆续出现了双机架、半连续式、连续式中厚板轧机。二战后进入冷战对抗，美国、苏联、德国、日本又相继建成一批 4100~5500mm 的宽厚板轧机。

历史上，各个国家建设特宽厚板轧机的一个主要目的，是为航空母舰、战列舰等供应造船用大尺寸宽厚钢板。由于航空母舰飞行甲板需要承受战机降落时的强大冲击力，战列舰、巡洋舰等大型军舰都需要安装大面积的装甲钢板，这就需要钢板尺寸尽量加长加宽，以减少焊接工作量。为此，美国、苏联、德国及日本等国家都建设了大型宽厚板轧机。

距离鞍山 100 多公里外的鲅鱼圈，这个 2008 年建成投产的钢铁基地，拥有当时国内最先进的钢铁生产加工设备。这台设备由一台 5500mm 四辊式粗轧机和一台 5000mm 四辊式精轧机及 2 台步进式加热炉、除磷箱、热矫直机、3 台冷床、切头剪、定尺剪、火焰切割机、4200t 压平机、淬火机等 40 余台配套设备组成，零部件总数达 10 万多个。生产厂房由加热炉跨、主轧跨、剪切跨、中转跨、冷床跨、磨辊间、成品库等部分组成，长 1116m，宽近 100m，面积达 11 万平方米，当于 15 个足球场。两台轧机占地长 200m、宽 35m，高近 20m，重达近 7000t。整个工程浇灌混凝土 16 万立方米、吊装钢结构 32400t，设备重达 18000t。由于体系复杂、精度要求高、制造难度极大，许多部件的重量尺寸都达到了机械加工及运输的极限，被誉为世界“轧机之王”。

这个世界最宽的轧机，我国一重集团制造，拥有世界顶级的轧制能力，高达 10 万吨的下压轧制力，可以轧制宽度 5.5m、长度 40m 以上的钢板，是当之无愧的“轧机之王”。当时这个全球最先进的加工设备，为鞍钢甲板钢的研制打造了坚实的基础。2013 年，我国首艘国产航母上的甲板钢，就是在这里生产下线。

从 2008 年 4 月，5500mm 宽厚板轧机在中国第一重型机械集团公司下线，一举打破世界纪录，成为中国首台，也是世界首台 5000mm 以上的宽厚板轧机，到 2018 年，也就是经过了 10 年，这样的 5500mm 的轧机在我国就有十多台，这样的工业能力，足够令世界惊叹。与此同时，世界轧机之王仍然由鞍钢的 5500mm 轧机保持，技术水平完全碾压德国与日本。我们都知道，国产航母最重要的就是国产航母用钢板，而生产 10 万吨级以上船舶，就需采用宽度 4000mm 以上船用钢板，生产 4000mm 以上船用钢板就需要 4800mm 以上的轧钢机。为什么非要用轧钢机来生产航母用钢板呢？因为 10 万吨级的航母，必须要确保舰船的强度，而舰船的强度除了钢铁材料的影响外，最重要的就是要尽可能地减少焊缝，以此来增加舰船的强度。减少焊缝就需要大型的宽厚板，而这就需要轧钢机来进行轧制，使钢材一次成型。宽厚板轧机的用途十分广泛，可以说，除了用于航母的钢板制造，但凡需要强度大的特种建筑，都需要宽厚板轧机的参与，因此，称其为国之重器，半点都不为过。

“每一块钢铁里，都隐藏着一个国家兴衰的秘密。”这是美国钢铁大王卡内基的传记作者所说的一句话，这句话也充分说明了我国目前的复兴盛况！

任务情境

对经轧制后钢板的显微组织分析发现，与未轧前的等轴晶组织相比，轧制后的显微组织变成了类似纤维状，有了明显的方向性，如图 2-16 所示。

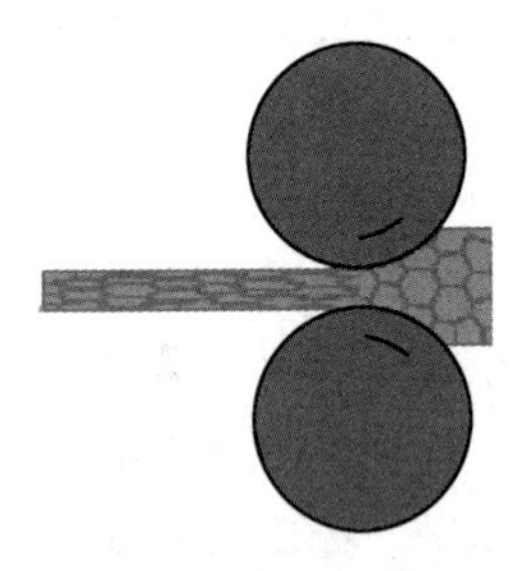

图 2-16　中厚板轧制

上述现象表明：钢板在轧制过程中发生了向轧制方向的延伸变形，而且钢板是在两轧辊压力作用下发生的塑性变形。

为什么钢板主要向前延伸而不是向两侧延伸？这正是本节课要解决的问题。

学生工作任务单

<table>
<tr><td>模块 2</td><td colspan="4">金属塑性变形基本规律应用</td></tr>
<tr><td>任务 2.3</td><td colspan="4">判断金属流动方向</td></tr>
<tr><td rowspan="3">任务描述</td><td>能力目标</td><td colspan="3">（1）能正确制备各种形状金属试样；
（2）能理解最小阻力定律的应用原则；
（3）能利用最小阻力定律正确判断金属流动方向；
（4）能利用最小阻力定律正确分析判断金属各个方向流动能力</td></tr>
<tr><td>知识目标</td><td colspan="3">（1）理解最小阻力定律的含义；
（2）掌握判断变形过程中金属流动方向的方法；
（3）掌握分析判断金属变形中各个方向中流动能力的方法</td></tr>
<tr><td>训练内容</td><td colspan="3">（1）验证最小阻力定律；
（2）正确判断金属变形过程中的流动方向；
（3）判断轧制变形中金属的横纵变形能力</td></tr>
<tr><td>参考资料
与资源</td><td colspan="4">《金属压力加工理论基础》，段小勇，冶金工业出版社，2008；
“金属塑性变形技术应用”精品课程网站资源</td></tr>
<tr><td>任务实施
过程说明</td><td colspan="4">（1）学生分组，每组 5~8 人；
（2）分发学生工作任务单；
（3）学习相关背景知识；
（4）小组讨论制定工作计划；
（5）小组分工完成工作任务；
（6）小组互相检查并总结；
（7）小组合作，制作项目汇报 PPT，进行讲解演练；
（8）小组为单位进行成果汇报，教师评价</td></tr>
<tr><td>任务实施
注意事项</td><td colspan="4">（1）实训前要认真阅读实训指导书有关内容；
（2）实训前要重点回顾有关设备仪器使用方法与规程；
（3）每次测量与计算后要及时记录数据，填写表格；
（4）结果分析时在企业实际生产中应用要考虑原料的烧损</td></tr>
<tr><td>任务下发人</td><td colspan="2"></td><td>日期</td><td>年　月　日</td></tr>
<tr><td>任务执行人</td><td colspan="2"></td><td>组别</td><td></td></tr>
</table>

学生工作任务页

学生工作页

<table>
<tr><td>模块 2</td><td colspan="4">金属塑性变形基本规律应用</td></tr>
<tr><td>任务 2. 3</td><td colspan="4">判断金属流动方向</td></tr>
<tr><td>任务描述</td><td colspan="4">（1）验证最小阻力定律。先学习最小阻力定律以及最小阻力定律的不同描述方法，通过设计不同实训小项目验证最小阻力定律，深化理解最小阻力定律的含义，掌握正确制备各种形状金属试样的技能。
（2）正确判断金属变形过程中的流动方向。利用最小阻力定律判断不同加工过程中金属质点的流动方向，可以从锻造、轧制、挤压与拉拔四种不同加工方法进行设计。
（3）解释为什么轧制变形过程中长度方向变形（延伸）总是大于宽度方向（宽展）</td></tr>
<tr><td>任务实施
过程</td><td colspan="4"></td></tr>
<tr><td>任务下发人</td><td></td><td>日期</td><td>年　月　日</td></tr>
<tr><td>任务执行人</td><td></td><td>组别</td><td></td></tr>
</table>

任务背景知识

2.3.1 最小阻力定律

表述 1：物体在变形过程中，其质点有向各个方向移动的可能时，则物体内的各质点将沿着阻力最小的方向移动。

表述 2：金属塑性变形时，若接触摩擦较大，其质点近似沿最短法线方向动，也称最短法线准则。

表述 3：金属塑性变形时，各部分质点均向耗功最小的方向流动，也称最小功原理或最小周边法则。

理解：变形过程中，物体各质点将向着阻力最小的方向移动，即“做最少的功，走最短的路”。当存在接触面摩擦时，物体各质点向周边流动的阻力与质点离周边的距离成正比，因而必然向周边最短法线流动，最终周边形状表现为最小的圆形，这个结论通过长期的大量实践得到证明。

2.3.2 镦粗金属变形过程中的流动方向

当压缩一圆柱体时，所有质点都沿最短法线方向，即沿径向移动，所以变形后其断面依然保持圆形，如图 2-17（a）所示。

当压缩一正方形断面柱体时，其质点将沿垂直于各周边的最短路线移动。画出正方形断面的角平分线，可以判断出各区域内质点是沿水平轴和垂直轴流动的，正方形断面变形后逐渐趋于圆形，如图 2-17（b）所示。

当压缩一椭圆断面柱体时，每个区域内的质点将向着垂直矩形各边的方向移动，由于向长边方向移动的金属质点比向短边移动得多，故当压缩量增大到一定程度时，将使变形的最终断面变形为圆形，如图 2-18 所示。

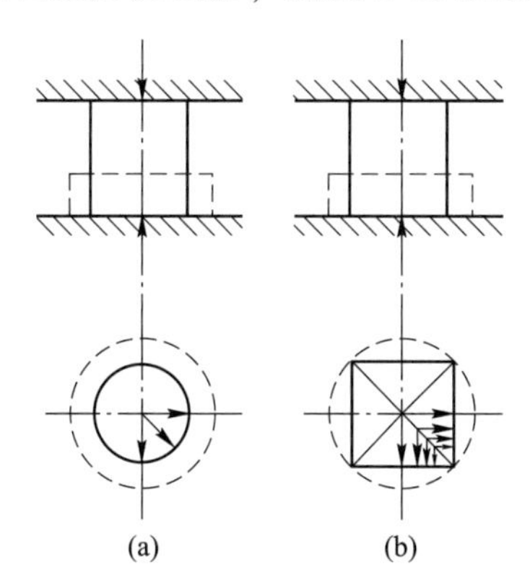

图 2-17 金属的镦粗变形

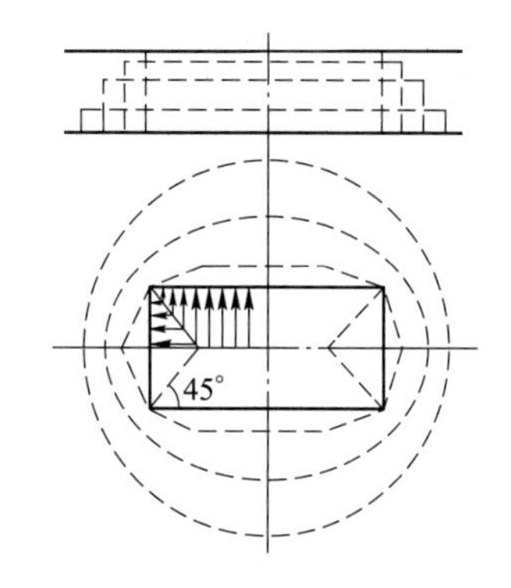

图 2-18 矩形断面柱体变形情况

2.3.3 轧制变形中金属的横纵变形能力

通常轧件在变形区内变形量的横纵比总是小于 1 的，这说明变形区内金属质点向着边界距离最短方向流动。由于纵向的边界距离短，因此质点在该方向的流动阻力最小，导致纵向延伸很大、宽向延伸较小。

在图 2-19 中，区域 1、2 内的质点向宽度方向流动产生宽展，区域 3、4 内的质点向长度方向流动产生延伸，根据最小阻力定律可以判断出变形后的纵向延伸量一定大于宽度增加量。

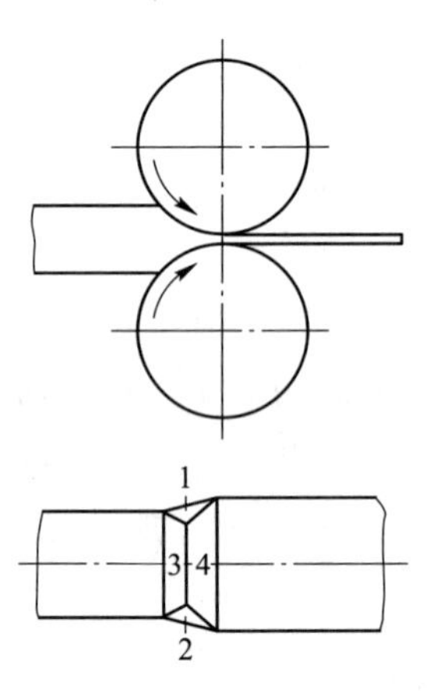

图 2-19　金属的轧制变形

实验 2-4　最小阻力定律的验证

学生工作任务单

实验项目	最小阻力定律的验证		
任务描述	（1）观察实验现象，验证最小阻力定律； （2）会正确使用工具、量具，能正确操作万能材料试验机； （3）熟悉实验操作方法，安全操作		
实验器材	液压式万能材料试验机、游标卡尺、铅试件（$a \times b \times h = 20\text{mm} \times 20\text{mm} \times 15\text{mm}$、$a \times b \times h = 15\text{mm} \times 20\text{mm} \times 15\text{mm}$，各一块）		
任务实施 过程说明	（1）取尺寸为 $a \times b \times h = 20\text{mm} \times 20\text{mm} \times 15\text{mm}$ 和 $a \times b \times h = 15\text{mm} \times 20\text{mm} \times 15\text{mm}$ 的直角六面体铅试件，分别在表面比较粗糙的平板间进行压缩，每次压下量为 $\Delta h = 3\text{mm}$，共压下 4 次； （2）每次压缩后，将试件断面形状描于纸上，并用卡尺测量试件断面形状的周边尺寸		
任务实施 注意事项	（1）实训前要认真阅读实训指导书有关内容； （2）实训前要重点回顾有关设备仪器使用方法与规程； （3）每次测量与计算后要及时记录数据，填写表格		
任务下发人		日期	年　月　日
任务执行人		组别	

学生工作页

学生工作任务页

<table>
<tr><td>实验项目</td><td colspan="5">最小阻力定律的验证</td></tr>
<tr><td colspan="6">实验过程结果记录</td></tr>
<tr><td>试件</td><td colspan="3">$a \times b \times h = 20\text{mm} \times 20\text{mm} \times 15\text{mm}$</td><td colspan="2">$a \times b \times h = 15\text{mm} \times 20\text{mm} \times 15\text{mm}$</td></tr>
<tr><td>第 1 次压缩</td><td colspan="3"></td><td colspan="2"></td></tr>
<tr><td>第 2 次压缩</td><td colspan="3"></td><td colspan="2"></td></tr>
<tr><td>第 3 次压缩</td><td colspan="3"></td><td colspan="2"></td></tr>
<tr><td>第 4 次压缩</td><td colspan="3"></td><td colspan="2"></td></tr>
<tr><td rowspan="8">检查与评估</td><td>考核项目</td><td>评分标准</td><td>分数</td><td>评价</td><td>备注</td></tr>
<tr><td>安全生产</td><td>无安全隐患</td><td></td><td></td><td></td></tr>
<tr><td>团队合作</td><td>和谐愉快</td><td></td><td></td><td></td></tr>
<tr><td>现场 5S</td><td>做到</td><td></td><td></td><td></td></tr>
<tr><td>劳动纪律</td><td>严格遵守</td><td></td><td></td><td></td></tr>
<tr><td>工量具使用</td><td>规范、标准</td><td></td><td></td><td></td></tr>
<tr><td>操作过程</td><td>规范、正确</td><td></td><td></td><td></td></tr>
<tr><td>实验报告书写</td><td>认真、规范</td><td></td><td></td><td></td></tr>
<tr><td>总分</td><td colspan="5"></td></tr>
<tr><td>任务下发人</td><td colspan="3"></td><td>日期</td><td>年　月　日</td></tr>
<tr><td>任务执行人</td><td colspan="3"></td><td>组别</td><td></td></tr>
</table>

知识拓展——最小阻力定律的应用

最小阻力定律是一个自然法则。海纳百川，水无论在哪里，最终都会流向大海，因为水往低处流，流向更低的地方才是它阻力最小的方向。生活中我们都骑过自行车，在前进的时候，我们把握平衡的同时也在根据目的地不断调整方向，本质上就是不断调整车头的最小阻力方向。在塑性变形体加工的过程中，最小阻力定律也同样奏效，沿着不同方向流动的质点，会选择最小阻力的方向移动。

金属塑性变形加工中，若物体的质点能在不同的方向移动，则物体上的每一个质点将向着阻力最小的方向移动，这个规律称为最小阻力定律。这里所提及的阻力，包括摩擦力和工具形状对金属流动的限制等。最小阻力定律阐述了金属质点流动的可能性和流动方向等问题。最小阻力定律对锻造非常重要，自由锻造和模锻都是利用最小阻力定律来提高制件质量、降低设备吨位和提高生产率的，例如：

（1）圆形截面毛坯的镦粗。一个圆形坯料镦粗时，其内部各质点在水平方向必定沿其半径方向移动，这是因为质点沿半径方向移动的路径最短，所受的阻力也最小，故圆截面的坯料镦粗后仍然是圆形。

（2）矩形截面毛坯的镦粗。矩形截面金属质点流动的方向，可分为四个流动区域，镦粗的开始阶段，与正方形镦粗一样，对角线上的阻力最大，形成椭圆。

根据最小阻力定律，离周边的距离越近，阻力越小，锻件质点必然沿这个方向流动，因此梯形区域（见图 2-19 区域 3、4）流出的金属多于三角形区域（见图 2-19 区域 1、2）流出的金属。长边出现的凸肚大，短边出现的凸肚小，也就是说，向长边法线流动的金属多，向短边法线流动的金属少，椭圆形会逐渐向圆形趋近。如果矩形的长宽比不大，或变形程度大，矩形毛坯也会镦粗为圆形。

（3）正方形截面毛坯的镦粗。一个正方形截面毛坯在平砧上镦粗，可以得到一个圆形：随变形程度的增加，毛坯在平砧上逐渐趋于圆形。这是因为平砧与金属的接触面存在摩擦力，并且正方形毛坯角的平分线上距离最长，摩擦力最大，所以金属质点就沿着最短的法线方向流动，各边首先出现凸肚，然后逐渐趋于圆形。

（4）坯料拔长。坯料在平砧上拔长，选择不同的送进量，可以得到不同方向的拔长工件。

1）伸长量大于展宽量的拔长：送进量小于坯料宽，截面形成若干矩形，长度方向的流动快，得到轴向长的工件，拔长效果最好。

2）伸长量等于展宽量的拔长：送进量等于坯料宽，截面形成若干正方形，长度方向和宽度方向的流动相同，得到轴向和宽度方向变形相等的工件，拔长效果一般。

3）伸长量小于展宽量的拔长：送进量大于坯料宽，截面形成若干矩形，宽度方向的流动快，得到宽度伸展大的工件，拔长效果最差。

(5) 模锻。根据最小阻力定律，对锻件进行金属质点流动方向的定性分析，通过调整某个方向的阻力，合理地设计锻模。

模锻中，金属将有两个流动方向（模膛和飞边槽）。为了保证金属填充模膛，应增加模膛处的金属流动量，可采取以下两个措施：以飞边槽的粗糙表面来增加模锻件流向飞边槽的阻力；或修整模膛的进入圆角，减小金属流向模膛的阻力。

思考与练习

(1) 根据最小阻力定律画图分析轧制变形区金属质点的流动情况，并说明轧制时为什么延伸大于宽展。

(2) 举例分析最小阻力定律在塑性成形流动控制中的应用。

能量小贴士

创新无处不在，只要用心去观察，用心去琢磨，就没有什么咱攻克不了的东西！

——党的二十大代表中国一重集团刘伯鸣

任务 2.4　分析变形前后金属的微观组织

钢铁人物

沈文荣：钢铁是这样炼成的

在江苏省召开的庆祝改革开放 40 周年座谈会上，沙钢集团董事局主席沈文荣等 20 位同志被授予先进个人。沈文荣是如何在 40 年时间里，让一家“草根企业”成功跻身为世界 500 强的。

1968 年，22 岁的沈文荣中专毕业后，来到沙洲县锦丰轧花厂成为一名钳工。1975 年，锦丰轧花厂自筹 45 万元建了一座小型轧钢车间，这也就是沙钢的前身。因为勤奋好学、踏实肯干，1985 年，39 岁的沈文荣成为沙钢一把手。此时，改革开放的春风已经在中国大地上渐渐吹起，随着居民住房条件改善，市场对钢窗料的需求大幅增长。沈文荣看中这一商机，做出了他上任之后的第一个重大决定。市场上刚性需求比较大的产品，生产难度也是比较大的，他下决心攻这个关。沈文荣说的这款产品，就是为沙钢带来第一桶金的窗框钢。通过技术和管理革新，沙钢开发出 9 大系列 35 个规格产品，成为国内品种最全、质量最好、产量最高的窗框钢生产基地。很快，“买窗框钢到沙钢”成为当时业内的顺口溜。

小小的窗框钢，让沙钢赚到了 1 亿多的家底。这背后，是沈文荣对产品精益求精的态度。然而，真正让沙钢从一个草根民企走向世界舞台的，则是沈文荣敏锐的市场意识和破釜沉舟的雄心。20 世纪 90 年代初，当沙钢职工都沉浸在窗框钢热销的喜悦中时，沈文荣已经意识到了危机。沈文荣做了一个大胆决定，逐步放弃窗框钢，将 1 亿多家底全部砸进去，从英国进口一套二手洋设备，生产建筑需要的螺纹钢。1992 年，从英国引进的先进生产线投产后不久，恰逢邓小平发表南方谈话，中国迎来基建投资热，沙钢生产的螺纹钢再次热销，所有投资不到 3 年就全部收回。

沈文荣说，当时的钢产量刚刚 200 万吨，想要开始做梦了，有梦想了想要进入 1000 万吨钢铁行业。梦想有了，要靠实干去实现。从 1996 年开始，沙钢开启了国外买买买的节奏，陆续买回美国、德国、瑞士等国家先进设备。此后，沈文荣又在国内收购了几家国有钢铁公司，让产能一举达到 2500 万吨的规模。沙钢一跃成为国内最大的民营钢铁企业，并在 2009 年成功跻身世界 500 强。

在沙钢最先进的超薄带车间，是沙钢与美国钮柯钢铁公司共同研发的新一代热轧车间，这个生产线，钢水直接就生产成板了，生产很薄的板。沈文荣介绍，一般钢板用传统热轧技术，最薄只能做到 3mm 厚，要想做到既薄至 1mm 又具有高强度的钢板，一直是个世界难题。而这套设备成功运行，就将破解这一难题，并直接影响下一代中国钢铁产品的核心竞争力。十八大后，中国经济步入新常态，中央做出推进供给侧结构性改革的战略部署。改革再出发，沈文荣也在不断思考着沙钢的未来。沈文荣说，发展的模式思维要改变，还是停留在扩张，简单的做大，这个时代过去了。所以他们重大调整。他们发展思路，不是简单地做大做强，而是做精做强。为了做精做强，沙钢成立了钢铁研究院，加大科技研发投入。

改革开放是当代中国最显著的特征、最壮丽的气象。站上新的历史起点，习近平总书记指出，我们绝不能有半点骄傲自满、故步自封，也绝不能有丝毫犹豫不决、徘徊彷徨，要推动新时代改革开放走得更稳、走得更远。期待我们一代代人“接力跑”，创造出让世界刮目相看的新的更大奇迹。幸福是要靠努力、靠奋斗出来的！

任务引领

各种金属材料的板材、棒材、线材和型材都是经过轧制、挤压、冷拔、锻造、冲压等压力加工方法制成的。这些加工方法的特点是金属材料在外力的作用下，按一定设计要求发生永久性变形，同时在外力的作用下，金属的内部组织和性能也得到一定的改善。组织决定性能，因此，掌握金属材料变形前后的微观组织，对于选择金属材料的加工工艺，提高产品强度、硬度要求，合理使用材料都有重大意义。

学生工作任务单

学生工作单

<table>
<tr><td>模块 2</td><td colspan="4">金属塑性变形基本规律应用</td></tr>
<tr><td>任务 2.4</td><td colspan="4">分析变形前后金属的微观组织</td></tr>
<tr><td rowspan="3">任务描述</td><td>能力目标</td><td colspan="3">（1）能正确使用热处理炉、金相显微镜等实训仪器；
（2）能比较并分析塑性变形对金属组织与性能的影响规律；
（3）能比较并分析塑性变形中金属组织性能的变化规律</td></tr>
<tr><td>知识目标</td><td colspan="3">（1）熟悉热处理炉、金相显微镜等仪器的使用方法；
（2）理解金属在冷变形中发生加工硬化的意义；
（3）理解金属“回复”和“再结晶”的意义；
（4）掌握塑性变形对金属组织性能的影响规律</td></tr>
<tr><td>训练内容</td><td colspan="3">（1）观测工业纯铁经不同程度冷变形后的显微组织特征，测定它们的洛氏硬度；
（2）观测工业纯铁经不同程度冷变形后，分别在不同温度下进行再结晶退火后的组织；
（3）测定并分析再结晶温度，以及再结晶后晶粒大小与变形程度和退火温度的关系；
（4）测定并分析不同变形度对纯铝片再结晶后晶粒大小的影响</td></tr>
<tr><td>参考资料
与资源</td><td colspan="4">《金属压力加工理论基础》，段小勇，冶金工业出版社，2008；
“金属塑性变形技术应用”精品课程网站资源</td></tr>
<tr><td>任务实施
过程说明</td><td colspan="4">（1）学生分组，每组 5~8 人；
（2）分发学生工作任务单；
（3）学习相关背景知识；
（4）小组讨论制定工作计划；
（5）小组分工完成工作任务；
（6）小组互相检查并总结；
（7）小组合作，制作项目汇报 PPT，进行讲解演练；
（8）小组为单位进行成果汇报，教师评价</td></tr>
<tr><td>任务实施
注意事项</td><td colspan="4">（1）实训前要认真阅读实训指导书有关内容；
（2）实训前要重点回顾有关实训设备的使用方法与规程；
（3）试样两端如在拉伸时损坏，要及时再做记号</td></tr>
<tr><td>任务下发人</td><td colspan="2"></td><td>日期</td><td>年　月　日</td></tr>
<tr><td>任务执行人</td><td colspan="2"></td><td>组别</td><td></td></tr>
</table>

学生工作任务页

学生工作页

模块 2	金属塑性变形基本规律应用		
任务 2.4	分析变形前后金属的微观组织		
任务描述	某轧钢厂接到一个客户反馈，其生产某钢材的组织指标不满足客户的使用要求，需要对本批次的钢材进行组织分析和检测，并提出进一步改进的方法，厂长要求王工去完成这项客户反馈的工作。如果你是小王，你该如何做？		
相关知识	分析变形前后金属的微观组织		
任务实施过程			
任务下发人		日期	年　月　日
任务执行人		组别	

任务背景知识

2.4.1　在冷加工变形中金属组织性能的变化

当金属或合金在低于回复的温度下进行加工时，在变形中只有加工硬化作用而无回复与再结晶现象，这种变形称为冷变形或冷加工。钢在常温下进行的冷轧、拉拔和冷冲压等压力加工过程都是钢的冷变形过程。

2.4.1.1　冷加工变形中金属组织的变化

A　晶粒被拉长

多晶体金属经冷变形后，原来等轴的晶粒沿着主变形的方向被拉长，如图 2-20 所示。变形量越大，拉长得越显著。当变形量很大时，各个晶粒已不能很清楚地辨别开来，呈现纤维状，故称纤维组织。被拉长的程度取决于主变形图和变形程度。同时，由于晶粒的变形，金属的性能产生各向异性，沿纤维方向的力学性能明显大于沿垂直纤维方向的力学性能。

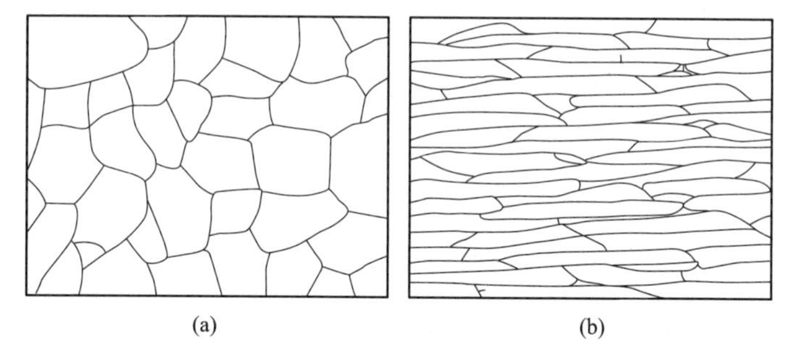

图 2-20　冷轧前后晶粒形状的变化
（a）变形前的退火状态组织；（b）冷轧后的纤维组织

B　产生亚结构

亚结构是指金属经过冷变形后，其各个晶粒被分割成许多单个的小区域，如图 2-21 所示。

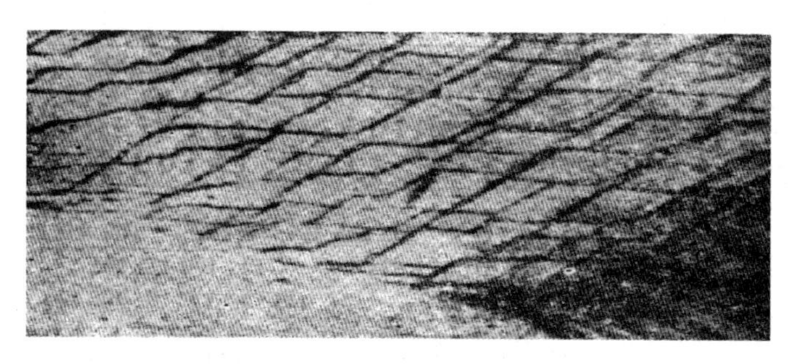

图 2-21　金属冷变形后的亚结构

在金属变形量较小时，位错的分布尚均匀；当变形量增大时，由于位错运动和相互牵制作用，有的晶粒内部便会破碎成许多位向差小于 1°的小晶块，这些小晶块称为亚晶粒，由亚晶粒组成的结构称为亚结构，如图 2-21 所示。亚晶粒的边界是晶格畸变区，堆集有大量的位错，所以亚结构越多，形成的亚晶界也越多，位错密度也就越大。亚结构的多少决定着晶体的塑性变形抗力的大小，这也是导致金属加工硬化的主要原因。

C　变形织构

多晶体塑性变形时，各个晶粒在滑移的同时，也伴随着晶体取向相对于外力有规律的转动，使取向大体趋于一致，称为“择优取向”。具有择优取向的物体，其组织称为“变形织构”。

金属及合金经过挤压、拉拔、锻造和轧制以后，都会产生变形织构。塑性加工方式不同，出现的组织也不同。通常，变形织构可分为丝织构和板织构。

(1) 丝织构：在拉拔加工中形成，如图 2-22 所示。其特点是，各晶粒有一共同晶向相互平行，并与拉伸轴线一致。

(2) 板织构：在轧制过程中形成，如图 2-23 所示。其特点是，晶面与轧制面平行，晶向又与轧制方向一致。

金属中变形织构的形成，使金属性能呈现出明显的各向异性，如使用有变形织构的板材冲制桶形零件时，由于板材各个方向上的塑性差别很大从而导致变形不均匀，因此深冲后桶形零件的边缘参差不齐，出现制耳现象，如图 2-24 所示。

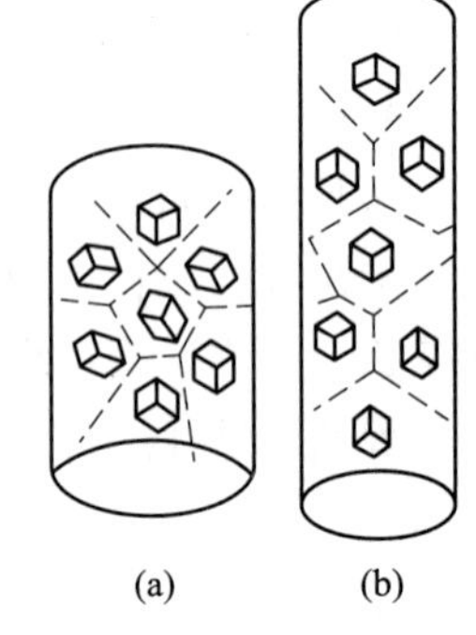

图 2-22　丝织构
(a) 拉拔前；(b) 拉拔后

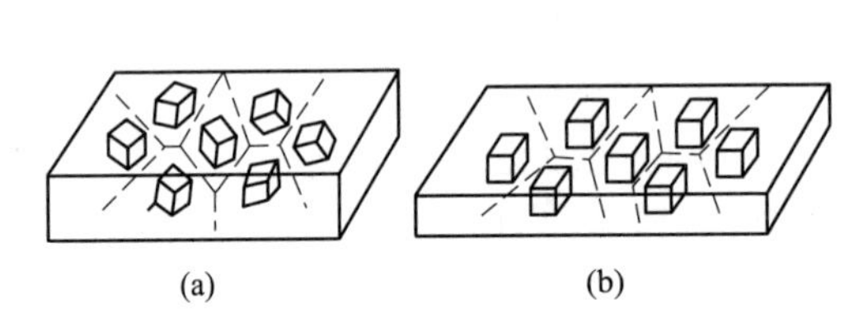

图 2-23　板织构
(a) 轧制前；(b) 轧制后

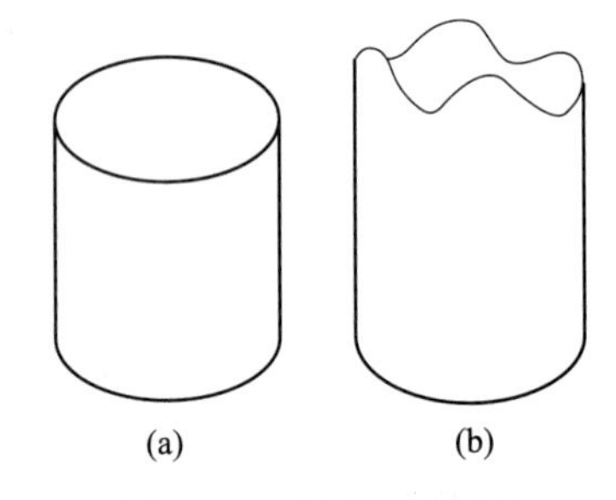

图 2-24　冲压件的制耳
(a) 无织构；(b) 有织构

2.4.1.2　冷加工变形中金属性能的变化

A　物化性质的改变

(1) 金属的密度降低。

(2) 金属的导电性降低（或电阻增大）。

(3) 导热性降低。

(4) 化学稳定性降低。

B　产生加工硬化

在变形中产生晶格畸变，晶粒被拉长和细化，出现亚结构和不均匀变形等，使金属的变形抗力指标（强度、硬度等）随变形程度的增加而显著升高。同时在变形中产生晶内和晶间的破坏、不均匀变形等，使金属的塑性指标（伸长率、断面收缩率等）随变形程度的增加而降低，这种现象称为加工硬化现象。

在生产应用中，加工硬化是强化金属的一种方法，对于一些不能通过热处理来提高强度的金属或合金，可以采用加工硬化的方法达到强化的目的，例如，坦克履带和矿石破碎机衬板具有高耐磨性、冷弹簧在卷制后具有高弹性、冷拔钢材具有高强度等，都是加工硬化的结果。

加工硬化虽然能使金属的强度提高，但是它同时也降低金属的塑性和韧性。尤其是冷加工变形中，加工硬化现象的出现，使得变形过程难以进行，需要不断增加设备功率，对设备、工具的强度都提出了更高的要求。在冷轧带钢时需要进行中间退火处理就是为了降低加工硬化的影响。

C　引起残余内应力

当除去外力后，大约有10%的能量转化为内应力残留在金属内部，这些残留于金属内部且平衡于金属内部的应力称为残余应力或内应力。内应力共分三种类型。

（1）宏观内应力（第一类内应力）。金属在塑性变形时，由于各部分变形不均匀，整个工件或在较大的宏观范围内（如表层或心部）产生的应力称为宏观内应力。当宏观内应力与工作应力方向一致时，其应力只占残余内应力的1%。该类应力比例虽然不大，但当工件放置一段时间后，因其松弛或应力重新分布会引起工件变形，严重时引起工件开裂。

（2）微观内应力（第二类内应力）。金属在塑性变形后，晶粒间或晶粒内各亚晶粒之间因变形不均匀而形成的微观内应力，占残余应力的10%以内。这类内应力可使金属产生晶间腐蚀，甚至会使工件在不大的外力下产生微裂纹或断裂，所以塑性变形后要用退火处理来消除或降低这部分内应力。

（3）晶格畸变应力（第三类内应力）。冷塑性变形后，晶体内产生大量的位错和空位等晶体缺陷，使晶体中一部分原子偏离其平衡位置而产生晶格畸变，由晶格畸变产生的内应力称为晶格畸变应力，占残余内应力的90%左右。晶格畸变应力会使金属的强度、硬度升高，塑性和耐蚀性下降。

内应力对热处理质量有很大影响，如钢经过塑性变形后所产生的各种内应力是导致淬火钢件产生变形与开裂的主要原因之一，所以这类材料在淬火前应先进行退火处理。有时生产中也利用内应力，如齿轮进行表面淬火和喷丸处理后，其表面变形层中产生的残余压应力可以大大提高材料的疲劳极限，抵消齿面工作时所受的应力，延长齿轮的使用寿命。

2.4.2　在热加工变形中组织性能的变化

热变形（又称热加工）是指变形金属在完全再结晶的条件下进行的塑性变形。一般在热变形时金属所处温度范围是其熔点绝对温度的0.75~0.95，在变形过程中，金属同时产生软化与硬化，且软化进行得很充分，变形后的产品无硬化的痕迹。

2.4.2.1　热变形的特点

热变形的优点有：

（1）金属在热加工变形时，变形抗力较低，消耗能量较少。

（2）金属在热加工变形时，其塑性升高，产生断裂的倾向性减小。

（3）与冷加工相比较，热加工变形一般不易产生织构。

（4）在生产过程中，热加工变形不需要像冷加工那样的中间退火，可使工序简化，生产效率提高。

（5）热加工变形可引起组织性能的变化，以满足对产品某些组织与性能的要求。

热变形的缺点有：

(1) 薄或细的轧件由于散热较快，在生产中保持热加工的温度条件比较困难。因此，目前薄的或细的金属件生产，一般仍采用冷加工（如冷轧、冷拉）的方法。

(2) 热加工后轧件的表面不如冷加工生产的尺寸精确和光洁，这是因为轧件在加热时表面生成氧化皮和冷却时收缩不均匀。

(3) 热加工后产品的组织与性能不如冷加工时均匀。

(4) 产品的强度不高。

(5) 具有热脆（低熔点）的金属不宜进行热加工。

2.4.2.2　热变形对金属组织性能的影响

A　改造铸态组织（细化晶粒）

热变形能最有效地改变金属和合金的铸锭组织，可以使铸态组织发生下述有利变化：

(1) 一般热变形是通过多道次的反复变形来完成的。由于在每一道次中硬化和软化过程是同时发生的，因变形而破碎的粗大柱状晶粒，通过反复的改造而成为较均匀、细小的等轴晶粒，并且能使某些微小的裂纹愈合。

(2) 应力状态中静水压力分量的作用，可使锭中存在的气泡焊合，缩孔压实，疏松压密，变为较致密的结构。

(3) 高温下原子热运动能力加强，在应力作用下，借助原子的自扩散和互扩散，可使铸锭中化学成分的不均匀性相对减少。

上述三方面综合作用的结果，可使铸态组织改造成变形组织（或加工组织），它比铸锭有较高的密度、均匀细小的等轴晶粒及比较均匀的化学成分，因而塑性和抗力的指标都明显提高。

B　形成纤维组织

金属内部所含有的杂质、第二相和各种缺陷，在热变形过程中，将沿着最大主变形方向被拉长、拉细而形成纤维组织或带状结构。这些带状结构是一系列平行的条纹，也称为流线，如图 2-25 所示，由于流线总是平行于主变形方向，因此由流线即可推断金属加工过程。

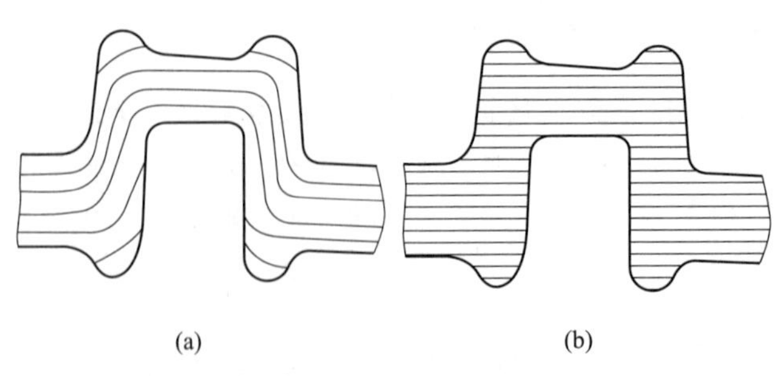

图 2-25　曲轴中的流线
(a) 锻造成型；(b) 切削成型

纤维组织一般只能在变形时通过不断地改变变形的方向来避免，很难用退火的方法去消除。当夹杂物（或晶间夹杂层）数量不多时，可用长时高温退火的方法，依靠成分的均匀化和组织不均匀处的消失以去除。在个别情况下，当这些晶间夹杂物能溶解或凝聚时，纤维组织也可以被消除。

C　发生回复和再结晶

随着加热温度的提高，金属原子活动能力增强，金属会发生一系列组织与性能的变化，使金属恢复到变形前的稳定状态，这种变化可分为回复、再结晶及晶粒长大三个阶段，如图 2-26 所示。

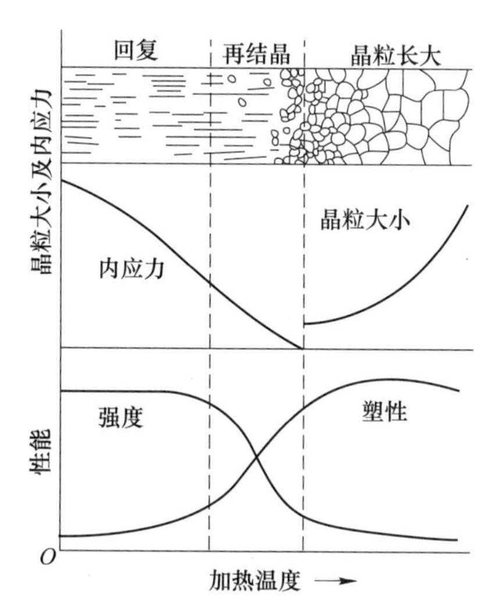

图 2-26　加热温度对冷塑性变形金属组织和性能的影响

（1）回复：对金属材料进行加热，加热温度不太高时，由于原子扩散能力不大，只能做短距离扩散，因此晶格畸变程度大为减轻，这个阶段称为回复。经过回复处理的金属的晶粒大小和形状不会发生明显变化，位错密度无明显减小，所以与回复前的情况相比，金属的强度、硬度与塑性等力学性能基本不变，而残余应力则显著下降，电阻也随之显著下降，应力腐蚀现象基本消失。

（2）再结晶：冷塑性变形后的金属加热到比回复阶段更高的温度后，原子活动能力增强，使被拉长成纤维状或破碎的晶粒全部转变成均匀而细小的等轴晶粒，这个过程称为"再结晶"。当再结晶的晶粒全部变成均匀而细小的等轴晶粒后，再结晶过程结束。再结晶温度为冷塑性变形金属开始产生再结晶现象的最低温度。生产上常规定金属经过大于 70% 的冷塑性变形后，再在 1h 的保温时间内能完成再结晶过程所需的最低温度为再结晶温度 $T_{再}$。

（3）晶粒长大：再结晶过程完成后，得到的是无畸变、细小的等轴晶粒，如果再继续升高温度或延长保温时间，晶粒之间就会相互吞并而长大。晶粒长大是一个自发进行的过程，这种不均匀长大过程称为第二次再结晶，其过程就是一个大晶粒的边界向另一个小晶粒中迁移，把小晶粒中晶格的位向逐步改变成与大晶粒晶格相同的位向，完成大"吞并"小，其结果是一些晶粒逐渐长大粗化，一些晶粒减小或消失，减小了晶界的面积，降低了晶界表面能量，导致金属的力学性能下降，所以要尽量避免晶粒长大。

一般将热变形过程中，在应力状态作用下所发生的回复与再结晶过程称为动态的回复与再结晶，而冷变形后退火过程中、热变形的各道次之间以及热变形后在空气中冷却时所发生的回复和再结晶，则属于静态的回复与再结晶。

（1）动态回复。金属在热变形时，若只发生动态回复的软化过程，其应力–应变曲线如图 2-27（a）所示。曲线明显地分为三个阶段。

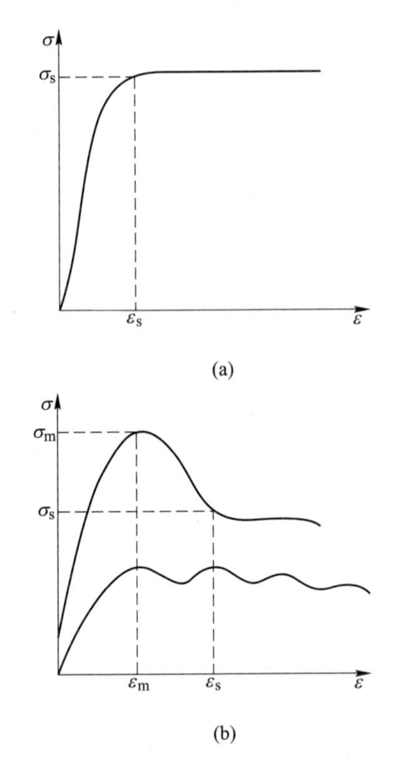

图 2-27　动态流变（应力–应变）曲线

（a）回复型；（b）再结晶型

第一阶段为微变形阶段。此时，试样中的应变速率从零增加到试验所要求的应变速率，其应力–应变曲线呈直线。

当达到屈服应力以后，变形进入第二阶段，加工硬化率逐渐降低。

第三阶段为稳定变形阶段。此时，加工硬化被动态回复所引起的软化过程所抵消，即由变形所引起的位错增加的速率与动态回复所引起的位错消失的速率几乎相等，达到了动态平衡。因此最后一段曲线接近于一水平线。

（2）动态再结晶。发生动态再结晶的金属，在热加工温度范围内应力–应变曲线如图 2-27（b）所示。它不像只发生动态回复时的应力–应变曲线那样简单。该曲线在高应变速度下，迅速升到一峰值，随后由于发生动态再结晶而引起软化，最后接近于平稳态。此时硬化过程和软化过程达到平衡即处于稳定变形阶段。

动态再结晶后的晶粒越小，变形抗力越高。变形温度越高，应变速度越低，动态再结晶后的晶粒就越大。因此，控制变形温度、变形速度与变形量就可以调整热加工材的晶粒大小与强度。

实验 2-5　观测变形前后金属的微观组织

学生工作任务单

<table>
<tr><td>实验项目</td><td colspan="4">观测变形前后金属的微观组织</td></tr>
<tr><td>任务描述</td><td colspan="4">（1）测定和分析冷变形过程中金属组织的变化；
（2）测定和分析热变形过程中金属组织的变化</td></tr>
<tr><td>实验器材</td><td colspan="4">加热炉、轧机、电火花线切割机、金相显微镜</td></tr>
<tr><td rowspan="2">任务实施
过程说明</td><td>实验介绍</td><td colspan="3">（1）测定和分析冷变形过程中金属组织性能的变化。先介绍冷变形及冷变形过程中加工硬化的意义，再通过光学显微镜观测冷变形后金属显微组织的变化（晶粒的变化、纤维组织的变化以及变形织构现象），再通过相关实训仪器（天平、材料万能试验机等）测定金属冷变形前后物理性能的变化，分小组讨论金属冷变形过程中加工硬化的利弊及影响规律。
（2）测定和分析热变形过程中金属的组织性能的变化。先介绍热变形的意义和特点，以及热变形过程中回复和再结晶的意义，再通过热处理设备观测分析热变形对金属组织性能的影响，重点观测在热变形过程中回复和再结晶的现象和形式，理解回复和再结晶对金属变形前后物理性能的影响。分小组讨论金属热变形过程中回复和再结晶过程的利弊及影响规律</td></tr>
<tr><td>实验过程</td><td colspan="3">（1）准备原料四块；
（2）两块原料在室温下冷轧，压下量分别为 10%、20%；
（3）另两块原料在加热炉 900℃、1100℃加热 1h，取出后进行热轧，压下量 20%；
（4）用电火花线切割机在原料、冷轧板、热轧板上分别取下小块试样，依次用 80 号~2000 号砂纸打磨、抛光，硝酸酒精溶液腐蚀，然后分别在金相显微镜下观察</td></tr>
<tr><td>任务实施
注意事项</td><td colspan="4">（1）实训前要认真阅读实训指导书有关内容；
（2）实训前要重点回顾有关设备仪器使用方法与规程；
（3）每次测量与计算后要及时记录数据，填写表格</td></tr>
<tr><td>任务下发人</td><td colspan="2"></td><td>日期</td><td>年　月　日</td></tr>
<tr><td>任务执行人</td><td colspan="2"></td><td>组别</td><td></td></tr>
</table>

学生工作任务页

<table>
<tr><td>实验项目</td><td colspan="6">观测变形前后金属的微观组织</td></tr>
<tr><td colspan="7">实验过程结果记录</td></tr>
<tr><td>试样数据</td><td colspan="2">厚度/mm</td><td colspan="2">显微组织</td><td colspan="2">分析</td></tr>
<tr><td>原料</td><td colspan="2"></td><td colspan="2"></td><td colspan="2"></td></tr>
<tr><td>冷轧 10%</td><td colspan="2"></td><td colspan="2"></td><td colspan="2"></td></tr>
<tr><td>冷轧 20%</td><td colspan="2"></td><td colspan="2"></td><td colspan="2"></td></tr>
<tr><td>900℃轧热</td><td colspan="2"></td><td colspan="2"></td><td colspan="2"></td></tr>
<tr><td>1100℃轧热</td><td colspan="2"></td><td colspan="2"></td><td colspan="2"></td></tr>
<tr><td rowspan="8">检查与评估</td><td>考核项目</td><td>评分标准</td><td>分数</td><td>评价</td><td colspan="2">备注</td></tr>
<tr><td>安全生产</td><td>无安全隐患</td><td></td><td></td><td colspan="2"></td></tr>
<tr><td>团队合作</td><td>和谐愉快</td><td></td><td></td><td colspan="2"></td></tr>
<tr><td>现场 5S</td><td>做到</td><td></td><td></td><td colspan="2"></td></tr>
<tr><td>劳动纪律</td><td>严格遵守</td><td></td><td></td><td colspan="2"></td></tr>
<tr><td>工量具使用</td><td>规范、标准</td><td></td><td></td><td colspan="2"></td></tr>
<tr><td>操作过程</td><td>规范、正确</td><td></td><td></td><td colspan="2"></td></tr>
<tr><td>实验报告书写</td><td>认真、规范</td><td></td><td></td><td colspan="2"></td></tr>
<tr><td>总分</td><td colspan="6"></td></tr>
<tr><td>任务下发人</td><td colspan="3"></td><td>日期</td><td colspan="2">年　月　日</td></tr>
<tr><td>任务执行人</td><td colspan="3"></td><td>组别</td><td colspan="2"></td></tr>
</table>

知识拓展——材料的组织形貌分析手段

1. OM

光学显微镜（Optical Microscope，OM）是利用光学原理，把人眼不能分辨的微小物体放大成像，以供人们提取微细结构信息的光学仪器。电脑型金相显微镜或数码金相显微镜是将光学显微镜技术、光电转换技术、计算机图像处理技术完美地结合在一起而开发研制成的高科技产品，可以在计算机上很方便地观察金相图像，从而对金相图谱进行分析、评级等以及对图片进行输出、打印。金相显微镜由于易于操作、视场较大、价格相对低廉，因此直到现在仍然是常规检验和研究工作中最常使用的仪器。

金相显微镜（见图 2-28）主要是通过对组织形貌的检查来分析钢材的组织与其化学成分的关系，可以确定各类钢材经过加工和热处理后的显微组织，以此来判断钢材的质量，如各类型的钢材夹杂物——氧化物、硫化物等在组织中的分布情况和数量以及金属晶粒度的大小等。浸蚀处理后的检测样品，可以利用金相显微镜观测钢材的亚显微组织情况，如图 2-29 所示。大多数情况下，晶界处被漫反射不能进入物镜，因而晶界大多数情况呈现为黑色。被晶界分割的即为钢材的组织结构，可以依靠检测结果对钢材进行定性分析。可锻铸铁为退火态，石墨是黑色团絮状组织，类似棉絮，外形较为规则。没有进行浸蚀，基体显示为白色。

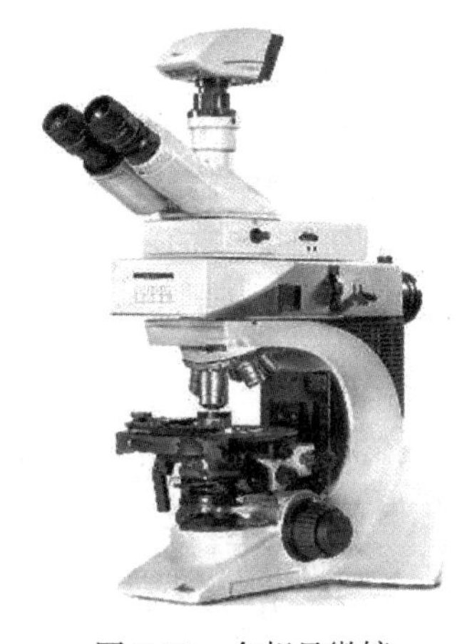

图 2-28　金相显微镜

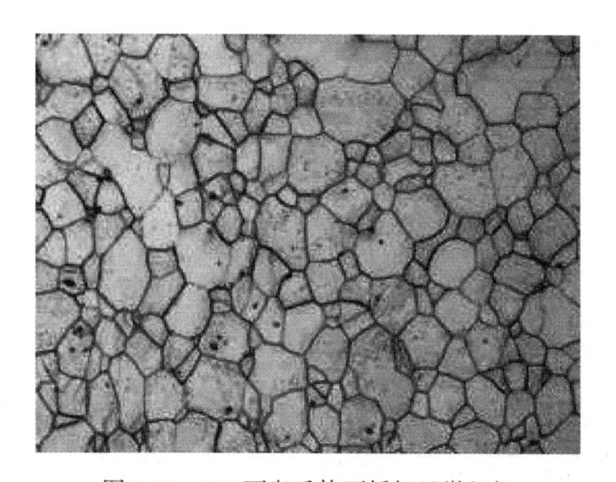

图 2-29　OM 下奥氏体不锈钢显微组织

2. SEM

扫描电子显微镜（SEM）（见图 2-30）是 1965 年发明的较现代的细胞生物学研究工具，主要是利用二次电子信号成像来观察样品的表面形态，即用极狭窄的电子束扫描样品，通过电子束与样品的相互作用产生各种效应，其中主要是样品的二次电子发射。二次电子能够产生样品表面放大的形貌像（见图 2-31 和图 2-32），这个像是在样品被扫描时按时序建立起来的，即使用逐点成像的方法获得放大像。

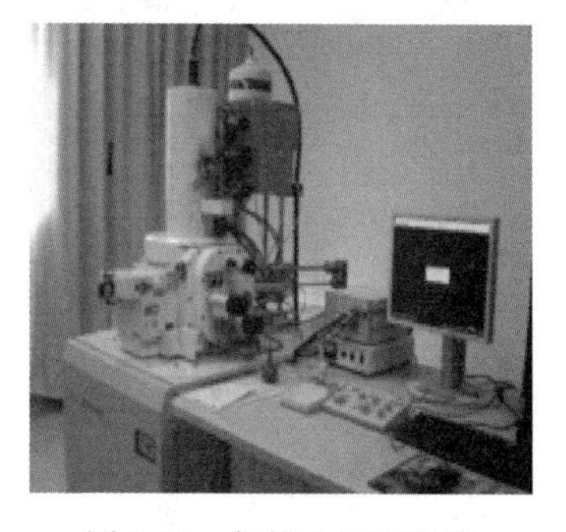

图 2-30　扫描电子显微镜

扫描电镜是介于透射电镜和光学显微镜之间的一种微观形貌观察手段，可直接利用样品表面材料的物质性能进行微观成像。扫描电镜的优点是：

（1）有较高的放大倍数，2 万~20 万倍之间连续可调。

（2）有很大的景深，视野大，成像富有立体感，可直接观察各种试样凹凸不平表面的细微结构。

（3）试样制备简单。

目前的扫描电镜都配有 X 射线能谱仪装置，这样可以同时进行显微组织形貌的观察和微区成分分析，因此它是当今十分有用的科学研究仪器。

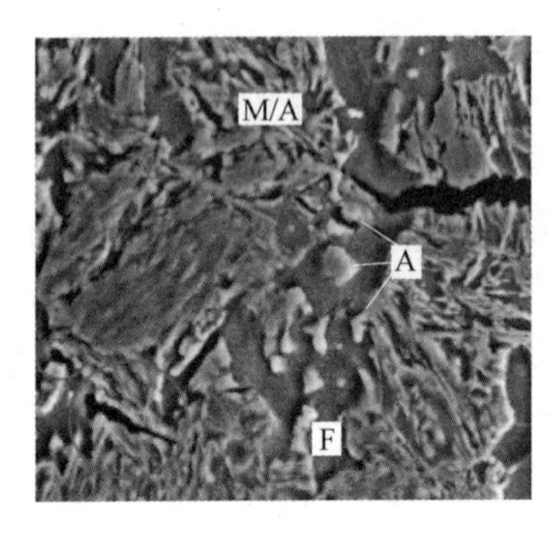

图 2-31　SEM 显微组织

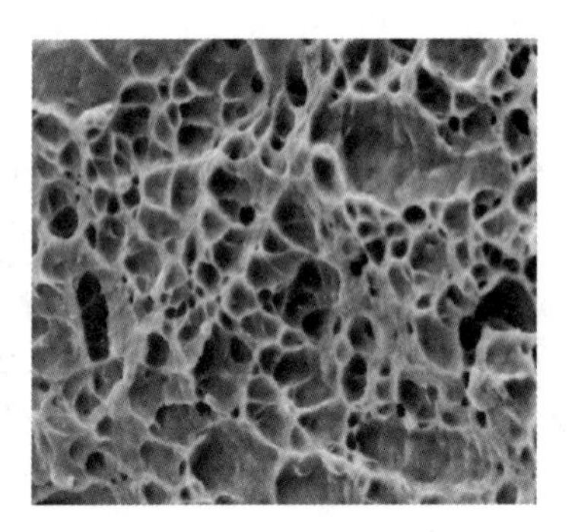

图 2-32　SEM 断口形貌

3. TEM

透射电子显微镜（TEM），简称透射电镜，是以波长很短的电子束作照明源，用电磁透镜聚焦成像的一种高分辨率、高放大倍数的电子光学仪器。透射电镜同时具有物相分析和组织分析两大功能。物相分析是利用电子和晶体物质作用可以发生衍射的特点，获得物相的衍射花样；而组织分析是利用电子波遵循阿贝成像原理，可以通过干涉成像的特点，获得各种衬度图像，如图 2-33 所示。

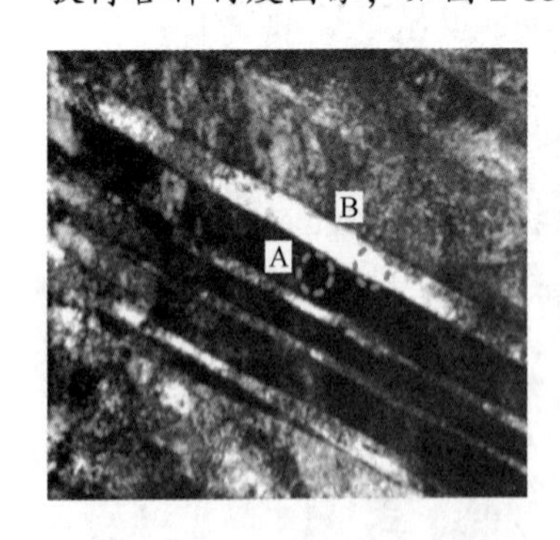

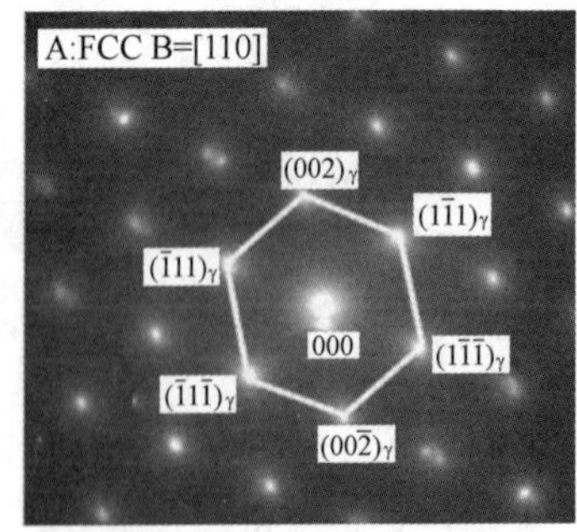

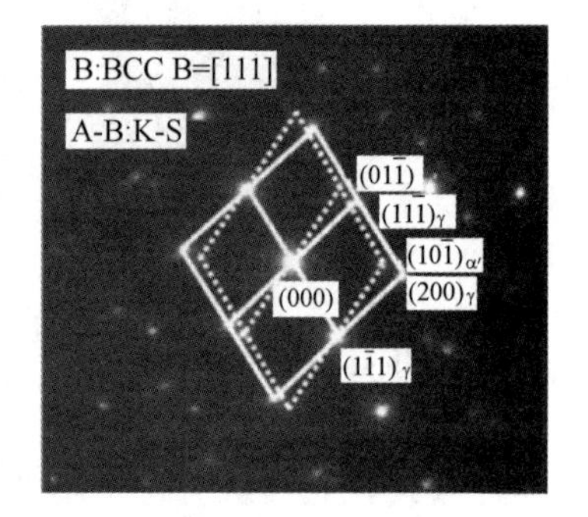

图 2-33　TEM 组织和衍射斑点

透射电镜主要由电子光学系统、真空控制系统和电源系统 3 个基本部分构成。透射电镜用聚焦电子束作为照明源，使用对电子束透明的薄膜试样（101~103nm），以透射电子为成像信号。透射电镜具有以下 3 个优点：

（1）可以获得高分辨率。

（2）可以获得高放大倍数。

(3) 可以获得立体丰富的信息。

透射电镜虽然可以获得以上优点，但是由于其成像原理，其应用也存在以下 4 方面的缺点：

(1) 其样品的制备是具有破坏性的。

(2) 电子束轰击样品表面（会对样品表面造成一定程度的损伤）。

(3) 应用需要真空条件。

(4) 采样率低。

思考与练习

知识闯关
变形前后金属的微观组织

1. 单项选择

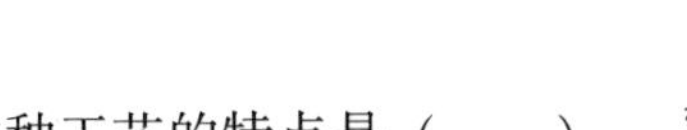

(1) 螺纹钢穿水后在冷床上回复再结晶，这种工艺的特点是（　　）。

A. 只提高钢材的强度　　B. 只改善钢材韧性

C. 降低钢材的强度　　D. 既提高钢材强度又改善钢材韧性

(2) 金属发生塑性变形时产生加工硬化现象是（　　）工艺的重要特点之一。

A. 热轧　　B. 冷轧　　C. 轧制　　D. 锻压

2. 判断

（　　）(1) 压力加工能改变金属形状和尺寸，但不能改善金属组织和性能。

（　　）(2) 冷变形金属加热再结晶的过程中晶格类型不变化，只是晶粒形状改变。

（　　）(3) 金属在室温条件下进行轧制，就可以称为“冷轧”。

（　　）(4) 热加工性能是指金属材料在加热状态下受压力加工产生塑性变形的能力。

3. 简答

(1) 生产中常用的压力加工方法有哪几种？

(2) 试述细晶粒金属具有较高的强度、塑性和韧性的原因。

(3) 何谓加工硬化？在生产中有何利弊？如何消除加工硬化？

(4) 何谓回复？何谓再结晶？

(5) 实际生产中，金属的再结晶温度是如何确定的？（以铜为例，铜的熔点为 103℃）

(6) 钛的熔点为 1677℃，铅的熔点是 327℃。当钛加热到 500℃及铅在常温下进行加工时，试问钛和铅各属于冷加工还是热加工？

(7) 热加工对金属材料的组织与性能有何影响？

能量小贴士

我将继续把个人梦融入中国梦，发挥党员先锋模范作用，坚持往炼钢炉里加些‘创新料’，以钢铁报国之志，淬炼过硬本领，为国多炼‘争气钢’，扛起钢铁强国的重任。

——党的二十大代表河钢唐笑宇

模块3 金属综合性能分析

本模块课件

模块背景

金属之所以可以通过压力加工改变其形状和尺寸，是因为金属具有良好塑性这一特点。同时，金属在塑性变形时对变形又有抵抗能力。提高塑性、降低变形抗力在金属压力加工过程中具有非常重要的现实意义。了解和掌握金属的塑性和变形抗力，就可在压力加工时选择合适的变形方法，确定最好的变形温度-速度条件，使塑性差、变形抗力大的难变形金属也能顺利实现成型。

学习目标

知识目标：掌握塑性的概念、表示方法和影响因素，以便利用合理的变形条件与应力状态提高塑性；
掌握变形抗力的概念、影响因素，以便采取合理措施降低变形抗力。

技能目标：能识别塑性、柔软性和变形抗力；
能分析影响塑性和变形抗力的因素；
具有采取合理措施提高金属塑性、降低金属变形抗力的能力。

德育目标：培养学生爱国情怀和主人翁精神；
培养学生养成严谨的工作作风；
培养学生有很强的责任心，及时发现生产过程中出现的各种问题；
培养学生有较强的安全意识。

任务3.1 认知金属塑性

钢铁故事

泰坦尼克号沉没的根源居然是材料问题

1912年4月的一天，号称“永不沉没”的泰坦尼克号遭遇了一场旷世海难，轮船在航行时，和冰山发生了死亡之吻——船体右舷被海平面下的冰山体撕开一条口子，船的前部吃水线下铆钉断裂，货舱开始迅速渗入海水。

在 1995 年 2 月，R Gannon 在美国《科学大众》（Popular Science）杂志发表文章，回答了这个困扰世人 80 多年的未解之谜——早年的泰坦尼克号采用了含硫高的钢板，韧性很差，特别是在低温呈现脆性。这就是导致“皇家邮轮”迅速沉没的症结。泰坦尼克号全船共分为 16 个水密舱，连接各舱的水密门可通过电开关统一关闭。泰坦尼克号良好的防水措施，使得它在任意 4 个水密舱进水的情况下都不会沉没。但实际上防水壁并没有穿过整个甲板，仅仅达到了 E 层甲板。如此高配置的豪华邮轮确实是不应该沉没的，但是泰坦尼克号在水线上下的 300ft（1ft = 0.3048m）的船体由 10 张 30ft 长的高含硫量脆性钢板焊接而成，长长的焊缝在冰水中因撞击冰山而裂开，脆性焊缝无异于一条 300ft 长的大拉链，使船体产生很长的裂纹，海水大量涌入使船迅速沉没。

那么为什么高含硫量的钢板就脆呢？

首先，当时造船厂的生产技术还比较落后，在钢板制造过程中，生铁会因使用的燃料（含硫）而混入较多的硫。在固态下，硫在生铁中的溶解度极小，以 FeS 的形式存在钢中，而 FeS 的塑性较差，所以导致钢板的脆性较大。更严重的是，FeS 与 Fe 可形成低熔点（985℃）的共晶体，分布在奥氏体的晶界上。当钢加热到约 1200℃ 进行热压力加工时，晶界上的共晶体已熔化，晶粒间结合被破坏，使钢材在加工过程中沿晶界开裂，这种现象称为热脆性。为了消除硫的有害作用，必须增加钢中的含锰量。因为造船工程师只考虑到要增加钢的强度，而没考虑增加其韧性，所以在制造船体的时候已经留下很大的隐患。

其次，是泰坦尼克号航行的海域。泰坦尼克号沉没的海域是大西洋，当时的水温在 -40～0℃。据后来的失效分析专家称：把残骸的金属碎片与如今的造船钢材作一对比试验，发现在“泰坦尼克号”沉没地点的水温中，如今的造船钢材在受到撞击时可弯成 V 形，而残骸上的钢材则因韧性不够而很快断裂。由此发现了泰坦尼克号所使用钢材的冷脆性，即在 -40～0℃ 的温度下，钢材的力学行为由韧性变成脆性，从而导致灾难性的脆性断裂。而用现代技术炼的钢只有在 -70～-60℃ 的温度下才会变脆。所以环境因素加上船体材料的致命缺陷导致了泰坦尼克号海难的发生。

任务情境

任务引领

金属材料是目前应用最广泛的材料之一，涉及国防、民生、科技等各方面，在交通、建筑、石化、钢铁、航空航天等重要领域发挥着重要作用，对国家经济与科技发展起着关键的支撑作用。金属材料最大的优势是同时具有良好的使用性能和工艺性能，这与其成分结构有关。近年来随着先进制备技术、表征手段的不断进步，金属性能研究取得了很多突破性进展，颠覆了一些传统的认知，形成了一些新的理论。本模块的任务就是要熟悉金属的塑性和变形抗力。

学生工作任务单

<table>
<tr><td>模块 3</td><td colspan="5">金属综合性能分析</td></tr>
<tr><td>任务 3.1</td><td colspan="5">认知金属塑性</td></tr>
<tr><td rowspan="3">任务描述</td><td>能力目标</td><td colspan="4">（1）能正确使用万能试验机、硬度仪等检测仪器；
（2）能正确测定金属变形前后力学性能指标；
（3）能比较并分析塑性变形对金属力学性能的影响规律</td></tr>
<tr><td>知识目标</td><td colspan="4">（1）熟悉万能试验机、硬度仪等检测仪器的使用方法；
（2）理解金属力学性能常用指标的意义；
（3）掌握金属力学性能常用指标的测定方法</td></tr>
<tr><td>训练内容</td><td colspan="4">（1）掌握使用万能试验机、硬度仪等实训设备的技能；
（2）理解金属塑性指标的含义；
（3）掌握测定金属力学性能指标的技能</td></tr>
<tr><td>参考资料
与资源</td><td colspan="5">《金属压力加工理论基础》，段小勇，冶金工业出版社，2008；
“金属塑性变形技术应用”精品课程网站资源</td></tr>
<tr><td>任务实施
过程说明</td><td colspan="5">（1）学生分组，每组 5~8 人；
（2）分发学生工作任务单；
（3）学习相关背景知识；
（4）小组讨论制定工作计划；
（5）小组分工完成工作任务；
（6）小组互相检查并总结；
（7）小组合作，制作项目汇报 PPT，进行讲解演练；
（8）以小组为单位进行成果汇报，教师评价</td></tr>
<tr><td>任务实施
注意事项</td><td colspan="5">（1）实训前要认真阅读实训指导书有关内容；
（2）实训前要重点回顾有关设备仪器使用方法与规程；
（3）每次测量与计算后要及时记录数据，填写表格；
（4）结果分析时在企业实际生产中应用要考虑原料的烧损</td></tr>
<tr><td>任务下发人</td><td colspan="3"></td><td>日期</td><td>年　月　日</td></tr>
<tr><td>任务执行人</td><td></td><td>组别</td><td></td><td>日期</td><td></td></tr>
</table>

学生工作任务页

学生工作页

<table>
<tr><td>模块 3</td><td colspan="5">金属综合性能分析</td></tr>
<tr><td>任务 3.1</td><td colspan="5">认知金属塑性</td></tr>
<tr><td>任务描述</td><td colspan="5">某轧钢厂技术中心接到一个客户反馈，该企业某种钢材的力学性能指标不满足客户的使用要求，需要对本批次的钢材提出改进意见，并进行二次力学性能检测，厂长要求王工去技术中心完成这项测定力学性能指标的工作。如果你是小王，你该如何做？</td></tr>
<tr><td>任务实施
过程</td><td colspan="5"></td></tr>
<tr><td>任务下发人</td><td colspan="3"></td><td>日期</td><td>年　月　日</td></tr>
<tr><td>任务执行人</td><td></td><td>组别</td><td></td><td>日期</td><td></td></tr>
</table>

任务背景知识

3.1.1　金属的塑性

3.1.1.1　塑性的概念

金属的塑性加工是以塑性变形为前提，在外力作用下进行的。从塑性加工的角度出发，人们总是希望金属具有很高的塑性。因此，研究提高金属的塑性具有重要现实意义。

金属在压力加工中可能出现断裂。一旦出现断裂，加工过程就很难顺利地进行下去。为了顺利加工，就要求金属具有在外力作用下，能发生永久变形而不破坏其完整性的能力，这就是塑性。塑性用金属在断裂前产生的最大变形程度来表示，它与柔软性是两个完全不同的概念。柔软性反映金属的软硬程度，表示变形的难易。而塑性则表示变形后所产生的变形量的大小。“软”的金属并不意味着可以有很大的变形程度，即不表示其塑性好，反之亦然。例如：室温下奥氏体不锈钢的塑性很好，可经受很大的变形而不破坏，但它的变形抗力很大，柔软性差；而工业纯铁较柔软，但在 1000～1050℃轧制时会发生断裂，塑性极差；过热和过烧的金属与合金，其塑性很小，甚至完全失去塑性变形的能力，而且变形抗力也很小；室温下的铅，塑性很高而变形抗力小；白口铸铁塑性极差，但变形抗力很高。由此可见，正确地区分柔软性与塑性是十分必要的。

研究金属塑性的目的是探索金属塑性的变化规律，寻求改善金属塑性的途径，以便选择合理的加工方法，确定最适宜的工艺制度，为提高产品的质量提供理论依据。

3.1.1.2　塑性指标及其测量方法

A　塑性指标的概念

为了便于比较各种材料的塑性性能和确定每种材料在一定变形条件下的加工性能，需要有一种度量指标，这种指标称为塑性指标，即金属在不同变形条件下允许的最大变形程度，即极限变形量。

金属的塑性受诸如金属材料的化学成分、组织结构、变形温度、变形速度、应力状态等因素的影响，因此很难找出一种通用指标来描述不同加工状态下的金属的塑性。目前人们大量使用的仍是那些在某些特定的变形条件下所测出的塑性指标，如拉伸试验时的断面收缩率及伸长率；冲击试验所得的冲击韧性；镦粗或压缩实验时，第一条裂纹出现前的高向压缩率（最大压缩率）；扭转实验时出现破坏前的扭转角（或扭转数）；弯曲实验试样破坏前的弯曲角度等。

B　塑性指标的测量方法

（1）拉伸试验法。拉伸试验法是在拉伸试验机或万能试验机上进行的，用拉伸试验法可测出断裂时的最大伸长率（δ）和断面收缩率（ψ）。δ 和 ψ 的数值由下面的公式确定：

$$\delta = \frac{L_h - L_0}{L_0} \times 100\%$$

$$\psi = \frac{F_0 - F_h}{F_0} \times 100\%$$

式中　L_0——拉伸试样原始标距长度；

L_h——拉伸试样破断后标距间的长度；

F_0——拉伸试样原始断面积；

F_h——拉伸试样破断处的断面积。

（2）压缩试验法（镦粗试验）。压缩试验法是在压力机或落锤上将圆柱形试样镦粗，把试样侧面出现第一条可见裂纹时的变形量作为塑性指标。由压缩试验法测定的塑性指标可以表示为：

$$\varepsilon = \frac{H_0 - H_h}{H_0} \times 100\%$$

式中　ε——压下率；

H_0——试样原始高度；

H_h——试样压缩后，在侧表面出现第一条裂纹时的高度。

（3）扭转试验法。试验时，将圆柱形试样的一端固定，另一端扭转，用破断前扭转的转数（n）表示塑性的大小。对于一定试样，所得总转数越高，塑性越好。可将扭转数换作为剪切变形（γ）。

$$\gamma = R\frac{\pi n}{30L_0}$$

式中　R——试样工作段的半径；

L_0——试样工作段的长度；

n——试样破坏前的总转数。

C　塑性图

塑性图是金属塑性指标随温度变化的曲线图。利用塑性图可在一定的变形条件下得到最好的加工温度范围，还可分别确定自由锻造和轧制时的最大许用变形量。

图 3-1 所示为热加工温度范围内高速钢（W18Cr4V）的塑性图，其塑性指标有断后伸长率 δ 及断面收缩率 ψ，冲击韧性 α_k、抗拉强度 σ_b 随温度的变化曲线作为参考。由图 3-1 可见，该钢种在 950~1200℃温度范围内具有最大的塑性。根据此图可将加工前的钢锭加热温度定为 1230℃，超过此温度钢坯可能产生轴向裂纹和断裂；变形终了温度不应低于

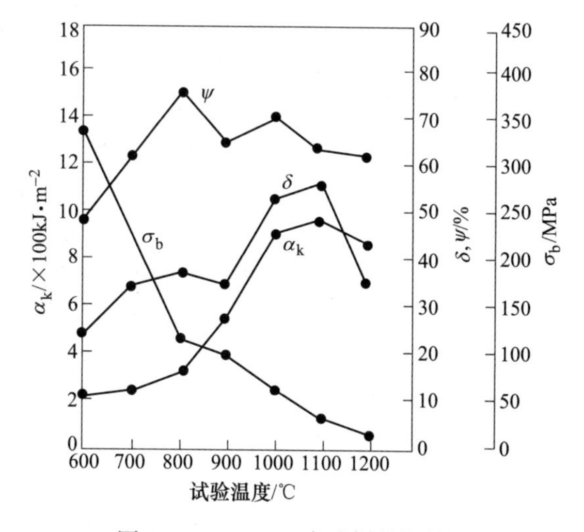

图 3-1　W18Cr4V 高速钢的塑性图

900℃，因为在较低温度下钢的强度极限显著增大。应当指出，在确定变形制度时，除了塑性图外，还需要配合引用合金状态图、再结晶图以及必要的显微检查，这样才能确定出最适当的变形温度和最大变形量。

3.1.2　影响金属塑性的因素

3.1.2.1　内部因素

A　化学成分

在碳钢中，Fe 和 C 是基本元素。合金钢中除 Fe 和 C 外还含有其他合金元素，常见的合金元素有 Si、Mn、Cr、Ni、W、Mo、V、Co、Ti 等。此外由于矿石和加工等方面的原因，在各类钢中还有一些杂质元素，如 P、S、N、H、O 等。

一般，随着碳和其他元素的增加，金属的塑性降低。

（1）碳（C）。碳对碳钢的性能影响最大，碳能固溶于铁中形成铁素体和奥氏体，它们都具有良好的塑性和较低的变形抗力。当碳含量超过铁的固溶能力时，多余的碳便会和铁形成渗碳体 Fe_3C，渗碳体具有很高的硬度而塑性几乎为零，从而使碳钢的塑性显著降低，变形抗力增加。随着含碳量的增加，渗碳体的数量也增加，塑性的降低和变形抗力的提高就更明显。

（2）硫（S）。硫是钢中的有害杂质，它在钢中几乎不溶解，而是与铁形成 FeS。FeS 的熔点为 1190℃，而 Fe-FeS 及 FeS-FeO 共晶体的熔点分别为 985℃和 910℃，并呈网状分布于晶界上。当在 1000℃左右加工时，晶界处的 Fe-FeS 及 FeS-FeO 共晶体发生熔化、变形而导致工件开裂，这种现象称为红脆现象。

但如在钢加入少量 Mn，则可以形成球状的 MnS 夹杂，MnS 的熔点很高（1600℃）。因此，在钢中同时有硫和适量的锰元素存在而形成 MnS 以代替引起红脆的硫化铁时，可使钢的塑性提高而不发生红脆现象。

（3）磷（P）。磷一般来说是钢中的有害杂质元素，它能溶于铁素体中，使钢的强度、硬度增加，但塑性显著降低，出现脆化现象。这种脆化现象在低温时更为严重，故称为冷脆。一般希望冷脆转变温度低于工件的工作温度，以免工作时发生冷脆。冷脆对在高寒地带和其他低温条件下工作的结构件具有严重的危害性。

1912 年 4 月 15 日凌晨，英国皇家邮轮泰坦尼克号在冰冷的北大西洋发生沉船事故；1954 年冬天，英国“世界协和”号油船在爱尔兰寒风凛冽的海面上由于船体断裂发生沉船事故。经研究发现，沉船可能是由于外界温度太低，金属材料（含磷量高）出现冷脆后断裂所致。

（4）氮（N）。氮对钢塑性的影响也是由不同温度下的溶解度不同决定的。590℃下，氮在铁素体中溶解度最大，约为 0.42%；但含氮量较高的钢由高温较快冷却时，会使铁素体中的氮过饱和，并逐渐以氮化物形式析出，造成钢的强度、硬度提高，塑性大大降低，使钢变脆，这种现象称为时效脆性，也称蓝脆。

（5）氢（H）。在二次世界大战期间，曾发生过英国飞机突然断裂事故，经调查发现钢中的氢是造成事故的主因。

氢在钢中的溶解度随温度降低而降低。在热加工时氢对钢的塑性几乎没有影响，但在热加工后较快冷却时，从固溶体析出的氢原子来不及向钢表面扩散，从而积聚在金属内部，产生相当大的内应力。应力逐渐积累到一定程度时会出现微细裂纹，即所谓白点现象。所以在实际生产中，容易出现白点的钢种原则上不能采用热送热装，要等连铸坯中的氢原子充分的向钢表面扩散后，才能进行加热、轧制。

（6）氧（O）。氧在铁素体中的溶解度很小，主要以金属氧化物的形式存在。这些氧化物本身的熔点很高，都超过热加工时加热温度的上限，但是当形成共晶体时，其熔点则在热加热温度范围之内。沿晶界分布的氧化物共晶体，随温度的升高会软化或熔化，因此削弱了晶粒之间的结合能力而出现红脆现象。

（7）合金元素。合金元素的加入，多数是为了提高合金的某种性能（如为了提高强度、提高热稳定性、提高在某种介质中的耐腐性等）而人为加入的。合金元素对金属材料塑性的影响，取决于加入元素的特性、加入数量、元素之间的相互作用。

1）镍。镍可以提高纯铁的强度和塑性，抑制晶粒长大。但镍钢导热性差，因此加热速度受限制。另外，镍含量过高会造成热变形钢的塑性降低，特别是加剧硫化物沿晶界以薄膜形式的存在，促使红脆的发生。

2）铬。铬降低钢的导热性，同时铁素体类高铬钢在高温加热时会使晶粒明显粗化而影响塑性。

3）钨、钼、钒。这三种元素在钢中形成稳定碳化物，抑制奥氏体晶粒长大，但含量较大时，会使塑性降低。

4）铅、锡、砷、锑、铋。这五种低熔点元素在钢中的溶解度很小，其熔点见表 3-1。在钢中未溶解的过剩的这些元素，其化合物和共晶体在晶界上分布，加热时会使金属失去塑性，因此被称为高温合金中的“五害”。

表 3-1 低熔点元素的熔点

元素	熔点/℃	元素	熔点/℃
锡	231	砷	817
铋	271	硫	113
铅	327	磷	44
锑	630		

5）铜。实践表明，当铜含量达到 0. 15%~0. 30%时，会在热加工钢的表面产生龟裂。

（8）稀土元素。钢中加入适量稀土元素，可降低钢中气体含量，并与有害杂质铅、锡、铋等形成高熔点的化合物，从而消除这些杂质的有害作用；稀土元素还可降低钢中含硫量，从而使塑性提高。此外，稀土元素还可细化晶粒。当加入量过多时，多余的稀土元素会聚集在晶界中产生不良影响。

B 组织状态

金属的化学成分一定而组织状态不同时，其塑性也有较大差别。

（1）纯金属与合金相比，一般纯金属塑性较好。

（2）不同晶体结构的金属，塑性不同。一般来说，面心立方结构的金属塑性最好，体心立方结构的次之，密排六方结构的金属塑性最差。

（3）单相组织（纯金属或固溶体）一般比多相组织塑性好。这是由各相性能差别引起变形难易程度的不同，如 Ni-Cr 奥氏体不锈钢中，若出现 α 铁素体相，则塑性降低；当

α 铁素体含量较大时，塑性加工就有困难。但超塑性条件下变形时，双相钢却有利于塑性的提高。另外，在双相或多相组织中，第二相的性质、数量、晶粒的大小、形态和分布分别对塑性有较大的影响。这些影响在前面的“化学成分对塑性影响”中有所提及，这里不再赘述。

（4）晶粒细化有利于提高金属的塑性。

（5）化合物杂质呈球状分布时塑性较好；呈片状、网状分布在晶界上时，金属的塑性下降。

（6）经过热加工后的金属比铸态金属的塑性高。铸态组织由于存在宏观缺陷和组织、成分不均匀，材料塑性会降低。

3.1.2.2　外部因素

A　变形温度

金属的塑性一般是随着温度的升高而得到改善。

现以温度对碳钢塑性的一般影响规律进行分析说明：从图 3-2 可以看出，随温度的升高，塑性是提高的。但是在温度升高的过程中，在某一温度范围内，塑性呈现下降趋势。为了便于分析说明，用Ⅰ、Ⅱ、Ⅲ、Ⅳ表示塑性降低区，用 1、2、3 表示塑性增加区。

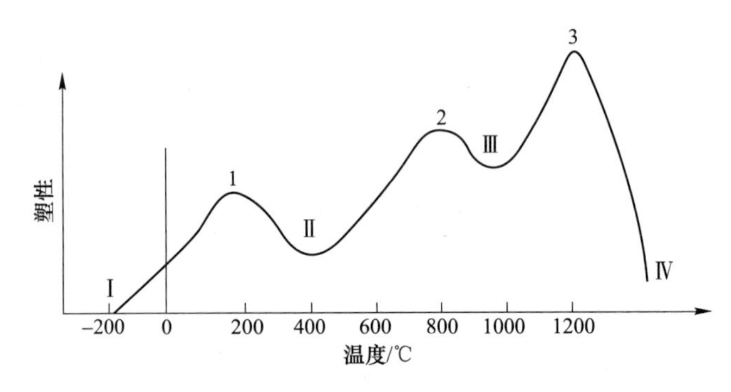

图 3-2　温度对碳钢塑性的影响

在塑性降低区：

Ⅰ区——钢的塑性很低，在−200℃时塑性几乎完全丧失，这可能是由于原子热运动能力极低所致。

Ⅱ区——位于 200~400℃之间，此区域亦称为蓝脆区，即在钢材的断裂部分呈现蓝色的氧化色，因此称为“蓝脆”。一般认为是某种夹杂物以沉淀的形式析出并渗入晶界所致。

Ⅲ区——位于 800~950℃之间，称为热脆区。此区与相变发生有关，由于相变区内铁素体和奥氏体共存，产生了变形的不均匀性，出现附加拉应力，因此塑性降低。也有人认为是硫的影响。

Ⅳ区——接近于金属的熔化温度，此时晶粒迅速长大，晶间强度逐渐削弱，继续加热有可能使金属产生过热或过烧现象。

在塑性增加区：

1 区——位于 100~200℃之间，塑性增加是由于在冷变形时原子动能增加的缘故（热振动）。

2 区——位于 700~800℃之间，此温度区间有再结晶和扩散过程发生，这两个过程对塑性都有好的作用。

3 区——位于 950~1250℃的范围内，在此区域中没有相变，钢的组织是均匀一致的奥氏体。

图 3-2 以定性的关系说明了由低温到高温，碳钢塑性的变化过程，这对实际生产是很有参考价值的。比如在热轧时我们应尽可能地使变形在 3 区温度范围内进行，而冷加工的温度则应尽可能选为 1 区。

B　变形速度

变形速度对塑性的影响比较复杂。当变形速度不大时，随变形速度的提高塑性是降低的；而当变形速度较大时，塑性随变形速度的提高反而变好，如图 3-3 所示。塑性随变形速度的升高而降低（Ⅰ区），可能是由于加工硬化发生的速度超过了软化进行的速度；塑性随速度的升高而增长（Ⅱ区）可能是由于热效应使变形金属的温度升高，硬化得到消除，同时变形的扩散过程参与作用，也可能是位错借攀移而重新启动的缘故。

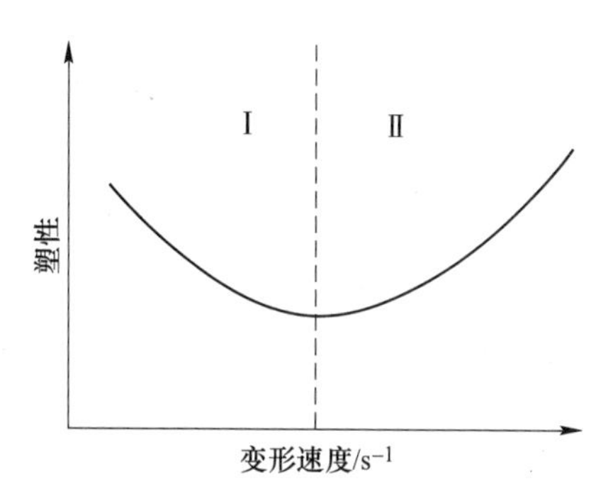

图 3-3　变形速度对塑性的影响

C　变形力学条件

（1）应力状态。在进行压力加工的应力状态中，压应力个数越多，数值越大（即静水压力越大），金属塑性越高。三向压应力状态图最好，两压一拉次之，三向拉应力最坏。

其影响原因归纳如下：

1）三向压应力状态能遏止晶间相对移动，使晶间变形困难。

2）三向压应力状态能促使由塑性变形和其他原因破坏了的晶内和晶间联系得到修复。

3）三向压应力状态能完全或局部地消除变形体内数量很少的某些夹杂物甚至液相对塑性的不良影响。

4）三向压应力状态可以完全抵消或大大降低由不均匀变形而引起的附加拉力，使附加拉应力所造成的破坏作用减轻。

（2）变形状态。主变形图中压缩分量越多，对充分发挥金属的塑性越有利。

两向压缩一向延伸的变形图最好，一向压缩一向延伸次之，两向延伸一向压缩的主变形图最差。

关于变形状态对金属塑性的影响可做如下的一般解释：在实际的变形物体内总是或多或少存在着各种缺陷，如气孔、夹杂、缩孔、空洞等。这些缺陷在两向延伸一向压缩的主变形的作用下，就可能向两个方向扩大而暴露弱点。但在两向压缩一向延伸的主变形条件下，此缺陷可成为线缺陷，危害减小，如图 3-4 所示。

综上所述，由三向压缩的主应力图和两向压缩一向延伸的主变形图所组合的变形力学图示，是对塑性最有利的压力加工方法。虽然三向压应力状态能提高金属的塑性，但它同时也使单位压力增加。因此应视具体条件选择合适的加工方式。例如，对于低塑性金属，提高金属塑性是主要的，这时宁肯能量消耗大点，也应采取有较强三向压应力的加工过

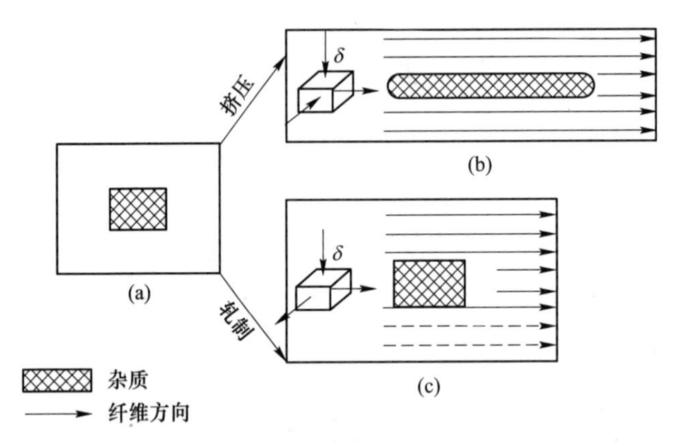

图 3-4　主变形图对金属中缺陷形状的影响

（a）未变形的情况；（b）经两向压缩一向延伸变形后的情况；（c）经一向压缩两向延伸变形后的情况

程，而在冷轧塑性较好的板带钢时，轧制厚度更薄和尺寸更精确的产品是主要的，这是为了减少单位压力，尽管带张力轧制对轧件塑性不利，但是还应采用这样的加工方法。

3.1.2.3　其他因素

A　不连续变形

热变形时，不连续变形（或多次变形）可以提高金属的塑性。这是由于不连续变形条件下，每次变形量小，产生的应力小，不易超过金属的塑性极限，同时，在各次变形的间隙时间内，可以发生软化过程，使塑性在一定程度上得以恢复。另外，经过变形的铸态金属，由于改善了组织结构，提高了致密度，因此塑性也得到了提高。

B　尺寸（体积）

尺寸因素对加工件塑性影响的基本规律是随着加工件体积的增大塑性有所降低。

一般在研究金属塑性时，都采用小的试样铸锭或试件，但在实际生产中所用铸锭或材料要大得多。因此，必须了解变形体的大小，即尺寸因素的影响。实验证明，随着物体体积的增大，塑性有所降低，但降到一定程度后，体积再增大，其影响减小，从某一临界值开始，体积对塑性的影响停止，如图 3-5 所示。

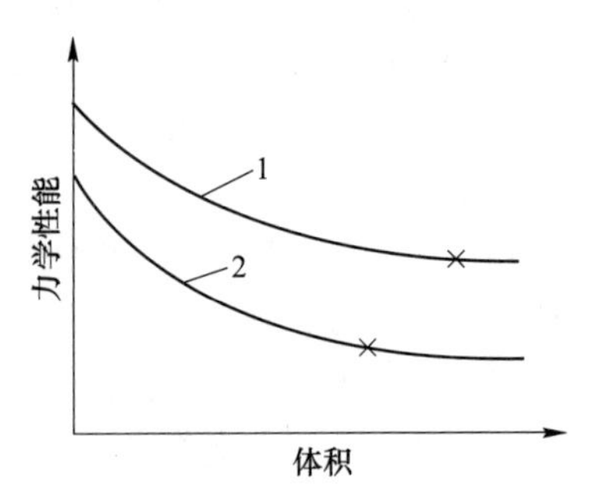

图 3-5　体积对塑性的影响

1—塑性；2—变形抗力；×—临界体积点

除以上各因素，周围介质和气氛在很多情况下都可能对金属塑性产生影响。例如，镍及其合金在含硫的煤气炉中直接加热时会产生红脆；钛在加热或退火时应避免在含氢的气氛中进行，否则将吸收氢气生成 TiH_2 导致变脆等。因此对于容易与外部介质发生作用而产生不良影响的金属或合金，无论是在加热、退火还是在加工中，均应采用保护气氛。

3.1.3　提高金属塑性的途径

为提高金属的塑性，必须设法增加对塑性有利的因素，同时减少或避免不利因素。归纳起来，提高塑性的主要途径有以下几方面：

（1）控制金属的化学成分。即将对塑性有害的元素降到最下限，加入适量有利于塑性提高的元素。

（2）控制金属的组织结构。尽可能在单相区内进行压力加工，采取适当工艺措施，使组织结构均匀，形成细小晶粒，对铸态组织的成分偏析、组织不均匀应采用合适的工艺加以改善。

（3）选择适当的变形温度、速度条件。其原则是使塑性变形在高塑性区内进行，对热加工来说，应保证在加工过程中再结晶得以充分进行。当然，对某些特殊的加工过程，如控制轧制，需要延迟再结晶的进行。

（4）选择合适的变形力学状态。在生产过程中，对某些塑性较低的金属，应选用具有强烈三向压应力状态的加工方式，并限制附加拉应力的出现。

（5）避免加热和加工时周围介质的不良影响。

实验 3-1　测定金属的塑性

学生工作任务单

<table>
<tr><td>实验项目</td><td colspan="2">金属塑性的测定</td></tr>
<tr><td>任务描述</td><td colspan="2">（1）测定塑性变形过程中金属的伸长率；
（2）测定塑性变形过程中金属的断面收缩率；
（3）测定塑性变形过程中金属的屈服极限和强度极限</td></tr>
<tr><td>实验器材</td><td colspan="2">电子拉伸试验机、游标卡尺、钢试样</td></tr>
<tr><td>任务实施
过程说明</td><td>实验过程</td><td>（1）室温拉伸试样准备，尺寸如图 3-6 所示。

图 3-6　室温拉伸试样尺寸

（2）实验介绍。先介绍表示金属塑性指标的伸长率和断面收缩率的意义和测定方法，演示金属材料万能试验机的使用方法和操作要点，要求学生能够正确使用材料万能试验机进行金属伸长率和断面收缩率的测量，深化学生使用力学性能检测仪器的技能，并可以分析和判断塑性变形对金属力学性能的影响规律。
通过拉伸试验机演示金属试样单向拉伸变形过程，观察金属塑性变形过程中的应力-应变曲线特点，引出屈服极限和强度极限的意义。进一步熟悉材料万能试验机的使用方法和操作要点，要求学生能够正确使用材料万能试验机进行屈服极限和强度极限的测定，深化学生对金属整个塑性变形过程的理解，以及对屈服极限和强度极限在实际生产中的意义有明确认识。
（3）实验步骤。将拉伸试样夹在拉伸机夹头上，装上引伸计，拉伸速度 0. 5mm/min，观察计算机上应力-应变曲线的变化，拉断之后，保存数据</td></tr>
</table>

续表

<table>
<tr><td>实验项目</td><td colspan="4">金属塑性的测定</td></tr>
<tr><td>任务实施
过程说明</td><td>测量与
计算</td><td colspan="3">（1）从保存数据上直接读出屈服强度和抗拉强度；
（2）从保存数据上直接读出断后伸长率，或者测量试样标距断后伸长量，利用公式计算；
（3）测量断口处试样直径，计算面积，利用公式计算</td></tr>
<tr><td>任务实施
注意事项</td><td colspan="4">（1）实训前要认真阅读实训指导书有关内容；
（2）实训前要重点回顾有关设备仪器使用方法与规程；
（3）每次测量与计算后要及时记录数据，填写表格</td></tr>
<tr><td>任务下发人</td><td colspan="2"></td><td>日期</td><td>年　月　日</td></tr>
<tr><td>任务执行人</td><td colspan="2"></td><td>组别</td><td></td></tr>
</table>

学生工作页

学生工作任务页

实验项目	金属塑性的测定		
实验数据记录——拉伸实验			
试样数据	标距/mm	直径/mm	截面面积/mm^2
拉伸前			
拉伸后			
屈服强度			
抗拉强度			
应力-应变曲线分析：			

检查与评估	考核项目	评分标准	分数	评价	备注
	安全生产	无安全隐患			
	团队合作	和谐愉快			
	现场 5S	做到			
	劳动纪律	严格遵守			
	工量具使用	规范、标准			
	操作过程	规范、正确			
	实验报告书写	认真、规范			

总分			
任务下发人		日期	年　月　日
任务执行人		组别	

知识拓展——材料的氢脆

第二次世界大战初期，英国皇家空军一架Spitpie战斗机由于引擎主轴断裂而坠落，机毁人亡。1975年美国芝加哥一家炼油厂，一根15cm的不锈钢管突然破裂，引起爆炸和火灾，造成长期停产。法国在开采克拉克气田时，由于管道破裂，造成持续一个月的大火。我国在开发某大油田时，也曾因管道破裂发生过井喷，损失惨重。美国“北极星”导弹因固体燃料发动机机壳破裂而不能发射。途中行驶的汽车因传动轴突然断裂而翻车，正在机床上切削的刀具突然断裂等事故不胜枚举。

这些灾难性的恶性事故，瞬时发生，事先无征兆，断裂无商量，严重地威胁着人们的生命财产安全。经过长期观察和研究，人们终于探明这一系列的恶性事故的罪魁祸首——氢脆。

氢脆通常表现为钢材的塑性显著下降，脆性急剧增加，并在静载荷下（往往低于材料的σ_b）经过一段时间后发生破裂破坏。众所周知，氢在钢中有一定的溶解度。炼钢过程中，钢液凝固后，微量的氢还会留在钢中。通常生产的钢，其含氢量在一个很小的范围内。氢在钢中的溶解度随温度下降而迅速降低，过饱和的氢析出。氢是在钢铁中扩散速度最快的元素，其原子半径最小，在低温区仍有很强的扩散能力。如果冷却时有足够的时间使钢中的氢逸出表面或钢中的氢含量较低时，则氢脆不易发生。如果冷却速度快，同时钢件断面尺寸较大或钢中氢含量较高时，位于钢件中心部分的氢来不及逸出，过剩的氢将进入钢的缺陷，如枝晶间隙、气孔内。缺陷附近由于氢的聚集会产生强大的内压而导致微裂纹的萌生与扩展。这是由于缺陷吸附了氢原子之后，其表面能大大降低，从而导致钢材破坏所需的临界应力也急剧降低。一般来说，钢的氢脆发生在-50～100℃之间。温度过低时氢的扩散速度太慢，聚集少不会析出；高温时氢将被“烤”出钢外，氢脆破坏也不易发生。随着科学的发展，人们又对氢脆机理提出新观点：氢促进了裂纹尖端区塑性变形，而塑性变形又促进了氢在该区域内浓集，从而降低了该区的断裂应力值，这就促进了微裂纹的产生，裂纹的扩展也伴随着塑性流变。

知识闯关
认知金属塑性

思考与练习

（1）一般情况下碳素钢中的含碳量越高，其塑性（　　）。

A. 越好　　B. 不变　　C. 越差　　D. 越高

（2）金属材料的力学（　　）指标通常用伸长率δ和断面收缩率ψ表示。

A. 弹性　　B. 强度　　C. 塑性　　D. 刚度

（3）轧制产品要进行检验，其中表示钢材塑性好坏的指标是（　　）。

A. 屈服强度　　B. 弯曲度　　C. 伸长率　　D. 冲击韧度

（4）随着晶粒增大，金属的塑性会（　　）。

A. 增加　　B. 不变　　C. 降低　　D. 增加或降低

（5）金属的柔软性是不同的，它是金属（　　）一种表示。

A. 变形抗力　　B. 塑性　　C. 韧性　　D. 脆性

（6）对于普碳钢，含碳量最低的钢种的塑性（　　）。

A. 最差　　B. 最好　　C. 中等　　D. 与应力状态无关

（7）延展性是材料在未断裂之前（　　）变形的能力。
A. 弹性　B. 塑性　C. 压缩　D. 拉伸

（8）正确的加热工艺可以提高钢的力学性能中的（　）。
A. 变形抗力　B. 塑性　C. 强度　D. 韧性

（9）钢的塑性取决于钢的内在的因素，如（　　）。
A. 变形温度　B. 应力状态　C. 加热介质　D. 非金属夹杂

（10）金属的弹性变形与塑性变形的本质区别是什么？

（11）总结应力与变形状态对金属塑性的影响规律。

能量小贴士

青年强，则国家强，当代中国青年生逢其时，施展才干的舞台无比广阔，实现梦想的前景无比光明。

——习近平在中国共产党第二十次全国代表大会上的报告

任务 3.2　认知金属变形抗力

任务引领

大国工匠高凤林：一个普通焊工的不普通

在 2014 年德国纽伦堡国际发明展上，一名来自中国的技术工人同时获得三项金奖震惊了世界：他就是高凤林。

高凤林很平凡。普通家庭出身，毕业于普通技校，从事最普通的焊工，他在一个单位勤勤恳恳工作了 38 年，车间不变，工种不变。以中国之大，这样的人一抓一大把。高凤林很不凡。虽是焊工，却制造火箭的“心脏”，我国长三甲系列运载火箭、长征五号运载火箭的氢氧发动机喷管，都诞生于他手。诺贝尔奖得主丁肇中的秘书曾辗转找到他帮忙，为的是解决 AMS-02 暗物质与反物质探测器项目中遇到的制造难题。此前，这个项目国内外两拨“顶尖高手”都没有拿下，而他的创新设计方案经国际联盟总部评审，通过了。

不愧“大国工匠”！航天事业与国家和民族命运息息相关，中国航天蓝图从梦想变为现实，靠的是什么？“人的质量决定产品质量。”这是高凤林常挂在嘴边的一句话。任何先进设备，都是人的延伸，都需要人的控制，需要长期专注和投入，以追求产品及其内涵的实现，达到产品的最佳状态。成长经历与改革开放同步的高凤林，并不符合现在人们对技校毕业生的刻板印象——“输在了起跑线上”。受工人职业光环吸引，又考虑到留京养家的生活现实，“好苗子”成为“文化大革命”后第一批技校生。“78 级现象”在他那一批技校生身上具有同样特质：基础扎实，苦练技能。

20 世纪 50 年代劳动光荣、技术伟大的社会氛围中，工人技术比赛、技术比武活动兴起，高凤林正是在这种选拔和锻炼高技能人才的舞台中脱颖而出。他也被请到一个个技术难题现场，一次次的经验积累，技术能手成长为焊接专家。理论从学习中来。工作期间，高凤林完成了大专、本科学习，又自学取得了研究生学历。在航天一院1.8万余技能人员中，像高凤林这样“自主升级”的凤毛麟角。掌握理论知识、开阔视野和见识，是他的主动选择。

学而优则仕的定律并没有在高凤林身上重演。“企业有意不让他脱离一线岗位，让他的优势得到最大限度发挥。”企业领导把他“摁”在这个岗位也经历了风险，尤其在20世纪90年代军品发展不景气时。但即便那时，“一套房子和两倍工资”也没能挖走他。高凤林说：“我们的目标是把火箭、卫星送入太空，这不是钱能衡量的。”以高凤林命名的技能大师工作室，是人力资源和社会保障部首批授牌成立的国家级技能大师工作室。这里，高凤林是核心，一起群策群力的还有技能人才、研究人员、设计人员，“大师+团队”的辐射，实现了科学、技术与工程间的相互贯通。

技能劳动者从普通走到大师，的确一路艰难，大国工匠虽然具有稀缺性，可幸的是，技能劳动者队伍里，高凤林式的“大国工匠”不是孤例。新时代里，当“大国工匠”以成千上万的量级诞生之时，制造强国的目标就离我们不远了。一份专注，淬炼出时光的品质；一份坚守，琢磨出情怀的精致。他们的手，有毫厘千钧之力；他们的眼，有秋毫不放之功。他们兢兢业业，让平凡有了梦想的温度；他们精益求精，用执着追上灵魂的脚步。他们是大国工匠，是“中国制造”的时代精神。

学生工作任务单

<table>
<tr><td>模块 3</td><td colspan="6">金属综合性能分析</td></tr>
<tr><td>任务 3.2</td><td colspan="6">认知金属变形抗力</td></tr>
<tr><td rowspan="3">任务描述</td><td>能力
目标</td><td colspan="5">（1）能正确使用轧机、万能试验机、硬度仪等检测仪器；
（2）能正确判定金属塑性变形与变形抗力的关系；
（3）能比较并分析变形抗力的影响因素</td></tr>
<tr><td>知识
目标</td><td colspan="5">（1）熟悉轧机、万能试验机、硬度仪等检测仪器的使用方法；
（2）理解金属变形抗力的意义；
（3）掌握降低金属变形抗力的方法</td></tr>
<tr><td>训练
内容</td><td colspan="5">（1）掌握使用轧机、万能试验机、硬度仪等实训设备的技能；
（2）理解屈服准则，解决实际案例</td></tr>
<tr><td>参考资料
与资源</td><td colspan="6">《金属压力加工理论基础》，段小勇，冶金工业出版社，2008；
“金属塑性变形技术应用”精品课程网站资源</td></tr>
<tr><td>任务实施
过程说明</td><td colspan="6">（1）学生分组，每组 5~8 人；
（2）分发学生工作任务单；
（3）学习相关背景知识；
（4）小组讨论制定工作计划；
（5）小组分工完成工作任务；
（6）小组互相检查并总结；
（7）小组合作，制作项目汇报 PPT，进行讲解演练；
（8）小组为单位进行成果汇报，教师评价</td></tr>
<tr><td>任务实施
注意事项</td><td colspan="6">（1）实训前要认真阅读实训指导书有关内容；
（2）实训前要重点回顾有关设备仪器使用方法与规程；
（3）每次测量与计算后要及时记录数据，填写表格；
（4）结果分析时在企业实际生产中应用要考虑原料的烧损</td></tr>
<tr><td>任务下发人</td><td colspan="4"></td><td>日期</td><td>年　月　日</td></tr>
<tr><td>任务执行人</td><td colspan="2"></td><td>组别</td><td></td><td>日期</td><td></td></tr>
</table>

学生工作任务页

<table>
<tr><td>模块 3</td><td colspan="5">金属综合性能分析</td></tr>
<tr><td>任务 3.2</td><td colspan="5">认知金属变形抗力</td></tr>
<tr><td>任务描述</td><td colspan="5">某轧钢厂技术中心接到一个客户反馈，该企业某种钢材难于加工变形，厂长要求王工去技术中心完成这项改善加工性能的工作。如果你是小王，你该如何做？</td></tr>
<tr><td>任务实施
过程</td><td colspan="5"></td></tr>
<tr><td>任务下发人</td><td colspan="3"></td><td>日期</td><td>年　月　日</td></tr>
<tr><td>任务执行人</td><td></td><td>组别</td><td></td><td>日期</td><td></td></tr>
</table>

任务背景知识

3.2.1　金属的变形抗力及其表示

金属或合金抵抗变形的能力称为变形抗力（变形阻力），通常以单向拉伸试验时的屈服极限 σ_s 值表示，因此又称为静变形抗力。其在不同条件下有不同的表示指标。

反映不同温度下的变形抗力指标，常称为暂时变形抗力；反映不同变形速度下的变形抗力指标，常称为动变形抗力；相应的一定变形温度、变形速度与变形程度的变形抗力指标，称为真实变形抗力（真实应力）。

3.2.2　影响变形抗力的因素

变形抗力受金属或合金的化学成分、组织结构、变形温度、变形速度、变形程度等因素影响。

3.2.2.1　化学成分

碳钢中的碳及一些杂质元素（如磷）对变形抗力的影响较大。碳以固溶体形式存在时，钢具有较低的变形抗力。但当它以渗碳体形式存在时，钢随渗碳体含量的增加，变形抗力增大。碳钢中的有害元素磷能溶于铁素体中，使钢的强度、硬度明显提高，抗力增大。

合金钢中由于合金元素的加入变形抗力提高。当合金元素溶于固溶体（α-Fe，γ-Fe）时，由于晶格畸变，变形抗力提高。

合金元素与钢中的碳形成碳化物时，其由于形状、大小和分布不同，对变形抗力会有不同程度的影响。一般如 Nb、Ti、V 等元素的碳化物弥散分布时，变形抗力明显提高，而热状态下其变形抗力又有所下降。除此之外，合金元素还会通过改变钢中的相组织、提高再结晶温度、降低再结晶速度等方式影响钢的变形抗力。

总之，化学成分对钢的变形抗力的影响是错综复杂的，它同时受具体加工条件的影响，不可单一而论。

3.2.2.2　组织结构

化学成分一定的情况下，钢的组织不同会引起不同的变形抗力。一般单相组织（纯金属或固溶体）比多相组织抗力低。其原因在于：一方面组织的多相性造成各相性能差别引起变形不均，产生附加应力，造成抗力增大；另一方面是由于第二相的存在，其自身性质、形状、大小、数量和分布的不同引起抗力的差别。硬而脆的第二相若弥散分布，则变形抗力明显提高；若以片层状分布，则变形抗力大大提高；若以网状分布，则变形抗力减小，脆性增大。

另外，晶粒细化也会使钢变形抗力增大。在外力作用下，某一晶粒的位向变化，会对相邻的不同取向的晶粒造成附加应力同时在晶界处形成塞积位错，而塞积位错的开动又依赖于更大的外加应力与附加应力的合作用，当外加应力不变时，附加应力的增大是靠细化了的多个晶粒的滑移而产生的，因此细化晶粒在提高金属塑性的同时，也增大了金属的变形抗力。

3.2.2.3　变形温度

一般认为：随温度升高，变形抗力降低。但在升温过程中，某些温度区间由于过剩相的析出或相变等原因，变形抗力增加（也可能降低）。因此不同金属在不同温度下的抗力无统一规律可言。由图 3-7、图 3-8 可以看出不同金属在不同温度下伸长率 δ、强度极限 σ_b 及断面收缩率 ψ 的变化趋势。

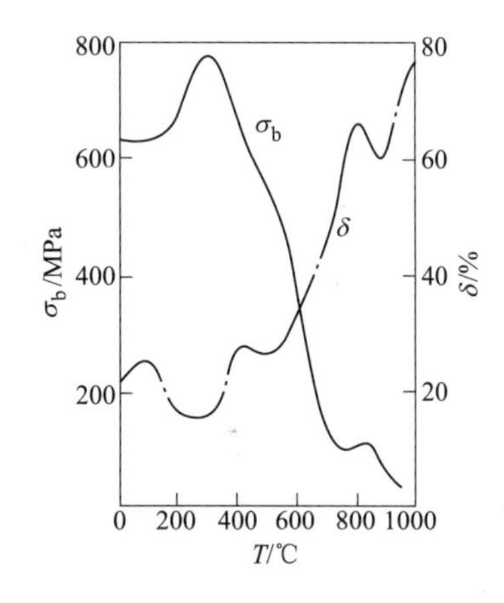

图 3-7　碳钢的伸长率 δ 强度极限 σ_b 随温度变化的曲线

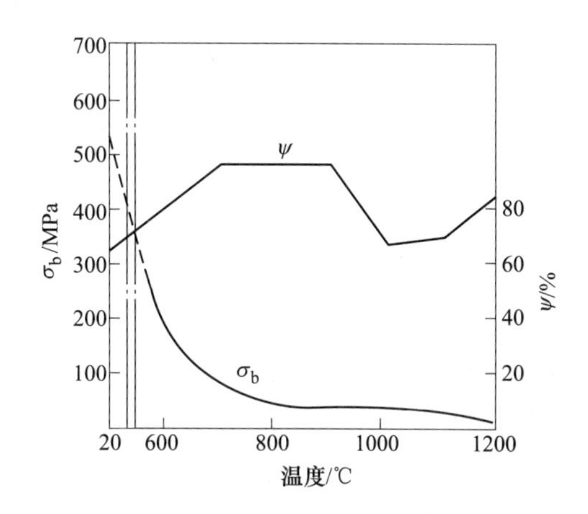

图 3-8　1Cr13 的 ψ 和 σ_b 随温度变化的曲线

总结温度升高，金属变形抗力降低的原因有以下几个方面：

（1）金属发生了回复与再结晶。回复与再结晶过程，使冷变形后的金属内部应力逐步消除，其变形抗力也完成了由有所降低到明显降低的变化。

（2）临界剪应力降低。金属原子间的结合力随温度升高而减弱，这是由于原子活动能力加大所致，因此金属滑移变形时的临界剪应力降低。

（3）金属组织结构发生变化。温度的升高，导致金属发生相变（可能由多相变为单相），也会使变形抗力下降。

（4）热塑性（或扩散塑性）作用的加强。温度升高，使金属原子具有了由一种平衡达到新平衡的能量，当外力作用时，它会沿应力场梯度方向移动，产生塑性变形，即热塑性。热塑性随温度升高而增大，因此变形抗力降低。

（5）晶界滑动作用的加强。室温下晶界滑动可忽略不计，但随温度的增高，晶界滑动抗力显著降低，且晶界滑动减小了相邻晶粒间的应力集中，造成高温下变形抗力的降低。

3.2.2.4　变形速度

变形速度对变形抗力的影响通常体现在随变形速度的提高变形抗力增大。它以强化-恢复理论为依据，认为在塑性变形时，金属同时经历强化和软化（回复与再结晶）两个过程。金属的软化是在一定的速度条件下进行的。因此当变形速度较大时，金属由于不能充分软化而抗力增大。同时，变形速度的提高导致原子无序迁移加剧，引起抗力增大。

但变形速度对变形抗力相对增加的影响并非单一进行，它同时与变形温度有关。图 3-9 形象地表示了变形抗力的相对增加与温度的关系：即在冷变形温度范围内，变形速度的增加仅使变形抗力有所增加或基本不变；而在热变形温度范围内，变形速度的增加会引起变形抗力的明显增大。当然，变形速度对抗力的影响是一个复杂的问题，因此就所有金属而言并无统一结论。

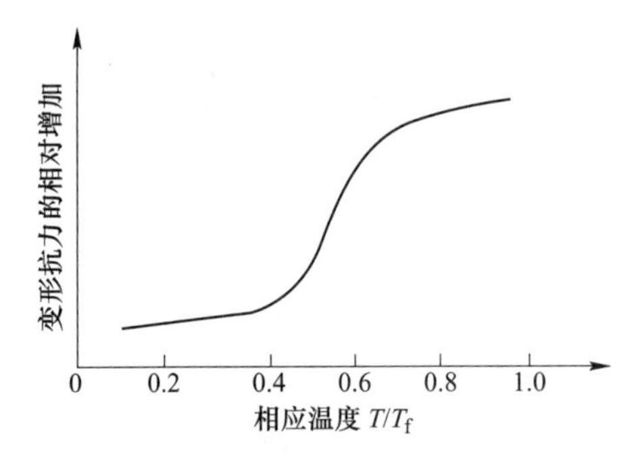

图 3-9　变形抗力的相对增加与温度的关系

3.2.2.5　变形程度

变形程度是变形抗力的又一重要影响因素。冷状态下，随着加工硬化的加剧，金属随变形程度的增大其抗力显著提高，造成强化，这一点由图 3-10 所示的加工硬化曲线便可以看出。此外，金属的强化不仅仅产生在冷加工中，在热状态下也存在，只是在变形程度较小时，随变形程度增大，其变形抗力增大较快。而当变形程度达到 20%～30%时，变形抗力的强化达到极限，即不会随变形程度的继续增大而增大，而是保持不变或有所下降，如图 3-11 所示。

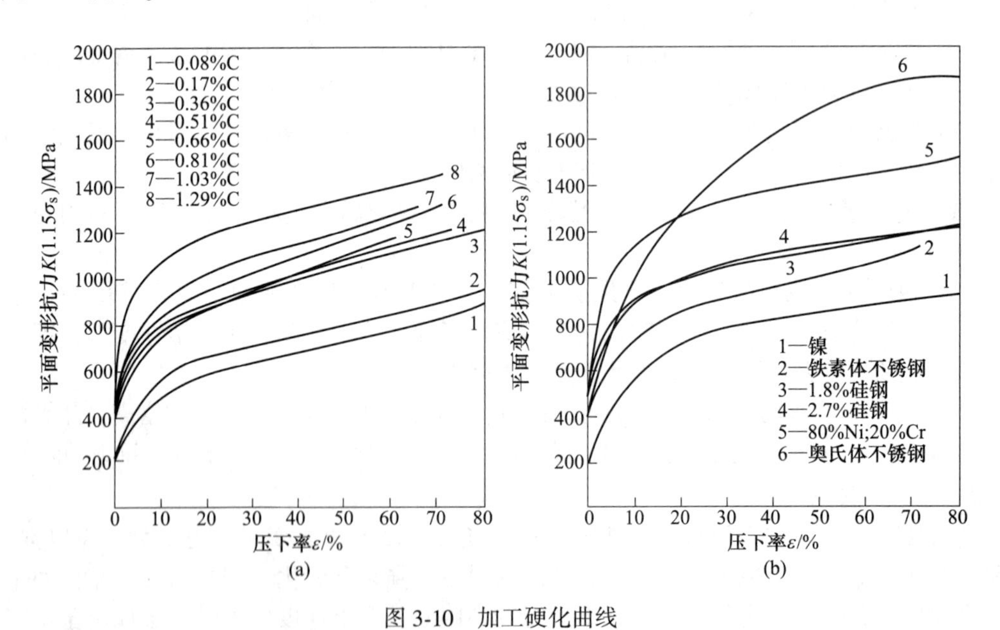

图 3-10　加工硬化曲线

（a）普碳钢；（b）合金钢

3.2.2.6　应力状态

由理论分析可知，同号应力状态比异号应力状态的变形抗力大。金属发生塑性变形的条件是最大切应力大于等于临界切应力，即：

$$\tau_{max} \geqslant \tau_k$$

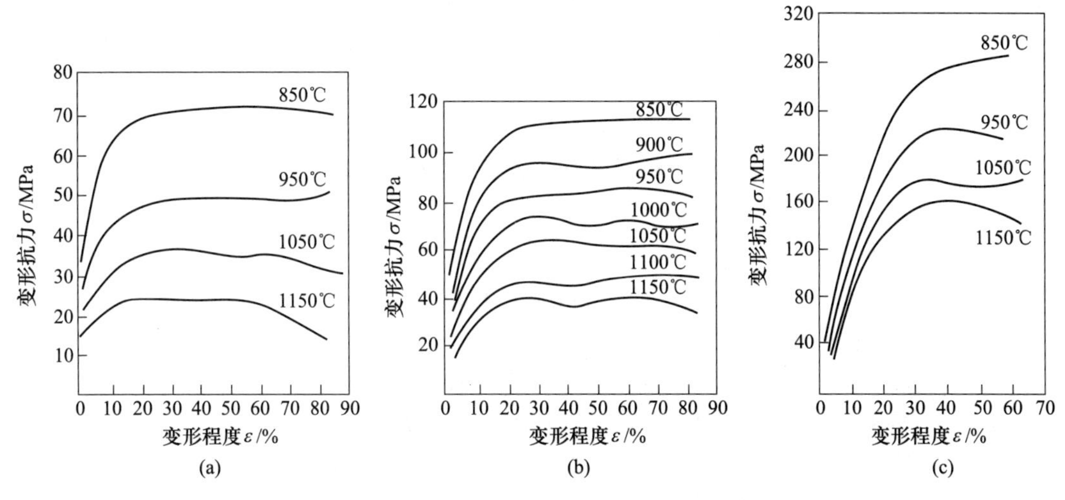

图 3-11　各种不同温度下钢 B2 的强化曲线

（a）$\dot{\varepsilon}=3\times10^{-4}\mathrm{s}^{-1}$；（b）$\dot{\varepsilon}=3\times10^{-2}\mathrm{s}^{-1}$；（c）$\dot{\varepsilon}=100\mathrm{s}^{-1}$

由材料力学可知：

$$\tau_{\max}=\frac{\sigma_1-\sigma_3}{2}$$

式中　σ_1——最大主应力；

σ_3——最小主应力。

显然，当 σ_1 与 σ_3 同号时的最大切应力要比 σ_1 与 σ_3 异号时的最大切应力小，要达到临界切应力 τ_k并不容易，所以同号应力状态时变形比异号应力状态时困难，同号应力状态的变形抗力比异号应力状态的变形抗力大。

3.2.2.7　其他因素

（1）尺寸。小试样比大试样具有较高的变形抗力。这与试样内部组织结构分布与相对接触表面有关。组织不均匀，则变形抗力大。当组织均匀时，大试样相对接触表面积（变形体的接触表面积与体积之比）和相对表面积（变形体的表面积与体积之比）都较小，因此由外摩擦引起的三向压应力状态就弱，同时散热速度慢，这都将导致变形抗力较低。

（2）变形不均匀性。由于不均匀变形，必然引起附加应力，因此变形抗力增加。

综上所述，金属变形抗力的大小是受到各种因素同时影响的结果。对冷、热变形的不同，要针对不同因素具体分析，不可等同视之。

3.2.3　变形抗力的计算

要计算金属塑性变形过程中所需的外力，必须要知道变形抗力的大小。

3.2.3.1　经验公式

（1）热扎时变形抗力的确定。热轧时的变形抗力根据变形时的温度、平均变形速度、变形程度，由实验方法得到的热轧时的变形抗力曲线来确定。

$$\sigma_s=C\sigma_{s30\%}$$

式中　$\sigma_{s30\%}$——变形程度 $\varepsilon=30\%$时的变形抗力；

C——与实际压下率有关的修正系数。

（2）冷轧时变形抗力的确定。冷轧时的宽展量可忽略，其变形为平面变形，此时的变形抗力用平面变形抗力 K 来衡量。

$$K = 1.15\sigma_s$$

冷轧时的平面变形抗力由各个钢种的加工硬化曲线，根据道次的平均总变形程度查图确定。

平均总变形程度：

$$\bar{\varepsilon} = 0.4\varepsilon_H + 0.6\varepsilon_h$$

式中　$\bar{\varepsilon}$——该道次平均总变形程度；

ε_H——该道次轧前的总变形程度，$\varepsilon_H = (H_0 - H)/H_0$；

ε_h——该道次轧后的总变形程度，$\varepsilon_h = (H_0 - h)/H_0$；

H_0——退火后带坯厚度；

H，h——该道次轧前、轧后的轧件厚度。

【例 3-1】　在某轧机上轧制的某道次，轧前厚度 H=20mm，轧后厚度 h=16mm，轧制温度 t=1000℃，平均变形速度为 3/s，钢种为 1Cr18Ni9Ti，变形抗力曲线如图 3-12 所示。

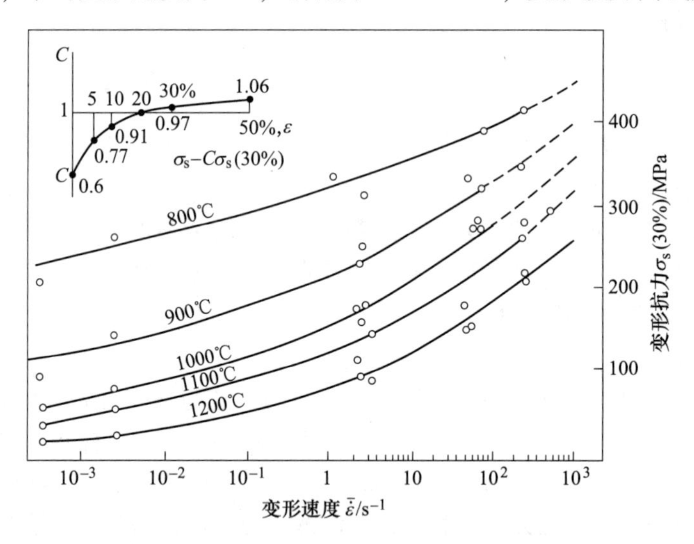

图 3-12　1Cr18Ni9Ti 的变形抗力曲线

计算该道次的变形抗力。

解： $\varepsilon = \dfrac{H-h}{H} \times 100\% = \dfrac{20-16}{20} \times 100\% = 20\%$

根据已知条件由图 3-12 查得：$\sigma_{s30\%} \approx 180\text{MPa}$

由图 3-12 中修正曲线可以查知，当 ε=20%时，C=0.97

故：　　$\sigma_s = C\sigma_{s30\%} = 0.97 \times 130 \approx 126\text{MPa}$

【例 3-2】　在四辊冷轧机上将 3mm 厚的退火带坯经四道轧制为 0.4mm 厚的带钢卷，钢种为含碳 0.17%的低碳钢，其中第二道次轧前厚度为 2.1mm，轧后厚度 1.5mm。确定第二道次的平均变形抗力。

解：第二道次轧前的总变形程度为：

$$\varepsilon_H = (H_0 - H)/H_0 \times 100\% = (3 - 2.1)/3 \times 100\% = 30\%$$

第二道次轧后的总变形程度为：

$$\varepsilon_h = (H_0 - h)/H_0 \times 100\% = (3 - 1.5)/3 \times 100\% = 50\%$$

由图 3-10（a）中的曲线 2 可以查得第二道次的平面变形抗力为：

$$K \approx 760\text{MPa}$$

3.2.3.2　屈服准则

金属屈服意味着塑性变形的开始，它取决于金属本身的性能和所处的应力状态。金属开始塑性变形时的应力状态称为极限应力状态。单向拉伸时，当拉应力 σ_1 达到金属的屈服极限 σ_s 时金属便发生屈服。那么，在复杂应力状态下，即 $\sigma_2 \neq 0$、$\sigma_3 \neq 0$ 时，各应力分量与 σ_s 和 τ_s 的关系如何时会使金属发生屈服呢？这个关系就是本节所要研究的开始塑性变形的条件，即屈服条件或屈服准则。

A　最大切应力理论（Tresca 屈服准则）

在多晶体塑性变形实验中，试样在明显屈服时，会出现与主应力呈 45°角的吕德斯带[①]，因此推想塑性变形的开始与最大切应力有关。所谓最大切应力理论，就是假定对同一金属在同样变形条件下，无论是简单应力状态还是复杂应力状态，当作用于物体的最大切应力达到某个极限值时，物体就开始塑性变形。

前人经过大量推导（此处不再列述推导过程），得到以下公式：

同号应力状态：　　$\sigma_1 - \sigma_3 = \sigma_s$

异号应力状态：　　$\sigma_1 + \sigma_3 = \sigma_s$

Tresca 屈服条件计算简单，但未反映中间主应力 σ_2 的影响，存在一定误差。

B　形变能定值理论（Mises 屈服准则）

形变能定值理论认为：金属的塑性变形开始于使其体积发生弹性变化的单位变形势能积累到一定限度时的塑性状态，而这一限度与应力状态无关。

经过推导得到：

$$\frac{1}{\sqrt{2}}\sqrt{(\sigma_1 - \sigma_2)^2 + (\sigma_2 - \sigma_3)^2 + (\sigma_3 - \sigma_1)^2} = \sigma_s$$

上式表示在体应力状态下，金属由弹性变形过渡到塑性变形时，三个主应力与金属变形抗力之间所必备的数学关系。为便于应用，对其进行简化。

一般情况可写成：$\sigma_1 - \sigma_3 = m\sigma_s$

此式为屈服条件的简化形式。

Mises 屈服条件考虑了 σ_2 的作用，简化式 $m = 1 \sim 1.155$，实际 σ_2 对变形抗力的影响是不大的。

任何塑性理论都是以一定的假定为基础的，因此，其塑性条件必有一定的片面性和适用范围。实验证实，形变能定值理论更接近实验结果。利用塑性方程，可以分析各因素（如轧件宽度、轧辊直径等）对变形抗力的影响并计算变形时所需外力。

---

①吕德斯带是指钢板在加工时，由于局部的突然屈服产生不均匀变形，而在钢板表面产生条带状皱褶的一种现象。在拉伸时，试样表面出现的与拉伸轴呈 45°角的粗糙不平的皱纹称为吕德斯带。

在计算时应注意：若按代数值 $\sigma_1>\sigma_2>\sigma_3$ 进行运算时，各主应力应按代数值代入塑性方程；若以 σ_1 为作用力方向的主应力，即 σ_1 为绝对值最大的主应力，则按绝对值规定 $\sigma_1>\sigma_2>\sigma_3$ 时，σ_s 与 σ_1 符号应相同，拉应力为正，压应力为负。

【例 3-3】 镦粗 45 号钢，圆断面直径为 50mm，$\sigma_s=313\text{MPa}$，$\sigma_2=-98\text{MPa}$，若接触表面主应力均匀分布，求开始塑性变形时所需的压缩力。

解：若代数值 $\sigma_1>\sigma_2>\sigma_3$，因工件为原断面，则：

$$\sigma_1=\sigma_2,\ m=1$$

$$\sigma_1-\sigma_3=\sigma_s$$

$$\sigma_3=\sigma_1-\sigma_s=-98-313=-411\text{MPa}$$

则所需压缩力为：

$$P=\frac{\pi D^2}{4}\sigma_3=\frac{3.14\times 50^2}{4}\times 411=806587\text{N}$$

若绝对值 $\sigma_1>\sigma_2>\sigma_3$，则：

$$\sigma_2=\sigma_3=-98\text{MPa},\ m=1$$

$$(-\sigma_1)-(-\sigma_3)=-\sigma_s$$

$$\sigma_1=\sigma_3+\sigma_s=313+98=411\text{MPa}$$

压力

$$P=\frac{\pi D^2}{4}\sigma_1=\frac{3.14\times 50^2}{4}\times 411=806587\text{N}$$

【例 3-4】 若有一物体的应力状态为−108MPa、−49MPa、−49MPa，$\sigma_s=59\text{MPa}$，分析该物体是否开始塑性变形。

解：若代数值 $\sigma_1>\sigma_2>\sigma_3$ 时，则：

$$\sigma_1=\sigma_2=-49\text{MPa},\ m=1$$

$$\sigma_1-\sigma_3=-49-(-108)=59\text{MPa}=\sigma_s$$

符合屈服条件，开始塑性变形。

若绝对值 $\sigma_1>\sigma_2>\sigma_3$ 时，则：

$$\sigma_2=\sigma_3=-49\text{MPa},\ m=1$$

$$-\sigma_1-(-\sigma_3)=-\sigma_1+\sigma_3=108-49=59\text{MPa}$$

而：

$$m\sigma_s=59\text{MPa}$$

满足条件，开始塑性变形。

3.2.4 降低变形抗力的常用方法

变形抗力过大，不仅变形困难，使轧制过程难以顺利进行，而且增加了能量消耗，还降低了产品质量。因此在轧制过程中，必须采取措施来有效降低轧制压力。具体措施有：

(1) 合理选择变形温度和变形速度。同一种金属在不同的变形温度下，变形抗力是不一样的；在相同变形温度下，变形速度对变形抗力的影响也是不一样的。因此必须根据具体情况选择合理的变形温度-变形速度制度。

(2) 选择最有利的变形方式。在选择变形方式时，应尽量选择应力状态为异号的变形方式。

(3) 采用良好的润滑。金属塑性变形时，润滑起着改善金属流动、减少摩擦、降低变形抗力的重要作用，因此在轧制过程中，应尽可能采用润滑轧制。

(4) 减小接触面积。压力加工中采用小直径轧制、分段模锻等措施，可使金属与工具的接触面积减小，外摩擦的作用降低，单位压力减小，变形抗力减小。

(5) 采用合理的工艺措施。采用合理的工艺措施也能有效降低变形抗力。如设计合理的工具形状，使金属具有良好的流动条件；改进操作方法，以改善变形的不均匀性；采用带张力轧制，以改变应力状态等。

知识拓展——拉伸试验机

拉伸试验机（cupping machine）（见图 3-13）也称材料拉伸试验机、万能拉伸强度试验机，是集电脑控制、自动测量、数据采集、屏幕显示、试验结果处理为一体的新一代力学检测设备。它可以进行拉伸、压缩、剪切、弯曲等试验。它采用进口光电编码器进行位移测量，采用嵌入式单片微机结构，内置功能强大的测控软件，集测量、控制、计算、存储功能于一体。它具有自动计算应力、伸长率（需加配引伸计）、抗拉强度、弹性模量的功能；自动统计结果；自动记录最大点、断裂点、指定点的力值或伸长量；采用计算机进行试验过程及试验曲线的动态显示，并进行数据处理，试验结束后可通过图形处理模块对曲线放大进行数据再分析编辑，并可打印报表。

图 3-13 拉伸试验机

万能材料试验机有多种类型。下面介绍常用的液压式万能材料试验机和电子万能材料试验机。

（1）液压式万能材料试验机。液压式万能材料试验机可以进行拉伸、压缩、剪切、弯曲等材料力学性能试验。国内生产的液压式万能材料试验机的型号为 WE 型。其系列产品有 WE100、WE300、WE600、WE1000 型。液压式万能材料试验机主要由主体和测力机构两部分组成。

（2）电子万能材料试验机。电子万能材料试验机是一种采用电子技术控制和测试的机械式万能试验机。它除了具有普通万能试验机的功能外，还具有较宽的、可调节的加力速度和测力范围，以及较高的变形测量精度和快速的动态反应速度，能实时显示数据和绘制足够放大比例的拉伸曲线或其他试验曲线。

思考与练习

知识闯关
认知金属
变形抗力

1. 选择

（1）对钢进行压力加工时，加热的作用是（　　）。

A. 提高塑性，降低硬度　　B. 消除铸锭中某些组织缺陷

C. 提高塑性，降低变形抗力　　D. 保证板坯性能

（2）在其他条件不变时，减小变形抗力的有效方法是（　　）。

A. 减小轧辊直径　　B. 增加轧制速度

C. 增加摩擦系数　　D. 降低轧件温度

2. 判断

（　　）晶粒细小组织，变形抗力较小。

3. 简答

（1）什么叫变形抗力，如何表示？

（2）变形抗力和硬度的关系如何？

（3）影响变形抗力的因素有哪些？

（4）通过哪些措施可降低变形抗力？

（5）冷轧机的工作辊径为什么较小，为什么要带张力轧制？

（6）拉拔时易于产生塑性变形，是否意味着这种加工方法有利于发挥金属的塑性，为什么？

（7）在相同的条件下加工两个体积大小不等的金属，哪个变形容易，哪个塑性好，为什么？

（8）冷、热变形中的变形抗力随变形程度的增加而增大的原因是否相同，为什么？

能量小贴士

创新是奋斗的“关键词”。

——党的二十大代表旦增顿珠

任务 3.3　认知金属压力加工中的外摩擦

外摩擦对变形均匀性和变形抗力的影响

河钢邯钢重轨：助力“中国制造”驶出“中国速度”

令人叹服的中国奇迹工程，运营里程最长、运营时速最高，测试速度超过 600km/h，从静止到时速 300 多公里，小桌板上硬币屹立不倒。很多外国朋友怀揣“膜拜”之心，远赴重洋来体验“中国速度”……

这些激动人心的描述，都属于代表“中国速度”的中国高铁。高铁已经成为中国创新和发展的靓丽名片，依靠领先技术和优异性价比，中国向世界输出优质高铁集成技术解决方案，叫响“中国制造”，驶出“中国速度”，助力“中国制造”。

河钢邯钢重轨助力中国高铁，跨越五大洲连通世界，建功“一带一路”，实现了“普速轨”和“高速轨”全覆盖，跻身高铁用重轨供应商行列，中国第一家获得欧盟 TSI 认证，获得中铁检验认证中心（CRCC）认证，用于中国铁路干线铁路专用线、城市轨道等项目，出口到印度尼西亚、巴西、泰国、沙特阿拉伯、乌拉圭和南非等多个国家。2019 年河钢邯钢首批 2000 余吨 60NU75VG 百米高速重轨实现外发，该批超过 11500t 高速钢轨将用于胶济铁路客运专线铁路建设。自此，该企业重轨实现了“普速轨”和“高速轨”全覆盖，向“轨道交通运输建设服务商”目标迈出坚实步伐。

钢轨按重量分为重轨和轻轨。时速 200km 以上铁路建设用重轨称高速轨。高速轨比普速轨可承受更高速度和强度。百米重轨即单根轧制长度达 100m 的重轨，是重载铁路或客运专线的指定用钢轨。高铁是国民经济发展的动脉，而作为建设高铁的重要材料——重轨的生产更是关乎国计民生。列车行驶在高速钢轨上时，轮对与钢轨表面，尤其钢轨内表面相互作用，产生摩擦、滚动接触、弹塑形变。因此，高速铁轨内在和表面质量要求都十分严格，钢轨内外缺陷将直接影响铁路交通安全。为满足我国高速铁路建设的需要，铁科院参照欧洲高速铁路钢轨标准（CEN）起草了《时速 200 公里客运专线钢轨技术条件》和《时速 300 公里高速铁路钢轨技术条件》。

河钢邯钢坚定不移走产业升级、产品高端路线，放眼全球，以高端客户倒逼高端产品结构优化。打磨高品质钢轨生产工艺，深入推进“两个结构”再优化。对接国内及海外轨道交通运输项目，打造轨道交通运输建设服务商品牌形象。进行高速钢轨轧制工艺设计研究、孔型系统选择及参数设计等；改进钢轨顶部断面孔型优化、钢轨对称性孔型优化等轧制工艺；进行孔型轧制过钢量优化等相关技术研究。重轨“按支管理，多状态跟踪”的精细化管控模式。目前，河钢邯钢已开发了符合我国国家标准、欧洲标准、美国标准等多个规格、牌号的钢轨产品。其中，60kg/m 的 U75V/U75VG 重型钢轨，是我国首家获得欧盟 TSI 证书的钢轨产品。从“追跑”到“并跑”“领跑”，河钢邯钢钢轨产品广泛应用于我国铁路干线、铁路专用线和城市轨道等项目，还出口巴西、巴基斯坦等多个国家和地区。

类似这样的中国企业有很多，他们主动承担社会责任，将家国情怀融入企业发展和企业文化，不断创新，攻坚克难，彰显了企业担当。在这些企业的不断发展支持下，中国铁建先后参与建设了土耳其安伊高速铁路、尼日利亚阿卡铁路、沙特南北铁路、格鲁吉亚现代化铁路、亚吉铁路等一大批助力所在国经济发展的标志性工程。自“走出去”以来，中国铁建在境外累计设计、建设铁路及城市轨道总里程超过 21000km、公路里程超过 6500km，参与运营、维护铁路总里程超过 2800km，累计带动就业人数超 47 万人次。

任务情境

金属塑性加工中是在工具与工件相接触的条件下进行的，这时必然产生阻止金属流动的摩擦力。这种发生在工件和工具接触面间，阻碍金属流动的摩擦，称外摩擦。

由于外摩擦的作用，工具产生磨损，工件被擦伤；外摩擦能增加金属变形力，造成金属变形不均，严重时使工件出现裂纹。因此，塑性加工中，必须加以润滑。

学生工作任务单

<table>
<tr><td>模块 3</td><td colspan="5">金属综合性能分析</td></tr>
<tr><td>任务 3.3</td><td colspan="5">认知金属压力加工中的外摩擦</td></tr>
<tr><td rowspan="3">任务描述</td><td>能力目标</td><td colspan="4">（1）能分析各种因素对外摩擦的影响；
（2）能正确计算冷、热轧的摩擦系数；
（3）能采取有利的措施减小轧制过程中的外摩擦</td></tr>
<tr><td>知识目标</td><td colspan="4">（1）熟悉变形过程中外摩擦的作用和特点；
（2）掌握摩擦定律；
（3）熟悉影响外摩擦的因素及摩擦系数的确定方法；
（4）了解塑性加工中工艺润滑的作用和方法</td></tr>
<tr><td>训练内容</td><td colspan="4">测定并分析外摩擦对金属变形的影响</td></tr>
<tr><td>参考资料
与资源</td><td colspan="5">《金属压力加工理论基础》，段小勇，冶金工业出版社，2008；
“金属塑性变形技术应用”精品课程网站资源</td></tr>
<tr><td>任务实施
过程说明</td><td colspan="5">（1）学生分组，每组 5~8 人；
（2）分发学生工作任务单；
（3）学习相关背景知识；
（4）小组讨论制定工作计划；
（5）小组分工完成工作任务；
（6）小组互相检查并总结；
（7）小组合作，进行讲解演练；
（8）小组为单位进行成果汇报，教师评价</td></tr>
<tr><td>任务实施
注意事项</td><td colspan="5">（1）实验前要认真阅读工作任务单的有关内容；
（2）实验前要重点回顾有关实训设备的使用方法与规程</td></tr>
<tr><td>任务下发人</td><td colspan="3"></td><td>日期</td><td>年　月　日</td></tr>
<tr><td>任务执行人</td><td colspan="1"></td><td>组别</td><td></td><td>日期</td><td></td></tr>
</table>

学生工作任务页

学生工作页

<table>
<tr><td>模块 3</td><td colspan="5">金属综合性能分析</td></tr>
<tr><td>任务 3.3</td><td colspan="5">认知金属压力加工中的外摩擦</td></tr>
<tr><td>任务描述</td><td colspan="5">观察不同摩擦条件下，压缩圆柱体时金属变形的主要现象</td></tr>
<tr><td>相关知识</td><td colspan="5">外摩擦的作用、特征，影响外摩擦的因素，轧制润滑工艺</td></tr>
<tr><td>任务实施
过程</td><td colspan="5"></td></tr>
<tr><td>任务下发人</td><td colspan="3"></td><td>日期</td><td>年　月　日</td></tr>
<tr><td>任务执行人</td><td></td><td>组别</td><td></td><td>日期</td><td></td></tr>
</table>

任务背景知识

3.3.1　金属塑性加工中摩擦的特点

塑性成型中的摩擦与机械传动中的摩擦相比，具有下列特点：

（1）摩擦面上的单位压力很大（在高压下产生的摩擦）。塑性成型时接触表面上的单位压力很大，一般热加工时面压力为 100～150MPa，冷加工时压力可高达 500～2500MPa。但是，机器轴承中，接触面压通常只有 20～50MPa，如此高的单位压力使润滑剂难以带入或易从变形区挤出，使润滑变得困难。

（2）接触表面温度高（较高温度下的摩擦）。塑性加工时界面温度条件恶劣，对于热加工，根据金属不同，温度在数百度至一千多度之间；对于冷加工，则由于变形热效应、表面摩擦热，接触表面温度急剧升高。高温下的金属材料，除了内部组织和性能变化外，金属表面要发生氧化，给摩擦润滑带来很大影响。

（3）接触表面不断更新和扩大。在塑性变形过程中，工件的形状和尺寸不断发生变化，内层金属不断涌出而成为新的接触面，新的表面不断形成，旧的表面不断被破坏，使摩擦系数不断发生变化。而且工具在使用过程中不断磨损同样会引起摩擦状况的改变。

（4）摩擦副（金属与工具）的性质相差大。一般工具都硬且要求在使用时不产生塑性变形；而金属不但比工具柔软得多，而且希望有较大的塑性变形。二者的性质与作用差异如此之大，因而使变形时摩擦情况也很特殊。

（5）变形金属表面组织是变化的。热变形时金属被加热到很高的温度，其表面被氧化而生成疏松且硬而脆的氧化层，塑性变形时该氧化层逐渐脱落；氧化层脱落后的金属表面暴露在空气中，将再次被氧化而生成结构致密的氧化层。氧化层的这种变化，引起变形金属的表面组织的变化而使摩擦系数发生变化。

3.3.2　金属塑性加工中摩擦的作用

塑性加工中的外摩擦大多数情况是有害的，但在某些情况下，外摩擦又是有利的。

3.3.2.1　摩擦的不利方面

（1）改变物体应力状态，使变形力和能耗增加。以平锤锻造圆柱体试样为例（见图 3-14），当无摩擦时，为单向压应力状态，即 $\sigma_3=\sigma_s$，而有摩擦时，则呈现三向应力状态，

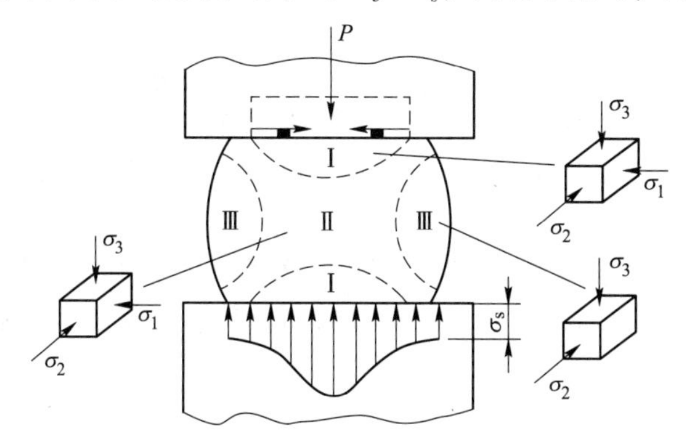

图 3-14　塑压时摩擦力对应力及变形分布的影响

即 $\sigma_3=\beta\sigma_s+\sigma_1$。$\sigma_3$ 为主变形力，σ_1 为摩擦力引起的。若接触面间摩擦越大，则 σ_1 越大，即静水压力愈大，所需变形力也随之增大，从而消耗的变形功增加。一般情况下，摩擦的加大可使负荷增加 30%。

（2）引起工件变形与应力分布不均匀。塑性成型时，接触摩擦的作用使金属质点的流动受到阻碍，此种阻力在接触面的中部特别强，边缘部分的作用较弱，这将引起金属的不均匀变形。如图 3-12 中平锤锻压圆柱体试样时，接触面受摩擦影响大，远离接触面处受摩擦影响小，最后工件变为鼓形。此外，外摩擦使接触面单位压力分布不均匀，由边缘至中心压力逐渐升高。变形和应力的不均匀，直接影响制品的性能，降低生产成品率。

（3）恶化工件表面质量，加速模具磨损，降低工具寿命。

塑性成型时接触面间的相对滑动加速工具磨损；因摩擦热更增加工具磨损；变形与应力的不均匀亦会加速工具磨损。此外，金属黏结工具的现象，不仅缩短了工具寿命，增加了生产成本，而且也降低制品的表面质量与尺寸精度。

上述的几个方面，都是外摩擦在金属塑性变形过程中的不良影响，应尽可能采取措施来减小。

3.3.2.2　*摩擦的有利方面*

并非在所有压力加工过程中都希望减小摩擦。就轧制过程来说，如果没有摩擦，轧制过程是不可能建立起来的。为了改善轧辊咬入轧件条件，通常采用增加摩擦系数的方法。

在压力加工过程中，还可以根据摩擦的特点和分布，达到控制所需要的变形。例如，在轧制时，可以根据摩擦系数大小的变化，来控制延伸和宽展变形；冲压加工管状制品时，由于常使冲头上保持相当高的摩擦以负担部分拉应力，因此可采用较大的一次变形量而不发生断裂；挤压生产时，因摩擦系数大而产生了死区，但正是由于该区阻止了坯料表面的脏物及缺陷流向模孔而保证了产品的表面质量。

3.3.3　摩擦理论

3.3.3.1　*外摩擦的分类*

根据塑性变形时摩擦对接触的特征，外摩擦可以分为以下几类：

（1）干摩擦。干摩擦指变形金属和工具之间，没有任何介质而直接接触时的外摩擦。实际上由于变形金属的表面总要产生氧化膜或者吸附一些气体和灰尘，因此，真正的干摩擦是不存在的，通常说的干摩擦是指不加润滑剂的状态。

（2）液（流）体摩擦。变形金属和工具表面之间完全被润滑剂隔开，此时工具与金属之间的摩擦完全是润滑剂内部的摩擦，称为液（流）体摩擦。

（3）吸附润滑摩擦。在接触表面有一个吸附层薄膜，这种薄膜不因压力增大而减薄，不具有一般液体的流动性质（如冷拔钢管时的磷化层）。这种情况下的摩擦称为吸附润滑摩擦。

（4）边界摩擦。在液体摩擦条件下，随着接触面上压力的增大，坯料表面的部分“凸牙”被压平，润滑剂形成一层薄膜残留在接触面间，或被挤入附近“凹谷”，这时在挤去润滑剂的部分出现金属间的接触，即发生黏着现象。这种情况下的摩擦称为边界摩擦。

在边界摩擦条件下，接触面上的摩擦力显然比液体润滑摩擦大，比干摩擦小。影响边界摩擦的主要因素是边界润滑膜的性质和它与金属表面的结合强度，例如吸附能力越强，则其效果将更为显著。因此，接触表面的压力、温度等是选择合适润滑膜的重要条件。

在实际生产中，以上几种摩擦并不是截然分开的，常常是各种摩擦相混的混合摩擦状态。如干摩擦和边界摩擦相混的半干摩擦；边界摩擦和局部液体摩擦相混的半液体摩擦。

3.3.3.2　摩擦定律

在干摩擦的情况下，摩擦力的大小与接触面的正压力、摩擦对的性质和状态有关，在干摩擦的基础上，当摩擦对接触表面上其他条件（如表面状态、温度、金属的固有性质等）相同时，摩擦力与接触表面上的正压力成正比，这就是通常所说的库仑摩擦定律。其数学表达式为：

$$T = fN$$

式中　f——摩擦系数；

N——接触表面上的正压力。

摩擦定律只表明了干摩擦状态下摩擦力计算的一般规律，而没有阐明摩擦产生的一般规律。关于摩擦产生的原因，过去曾提出过两种学说，一个是表面凹凸学说，另一个是分子吸附学说。由于实验条件的限制，两种学说都不能完满解释各种摩擦现象。近代摩擦理论认为摩擦力不单是由于表面凹凸不平，而且还是由于分子吸引作用而产生的黏合力造成的。

表面凹凸学说认为：摩擦是由于接触表面的凹凸形状引起的。当物体表面接触后，两个表面的凹凸部分就互相咬合，要想使接触表面产生相对滑动，就必须给以一定的能量，才能使凸起彼此越过相对接触上的高峰，这就是所需克服的摩擦力。根据这一学说，接触表面越粗糙，摩擦系数越大；反之，接触表面越光滑，摩擦系数越小。

分子吸附学说认为：摩擦是由于接触面间的分子交错吸引的结果。摩擦表面愈光滑，摩擦表面就愈接近，表面分子的吸引力就愈大，则摩擦力也愈大。

3.3.4　影响摩擦系数的主要因素

摩擦系数随金属性质、工艺条件、表面状态、单位压力及所采用润滑剂的种类与性能等的不同而不同。

3.3.4.1　工具的表面状态

摩擦系数的大小，与轧辊的表面光洁度有关。表面愈光洁，则摩擦系数愈小。例如，热加工时工具表面的人工刻痕、堆焊等都可获得较大的摩擦系数，而在冷加工时工具使用润滑剂可以获得较小的摩擦系数。

车削或磨削轧辊，都是在轧辊旋转时进行，轧辊表面总有环向刀痕，这必将造成轧辊轴向的摩擦系数比径向的摩擦系数大。还有在钢板轧制过程中，刚换上的新轧辊较轧制过一段时间的旧轧辊的摩擦系数要小，因此，在压下量相同时，旧轧辊较新轧辊容易咬入，而对钢材表面质量而言，则是新轧辊较旧轧辊好。

3.3.4.2　变形金属的表面状态

工具表面的光洁度在压力加工过程中起着主导作用，同时也不能忽视变形金属的表面状态，特别是变形的开始道次。如铸坯的表面凹凸不平比较严重时，摩擦系数会因这种粗糙的接触表面而增大。随着道次的增加，金属表面的凸凹不平被压平，金属表面呈现工具表面的压痕，因此，在变形金属的表面凸凹被压平后，接触表面的摩擦将与工具的表面状态有密切关系。

3.3.4.3 变形金属与工具的化学成分

（1）轧辊材质的影响。钢轧辊的含碳量比铸铁的低，所以钢轧辊的硬度小，不耐磨。轧制一段时间后钢轧辊表面变得粗糙，摩擦系数增加。另外，钢轧辊比铸铁辊容易粘钢，本身摩擦系数也大。

（2）钢种的影响。钢的化学成分不同，其组织与性能就不同，加热时形成的氧化铁皮的性质就不同，从而使得摩擦系数也不同。随钢中含碳量的增加，钢中渗碳体数量增多，金属的强度、硬度增加，摩擦系数降低，如图3-15所示。在正常轧制温度条件下（>950℃），高碳钢的摩擦系数比低碳钢的大，合金钢比碳素钢的摩擦系数大。

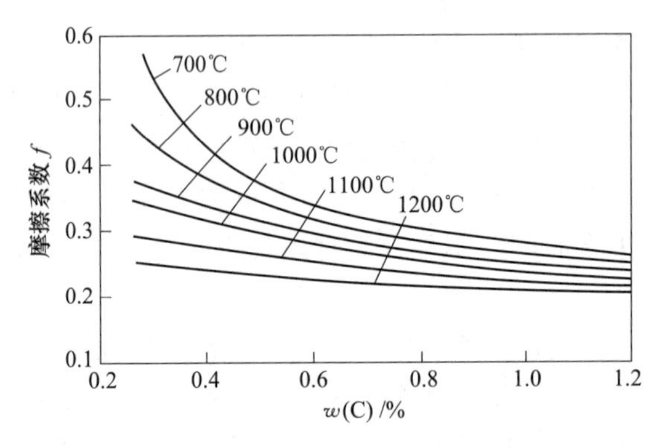

图3-15 摩擦系数与钢中碳含量的关系

所以在轧制高合金钢时要单独选择孔型系统，否则容易出现过充满（耳子）现象。

3.3.4.4 变形温度

从大量实验资料和生产实践可以得到图3-16所示的关系曲线。从图中可以看出：温度较低时，随着变形温度的增加，氧化铁皮数量增多，摩擦系数增大；当变形达到一定程度时（700℃以上），随变形温度的增加，氧化铁皮熔融，起润滑作用，摩擦系数降低。在一般热轧生产中，轧制温度可高达（700~1200℃），因而轧制温度对摩擦系数的影响规律可以概括为：随着轧制道次的增加，轧制温度不断降低，轧制中的摩擦系数也变得越来越大。

3.3.4.5 变形速度

实际生产经验表明，随着变形速度的增加，摩擦系数总的来说是降低的。这可能是由于变形速度的增加，工件和工具的接触时间减少，导致彼此机械咬合作用减弱。

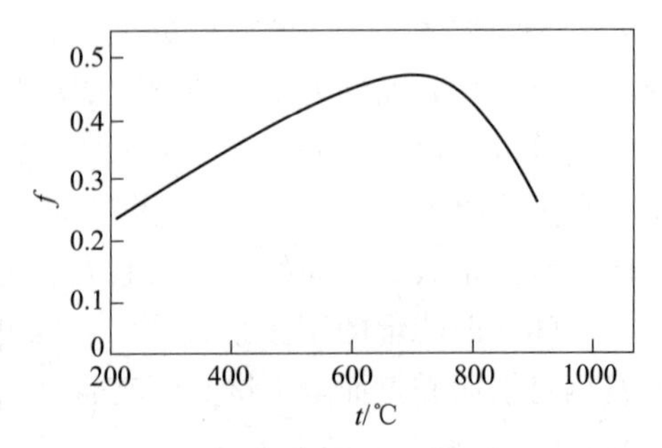

图3-16 温度对钢的摩擦系数的影响

摩擦系数与变形速度的这种变化规律，在生产实践中得到了广泛的应用。例如，在可调速的可逆式轧机上进行轧制时，为了不使咬入条件恶化，往往采用低速咬入、高速轧制的方法轧制，使轧辊在低转速下将轧件拉入轧辊，一旦轧件被轧辊咬入，就提高轧辊的转速，使轧件迅速发生变形。这种轧制方法就是对摩擦系数的合理利用。

3.3.4.6　冷却水

一般在钢板的热轧生产中，很少使用润滑剂。然而用来冷却轧辊的冷却水，却起到了一定的润滑作用。这是因为冷却水首先保证了轧辊的强度和表面硬度。同时，水的冲洗作用，保证了轧辊接触面的清洁。因此，冷却水间接地起到了一定的润滑作用，这种作用既提高了轧辊的使用寿命，又保证了钢板的表面质量。

但是必须注意到，在热轧时，轧辊与高温的金属接触，不仅要承受巨大的轧制力，而且轧辊的表面瞬时温度也很高。为了保证轧辊的表面硬度和轧辊强度，必须向轧辊喷射大量的冷却水冷却。但这同时又造成了轧辊表面冷热状态的急剧变化，可能使轧辊表面产生爆裂，甚至发生剥落或掉肉等缺陷，从而导致轧辊的使用寿命降低。

3.3.5　轧制时摩擦系数的计算

3.3.5.1　热轧时摩擦系数的计算

艾克隆德根据影响摩擦系数的因素，提出了一个计算摩擦系数的经验公式，即：

$$f = K_1 K_2 K_3 (1.05 - 0.0005t) \tag{3-1}$$

式中　K_1——轧辊材质的影响系数，对于钢轧辊 $K_1 = 1$，对于铸铁轧辊 $K_1 = 0.8$；

K_2——轧制速度影响系数；一般在 $v \leqslant 2\text{m/s}$ 时，$K_2 = 1$；$v > 2\text{m/s}$ 时，可根据实验曲线图 3-17 确定；

K_3——轧件材质的影响系数，可根据表 3-2 所列实验数据选取；

t——轧制温度，$t = 700 \sim 1200$℃。

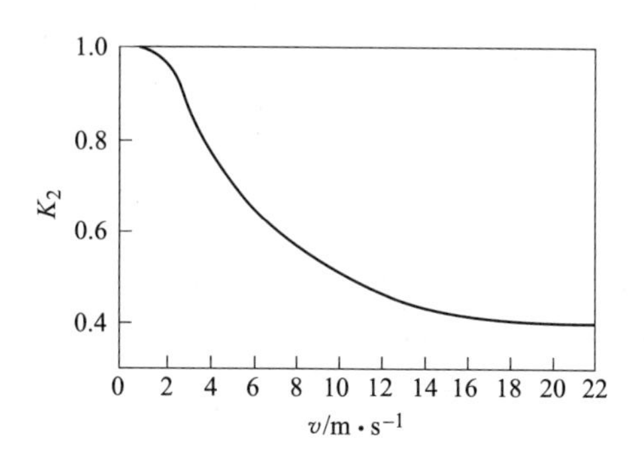

图 3-17　轧制系数影响速度 K_2

表 3-2　轧件材质影响系数 K_3

钢　种	钢　号	K_3	钢　种	钢　号	K_3
碳素钢	20～70、T7～T12	1.0	含铁素体或莱氏体的奥氏体钢	1Cr8Ni9Ti、Cr23Ni3	1.47
莱氏体钢	W18Cr4V、W9Cr4V2、Cr12、Cr12MoV	1.1			
珠光体-马氏体钢	4Cr9Si2、5CrMnMo、3Cr13、3Cr2W8	1.3	铁素体钢	Cr25、Cr25Ti、Cr17、Cr28	1.55
奥氏体钢	0Cr18Ni9、4Cr14NiW2Mo	1.4	含硫化物的奥氏体钢	Mn12	1.8

3.3.5.2　冷轧时摩擦系数的计算

冷轧时摩擦系数的计算方法很多，通常采用下式计算的结果较符合实际：

$$f = K\left[0.07 - \frac{0.1v^2}{2(1+v)+3v^2}\right]$$

式中　K——润滑剂种类和质量的影响系数，其值参见表 3-3；

v——轧制速度，m/s。

表 3-3　润滑剂种类对摩擦系数的影响

润滑条件	K_3	润滑条件	K_3
干摩擦轧制	1.55	用煤油乳化液润滑（含 10%）	1.0
用机油润滑	1.35	用棉籽油、棕榈油或蓖麻油润滑	0.9
用纱锭油润滑	1.25		

【例 3-5】 用工作直径为 650mm 的钢轧辊开坯 400mm×400mm 的低碳钢锭，轧制温度为 1150℃，轧辊转速为 50r/min，求摩擦系数。

解：由于轧辊为钢轧辊，因此 $K_1=1$；由于轧件为低碳钢，因此 $K_3=1$。

轧制速度 $v = \frac{\pi Dn}{60} = \frac{3.14 \times 0.65 \times 50}{60} \approx 1.7\text{m/s} < 2\text{m/s}$

所以 $K_2=1$。

由艾克隆德摩擦系数公式 $f=K_1K_2K_3(1.05-0.0005t)$ 得：

$$f = 1 \times 1 \times 1 \times (1.05 - 0.0005 \times 1150) = 0.475$$

3.3.6　金属塑性加工中的工艺润滑

压力加工中采用润滑剂能起到防止粘辊和减小摩擦系数，以及减少工模具磨损的作用。润滑剂不同，所起的效果不同。因此，正确选用润滑剂，可显著降低摩擦系数。

3.3.6.1　冷轧中工艺润滑的作用

冷轧中采用工艺润滑的主要作用是减小金属的变形抗力，这不但有助于保证在已有的设备条件下实现更大的压下，而且还可使轧机能够经济可行地生产出厚度更小的产品。此外，在轧制某些品种时，采用工艺润滑还可以起到防止金属粘辊的作用。

3.3.6.2　轧制中润滑剂的基本类型

（1）固体与熔体润滑剂。当在接触表面用液体润滑剂不能形成很厚的润滑层，或者在加工温度较高时液体润滑油会分解、蒸发、燃烧和失去黏度等情况下，通常使用固体和熔体润滑剂。

1）固体润滑剂：原则上，凡剪切强度比工件金属小的任何物质，都可以作为固体润滑剂。

2）熔体润滑剂：钢铁材料及一些合金，在热锻和热挤压过程常用玻璃作为润滑剂。

（2）液体润滑剂。液体润滑剂有矿物润滑油、动植物润滑油和合成润滑油几种。其优点有：价格便宜、易涂布、破裂的润滑膜易修复、对工具有冷却作用、制品表面光整。

3.3.6.3　润滑方法的改进

为了减小塑性成型时的摩擦和磨损，除了不断改进润滑剂的性能和研制新的润滑剂外，改进润滑方法，也是一个很重要的方面。

A 流体润滑

流体润滑常用于线材的拉拔（见图 3-18），在模具入口处加一个套管，套管与坯料间具有很小间隙。当坯料从套管中高速通过时，润滑剂就被带入模孔内。在模孔入口处，由于间隙变小，润滑油产生高压。当压力高到一定数值时，在坯料与模具之间就形成了流体润滑膜，起良好润滑作用。

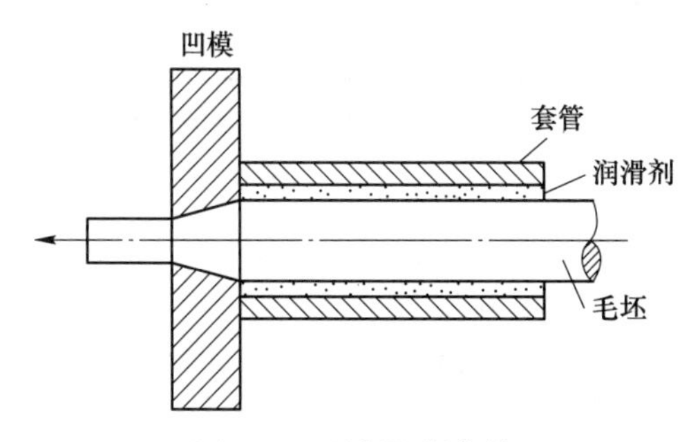

图 3-18 强制润滑拉拔

B 表面处理

（1）表面磷化处理。冷挤压、冷拉拔钢制品时，即使润滑油中加入添加剂，油膜还是会遭到破坏或被挤掉，从而失去润滑作用。为此，要在坯料表面用化学方法制成一层磷酸盐或草酸盐薄膜。这种磷化膜呈多孔状态，对润滑剂有吸附作用。磷化膜的厚度在 10~20μm，它与金属表面结合很牢，而且有一定塑性，在加工时能与钢一起变形。磷化处理后坯料还需进行润滑处理，常用的润滑剂有硬脂酸钠、肥皂等，故称皂化。

（2）表面氧化处理。对于一些难加工的高温合金，如钨丝、钼丝、钽丝等，在拉拔前，需进行阳极氧化或氧化处理，使这些氧化生成的膜成为润滑底层，对润滑剂有吸附作用。

（3）表面镀层。电镀得到的镀层，结构细密，纯度高，与基体结合力好。目前常用的是镀铜。坯料经镀铜后，镀膜可作为润滑剂，其原因是镀层的 σ_s 比零件金属小得多，因此，摩擦也较小。

实验 3-2　外摩擦对金属变形的影响

学生工作任务单

学生工作单

万能试验机操作

<table>
<tr><td>实验项目</td><td colspan="3">外摩擦对金属变形的影响</td></tr>
<tr><td>任务描述</td><td colspan="3">观察在不同外摩擦条件下压缩圆柱体时金属变形的差别</td></tr>
<tr><td>实验器材</td><td colspan="3">液压式万能材料试验机、游标卡尺、铅试样</td></tr>
<tr><td>任务实施过程</td><td colspan="3">（1）实验准备：三个圆柱形铅样，$D=25\mathrm{mm}$、$H=50\mathrm{mm}$，游标卡尺，粉笔，墨水，毛笔。
（2）实验操作步骤：
1）测量三个实验样品的直径；
2）第一个样品上下底面用粉笔涂色，第二个样品上下底面涂上墨水，第三个样品保留原有金属表面；
3）将样品同时放至压板，启动压机，按 50%压缩量进行压缩，观察表面金属的流动情况</td></tr>
<tr><td>任务下发人</td><td></td><td>日期</td><td>年　月　日</td></tr>
<tr><td>任务执行人</td><td></td><td>组别</td><td></td></tr>
</table>

学生工作任务页

学生工作页

<table>
<tr><td>实验项目</td><td colspan="6">分析外摩擦对金属变形的影响</td></tr>
<tr><td colspan="7">以压缩圆柱体铅块为例，通过实验观察并分析不同摩擦条件下外摩擦对金属塑性加工过程中变形的影响。</td></tr>
<tr><td rowspan="8">检查与评估</td><td>考核项目</td><td>评分标准</td><td>分数</td><td>评价</td><td colspan="2">备注</td></tr>
<tr><td>安全生产</td><td>无安全隐患</td><td></td><td></td><td colspan="2"></td></tr>
<tr><td>团队合作</td><td>和谐愉快</td><td></td><td></td><td colspan="2"></td></tr>
<tr><td>现场 5S</td><td>做到</td><td></td><td></td><td colspan="2"></td></tr>
<tr><td>劳动纪律</td><td>严格遵守</td><td></td><td></td><td colspan="2"></td></tr>
<tr><td>工量具使用</td><td>规范、标准</td><td></td><td></td><td colspan="2"></td></tr>
<tr><td>操作过程</td><td>规范、正确</td><td></td><td></td><td colspan="2"></td></tr>
<tr><td>实验报告书写</td><td>认真、规范</td><td></td><td></td><td colspan="2"></td></tr>
<tr><td>总分</td><td colspan="6"></td></tr>
<tr><td>任务下发人</td><td colspan="3"></td><td>日期</td><td colspan="2">年　月　日</td></tr>
<tr><td>任务执行人</td><td colspan="3"></td><td>组别</td><td colspan="2"></td></tr>
</table>

 知识拓展——润滑，为轧制插上成功的翅膀

轧制是旋转的轧辊给予轧件以压力，使轧件产生塑性变形的一种金属加工方式。轧制时轧件断面减小，轧件变形、延伸和展宽，轧件与轧辊间有相对滑动，产生摩擦与磨损。冷轧是轧制的一种，指低于再结晶温度的轧制加工。冷轧质量好，精度高，厚度均匀，力学性能好，是非常重要的金属塑性加工方式。轧制时要克服巨大的摩擦力，改善轧辊和轧材间的润滑状态，而减小摩擦力是提高轧制效率的有效办法。

1. 轧制润滑实践的发展

轧制工艺始于15世纪，最先应用轧制成形的是冷轧变形抗力很小的金属，如金和铅。从16世纪开始轧制窄带，用来制作货币。1728年法国首先使用带孔型的轧辊。但是，约100多年后才轧出较规则的金属棒材，这一过程艰难而曲折。

1862年英国的曼彻斯特率先出现连轧机。18世纪中期，开始热轧较宽的钢板，而在薄板热轧中还未采用润滑油。1892年建成第一套宽带钢连轧机组。此时，还用水冷却轧辊，也没有采用工艺润滑。18世纪开始冷轧较宽的铅板和其他有色金属，同时轧制产品的厚度范围也扩大了。19世纪才开始使用混合润滑油涂抹轧辊进行润滑。润滑油通常是以矿物油和动、植物油为基础油。20世纪冷轧铝板取得显著效果的同时，提出系统发展润滑油，对矿物油提出了更高的要求。为提高润滑效果，往油中添加活性物质。1930年，使用棕榈油作润滑剂获得优良效果，至今棕榈油仍然被公认为高质量的冷轧润滑剂。由于轧制速度不断提高，轧辊温升增加，迫切需要解决轧辊的冷却问题，因此，出现了兼有润滑和冷却作用的乳化液润滑来代替纯油润滑。热轧工艺润滑始于20世纪30年代。1935年苏联最早在型钢轧机上用牛油、猪油等动物油润滑轧辊。1968年美国钢铁公司大湖分厂在热带轧机上采用工艺润滑，后来许多国家在板带、型材轧机上应用工艺润滑获得成功。

我国在1979年首次应用轧制润滑工艺，并在1700炉卷轧机上取得良好润滑效果。

2. 轧制时的摩擦与磨损

在一个轧制道次中，轧制过程分为咬入、拽入、轧制稳定和轧制终了四个阶段。摩擦力伴随着整个轧制过程，是影响材料变形的重要因素之一。摩擦一方面是轧制过程中的主动力，尤其是在咬入阶段就是通过摩擦来实现的，另一方面，摩擦又导致变形力增加，轧辊磨损加剧，所以轧制过程有时需要摩擦，有时又需要尽量避免摩擦。

轧制过程中摩擦有内摩擦和外摩擦之分。外摩擦是轧辊与轧件之间发生相对运动产生的摩擦阻力，与轧件的运动方向相反。轧件发生塑性变形时金属内部质点产生相对运动引起的摩擦称为内摩擦。内摩擦引起金属本体内部剪切，并导致内部发热。轧制过程中的摩擦有如下特点：

（1）内外摩擦兼具。

（2）接触压力高，金属热轧时接触单位压力达到50～150MPa，而冷轧时可达到500～2500MPa。

（3）影响因素多，轧制压力、轧制温度、变形速度、变形程度和变形方式等都会影响轧制时的摩擦。

(4) 接触表面状况与性质不断变化，轧制塑性变形过程不断产生新的表面，金属表面的状况和组织性能不断改变。

3. 不锈钢轧制的润滑要求

人们从15世纪开始金属冷轧加工，轧制工艺润滑在推动轧制工艺的发展过程中起到了非常重要的作用。轧制工艺润滑能有效降低和控制轧制过程产生的摩擦磨损，充分发挥轧机的能力，提高轧制效率，确保轧材有良好的表面质量，降低能源消耗。

不锈钢冷轧既具有普通钢冷轧的普遍性，又具有不锈钢材质本身的特殊性。相对于普通的钢板轧制，不锈钢冷轧主要有3个特点：

(1) 对轧后钢板表面质量要求较高，尤其是退火后的表面质量，不但要求板形好、精度高，而且要求有较好的表面光泽。

(2) 不锈钢强度高，加工硬化快，塑性好，但变形过程中粘辊倾向大。

(3) 不锈钢的导热性能差，如321不锈钢的导热性仅为碳钢的27%，因此需要及时将冷轧过程产生的热量转移。

针对不锈钢冷轧工艺的特点，尤其是对冷轧板表面质量有较高的要求，通常采用纯油型冷轧油，要求不锈钢冷轧油应具有如下性能：

(1) 较强的极压抗磨性。由于不锈钢冷轧轧制压力高，轧制油必须具有较强的极压性能，减少摩擦，降低轧制压力，同时对支撑辊及传动装置进行润滑。

(2) 良好的退火清净性。冷轧不锈钢对板面质量要求较高，要求冷轧油在退火时能完全分解或挥发，不留污渍，退火后的钢板表面光亮性较好。

(3) 抗氧化性能好。不锈钢轧制油在循环使用过程中，在周期性的高温、高压作用下，以及与空气接触和铁的催化作用下易发生氧化变质，所以不锈钢轧制油应具备较好的抗氧化性能。

(4) 适中的运动黏度以确保其冷却性能，同时尽量减少退火时轧制油对不锈钢表面的污染，而其润滑性能可通过添加剂进行调整。

(5) 较高的闪点以保证高速轧制时的安全性。

(6) 对人体无毒无害，无刺激性气味。

知识闯关
分析外摩擦对金属塑性和变形抗力的影响

思考与练习

1. 填空

(1) 金属发生塑性变形时，变形金属与变形工具的接触表面上存在着一种阻碍金属质点自由流动的作用，这种作用就是____________。

(2) 冷轧采用工艺润滑可以____________金属的变形抗力。

(3) 库伦摩擦定律的数学表达式为____________。

2. 判断

(　　)(1) 随变形速度增加，摩擦系数增加。

(　　)(2) 轧制时的摩擦除有利于轧件的咬入之外，一般来说摩擦是一种有害的因素。

(　　)（3）摩擦系数与变形的程度无关。

(　　)（4）热轧时温度越高，摩擦系数越高。

(　　)（5）摩擦是轧钢时轧辊磨损的主要原因。

(　　)（6）试验表明，在压力加工过程中，随变形速度的增加，摩擦系数要下降。

3. 选择

（1）热轧的摩擦系数计算时应考虑的因素有（　　）。

A. 轧制温度　　B. 轧制速度　　C. 轧辊及轧件材质　　D. 轧件形状

（2）随着钢中含碳量的增加，摩擦系数（　　）。

A. 增大　　B. 减小　　C. 不变

（3）随钢中合金元素的增加，摩擦系数（　　）。

A. 增大　　B. 减小　　C. 不变

4. 简答

金属压力加工中的外摩擦与机械传动中的摩擦相比，有哪些特征？

5. 计算

（1）在 R 为 200mm，轧辊材质为铸铁的轧机上轧制低碳钢板，轧制温度为 980℃，轧制速度为 1m/s，求摩擦系数 f。

（2）在冷轧机上轧制薄板带钢，采用乳化液润滑，轧制速度 1.5m/s，求摩擦系数 f。

（3）某热轧型钢车间，在 1000℃ 用锻钢轧辊轧制低碳钢，若轧制速度低于 1.5m/s，试估算其摩擦系数 f。

能量小贴士

习近平主席 2018 年 5 月 2 日在北京大学师生座谈会上讲道：“要时时想到国家，处处想到人民，做到‘利于国者爱之，害于国者恶之’。爱国，不能停留在口号上，而是要把自己的理想同祖国的前途、把自己的人生同民族的命运紧密联系在一起，扎根人民，奉献国家。”

任务 3.4　分析金属压力加工中的不均匀变形

钢铁人物

张海飞：绘就“红色同心圆”的钢铁尖兵

张海飞是河北钢铁集团宣钢线材事业部线材作业一区副作业长。自 2006 年退伍到宣钢公司工作以来，他把“小我”融入企业产品结构调整和高质量发展的“大我”中，凭借着一股不服输的劲头啃专业书籍、练生产技能，一步步成长为新时代产业工人的优秀代表，荣获全国青年岗位能手、河北省五一劳动奖章、河北省突出贡献技师、河北省劳动模范和张家口优秀退役军人等荣誉称号。

2006 年，张海飞从部队退伍，义无反顾地选择到河钢宣钢当一名轧钢工，从此与金属轧制结下了不解情缘。张海飞平日话不多，一旦遇到不懂的问题，问起来没完没了，为什么这样、怎样处理、如何保证……张海飞快速学习，看、学、练、记、背样样不落，新问题出现，一个班下来搞不懂的，他死死揪住不放，下一个班接着学。就这样，3 个月的学徒期，张海飞“每天学习一点，每天前进一点”，定计划、定目标、定任务，在初轧、中轧、精轧转了整整一个圈，28 架轧机，从轧机辊缝、速度、温度到导位、料型，他一招一式地学，一点一滴地练，最后全部拿下。线材的长度上万米，弯弯曲曲、层层叠叠、密密匝匝，短时间找到“头”“尾”对新手来说非常不易。张海飞尽管仔细观察了老师傅的操作，可亲自动手时，还是顾了“头”顾不了“尾”。张海飞心中不甘：“我既羡慕又生气，暗暗发誓，一定要剪得更快更好。”伴随着高温烘烤，张海飞手上、脸上的皮掉了一层又一层，他也由“笨拙憨态”变得“眼疾手快”，一秒钟识别头、尾位置，两秒钟准确快速剪切，使每一件产品完美交付用户。

2015 年，河钢宣钢线材事业部以“精控、精轧”推进河钢宣钢产品升级和结构调整，产品料型控制的精准度提升到前所未有的新水平，偏差缩小到极限。“这正是提高技能的大好时机。”生产过程中，张海飞通过无数次的研究和摸索，总结出以 28 架轧机为突破口、“微动”实现“精调”的先进操作法，该方法推广使用后，料型控制实现了长周期稳定。

2016 年 8 月，经过层层选拔，一路过关斩将，张海飞取得全国钢铁行业技术比武参赛资格。“练成‘金刚钻’，就能揽‘瓷器活’！”张海飞上班练习实践，下班学习理论，从死记硬背到深入理解，从条块掌握到系统分析，常常夜战到天明，身上蚊子叮咬的疙瘩不计其数，他毫不理会，脑中的理论知识却日渐丰富。台下十年功，台上十分钟。赛场上，张海飞拼尽“洪荒之力”，检查、安装、调整、再检查、再确认。当张海飞举手示意，一支红色的盘条迅速穿越轧机变成“同心圆”进入检验区域。“15 道，21 道，18 道。”裁判“三个点”的检验结果刚刚公布，所有人都对他竖起了大拇指。张海飞的眼睛湿润了，为了这一天他整整努力了 10 年。又有谁知道，看似简单的步骤，却蕴藏着张海飞的操作秘籍，这秘籍的背后是艰辛的付出和超乎寻常的努力。最终，张海飞获得“全国钢铁行业技术能手”第八名，实现了人生的“华丽蜕变”，实现了心中的梦想。

2018 年，“张海飞技能大师工作室”成立，他开始实施“种子计划”，带领技术骨干、生产骨干开展高端产品前沿技术攻关活动……他不仅将自己的独家秘籍、创新理念、工作方法毫无保留地传授给每一名职工，还在生产现场进行实地钻研，“手把手”“面对面”进行指导。

2019 年上半年，张海飞带领大家研究分析数据、寻找突破，实施生产工艺技术创新 20 余项。2019 年，2 名职工成为线材生产的领军人物，6 人取得高级工、技师、高级技师资格。“在实际操作中，我发现部分产线职工对关键工艺仿佛‘雾里看花’，遇到客户反馈的棘手问题显得一筹莫展，我希望用所知、所学帮助他们尽快提升专业技能及素养，提高产线竞争力。”谈及师带徒感受，张海飞坚定地说。

站在高质量发展的新起点，张海飞豪情满怀：“新时代是奋斗者的时代，更是追梦者的舞台；高质量发展需要更多的有知识、精技能、懂创新的工匠加入其中，我要传承好工匠精神，当好这个领跑人，使工匠精神成为企业发展的新引擎。”

任务引领

通常认为理想状态下的金属变形是均匀的，但在多种因素的影响下，金属在变形区内的实际应力状态与变形是不均匀的。这种状况给产品的性能、质量及工艺过程造成不良影响。因此，研究力与变形的关系和加工时不均匀变形的产生原因、后果及防止措施等是十分必要的。

学生工作任务单

<table>
<tr><td>情境 4</td><td colspan="6">金属综合性能的分析</td></tr>
<tr><td>任务 3.4</td><td colspan="6">认知金属压力加工中的不均匀变形</td></tr>
<tr><td rowspan="3">任务描述</td><td>能力目标</td><td colspan="5">（1）能分析不均匀变形产生的原因与危害；
（2）能采取措施减轻不均匀变形从而提高产品质量</td></tr>
<tr><td>知识目标</td><td colspan="5">（1）掌握不均匀变形的概念；
（2）掌握产生不均匀变形的原因；
（3）掌握产生不均匀变形的后果；
（4）了解减轻不均匀变形的措施</td></tr>
<tr><td>训练内容</td><td colspan="5">分析轧制时产生不均匀变形的原因并验证不均匀变形对产品质量的影响</td></tr>
<tr><td>参考资料
与资源</td><td colspan="6">《金属压力加工理论基础》，段小勇，冶金工业出版社，2008；
“金属塑性变形技术应用”精品课程网站资源</td></tr>
<tr><td>任务实施
过程说明</td><td colspan="6">（1）学生分组，每组 5~8 人；
（2）分发学生工作任务单；
（3）学习相关背景知识；
（4）小组讨论制定工作计划；
（5）小组分工完成工作任务；
（6）小组互相检查并总结；
（7）小组合作，进行讲解演练；
（8）小组为单位进行成果汇报，教师评价</td></tr>
<tr><td>任务实施
注意事项</td><td colspan="6">（1）实验前要认真阅读工作任务单的有关内容；
（2）实验前要重点回顾有关实训设备的使用方法与规程</td></tr>
<tr><td>任务下发人</td><td colspan="4"></td><td>日期</td><td>年　月　日</td></tr>
<tr><td>任务执行人</td><td colspan="2"></td><td>组别</td><td></td><td>日期</td><td></td></tr>
</table>

学生工作任务页

<table>
<tr><td>模块 3</td><td colspan="5">金属综合性能分析</td></tr>
<tr><td>任务 3.4</td><td colspan="5">分析轧制时产生不均匀变形的原因并验证不均匀变形对产品质量的影响</td></tr>
<tr><td>任务描述</td><td colspan="5">某轧钢厂技术中心接到一个客户反馈，该企业某种钢材的产品质量问题严重，出现了比较多的边部开裂现象。客户要求进行返厂解决。厂长要求王工去技术中心配合分析和调查这个批次产品边部开裂比较多的原因及改进办法。如果你是小王，你该如何做？</td></tr>
<tr><td>相关知识</td><td colspan="5">不均匀变形的概念、产生原因及后果</td></tr>
<tr><td>任务实施
过程</td><td colspan="5"></td></tr>
<tr><td>任务下发人</td><td colspan="3"></td><td>日期</td><td>年　月　日</td></tr>
<tr><td>任务执行人</td><td></td><td>组别</td><td></td><td>日期</td><td></td></tr>
</table>

任务背景知识

3.4.1　应力和不均匀变形的现象

3.4.1.1　均匀变形与不均匀变形

将一物体分为很多大小相等的小格，形成坐标网格，如图 3-19 所示。若变形体的原始高度为 H，宽度为 B，每个小格的原始高度为 H_x，宽度为 B_x；变形后高度为 h，宽度为 b，任意小格的高度为 h_x，宽度为 b_x，则在高度方向上的均匀变形条件为：

$$\frac{H_x}{h_x}=\frac{H}{h}$$

在宽度方向上的均匀变形条件为：

$$\frac{B_x}{b_x}=\frac{B}{b}$$

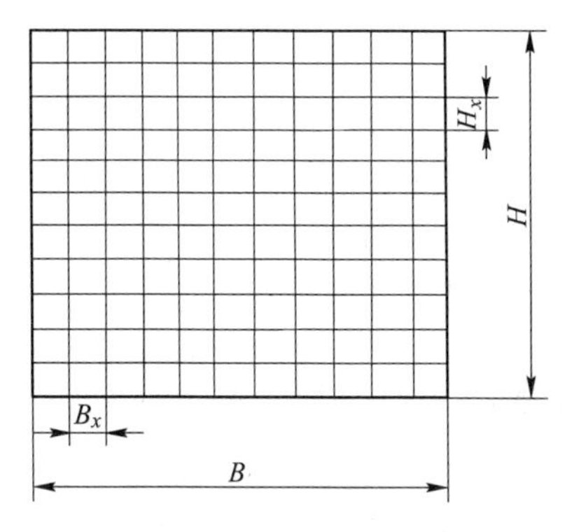

图 3-19　变形物体的坐标网格

物体不仅在高度方向上变形均匀，而且在宽度方向上（且在长度方向上）变形也均匀时，称为均匀变形。否则，就为不均匀变形。如图 3-20 所示，在两个平砧之间镦粗圆柱体坯料时，可以观察到以下现象：当圆柱体的高度 H 与直径 d 的比值 H/d 较小时，变形后的试件呈单鼓形 [见图 3-20（a）]；当 H/d 较大时，试件变形后呈两端凸出的双鼓形 [见图 3-20（b）]。这种不均匀变形的外在表现实际上是由于试件内部变形的不均匀引起的。同时，其内部的不均匀变形也可以通过网格法进行观察。

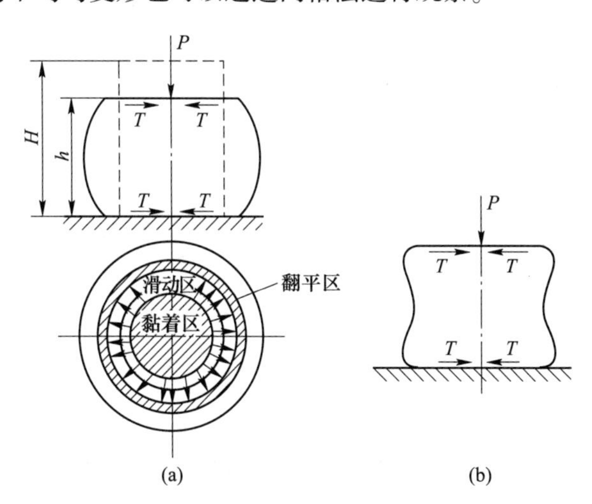

图 3-20　圆柱体墩粗后的单鼓形和双鼓形

3.4.1.2　基本应力与附加应力

金属塑性变形时，其内部的不均匀变形，不但会引起物体外形歪扭，内部组织不均匀，而且还会使变形体内应力分布不均匀。此时，除产生基本应力外，还伴随有附加应力的产生。

由于外力作用而产生的应力称为基本应力。物体内部不均匀变形时，为维持物体的整体平衡，在其内部各部分之间产生相互作用而引起的应力称为附加应力。

不均匀变形时，物体各部分不可能单独变形，必然受到相邻部分的牵制以保持其完整性。这样，在相对压下量较大而有较大延伸趋势的部分金属，将受到邻近变形量较小的金属对它的限制而不能充分地延伸，即受到附加压应力作用。相反，变形量较小的部分金属被牵拉而具有发展延伸的趋势，此时受到附加拉应力作用。图 3-21 所示为凸面轧辊轧制矩形断面轧件时的情况。由于沿轧件宽度方向各部分压下不同，因此轧件边缘部分 a 的变形程度较小，中间部分 b 的变形程度大。若 a、b 部分彼此独立，则中间部分比边缘部分将产生更大的延伸。但事实上，其纵向延伸各部分趋于一致，由此，中部受边部的附加压应力促使延伸减小，相应的边部受中部的附加拉应力，延伸增加。

由此可见，金属变形时的工作应力是基本应力与附加应力的代数和，它决定了金属塑性变形时的各部分流动情况，同时也决定了金属的性能与质量。基本应力在负荷卸除后随着弹性变形的恢复而消失，而附加应力在塑性变形后，仍保留在物体内部形成残余应力。残余应力的存在通常会引起金属的塑性降低，化学稳定性差，导热、导电性降低，同时造成产品的外观缺陷，如翘曲等。轧钢生产中常用热处理的方法消除残余应力。

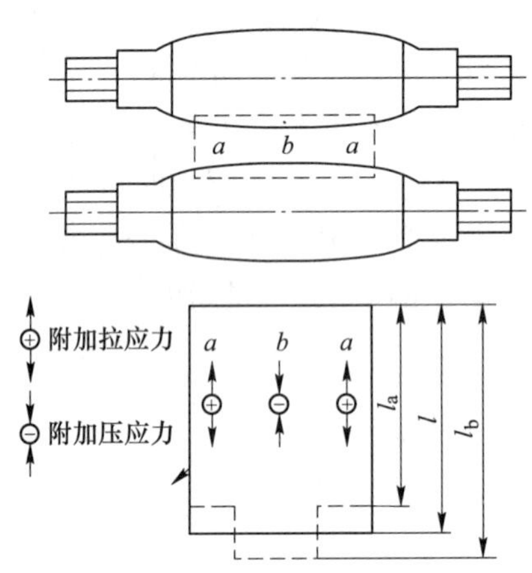

图 3-21　在凸形轧辊上轧制矩形坯的情况

l_a——若边缘部分自成一体时轧制后的可能长度；l_b——若中间部分自成一体时轧制后的可能长度；l——整个轧件轧制后的实际长度

3.4.2　不均匀变形的产生原因

不均匀变形的产生主要受以下因素的影响：接触面上的外摩擦、变形区的几何因素、工具和变形体的轮廓形状、变形体内温度的不均匀分布、变形金属的性质不均及变形体的外端等。

3.4.2.1　接触面的外摩擦

图 3-22 所示为墩粗圆柱体时摩擦力对变形及应力分布的影响。在压力 P 作用下，金属产生高度减小、横断面增大的变形。若在接触面上无摩擦力影响（认为材料性能均匀），则金属产生均匀变形，如图 3-23 所示。但事实上，金属受摩擦力作用后其各处变形不同，大致可分为三个区域（见图 3-22）：区域 I 为难变形区，表层由于存在很大的摩擦阻力，

因此产生很小的变形；同时随着深度的增加摩擦力递减而形成一个锥形区域；区域Ⅱ为大变形区，该区域位于上、下两个难变形区之间的柱体中心部位，由于受到摩擦力影响小，因此水平方向受到压应力较小，故在轴向力作用下产生较大压缩变形，径向有较大扩展；区域Ⅲ的外侧为自由表面，端面受摩擦力影响小，其应力状态可认为受到轴向压缩及Ⅱ区的扩张作用。

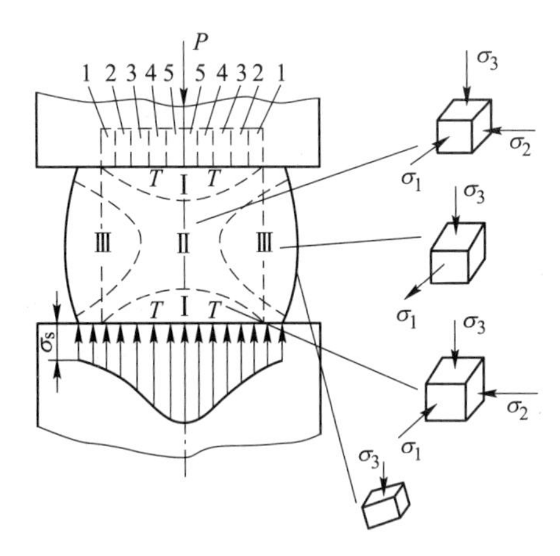

图 3-22　圆柱体镦粗时摩擦力对变形及应力分布的影响

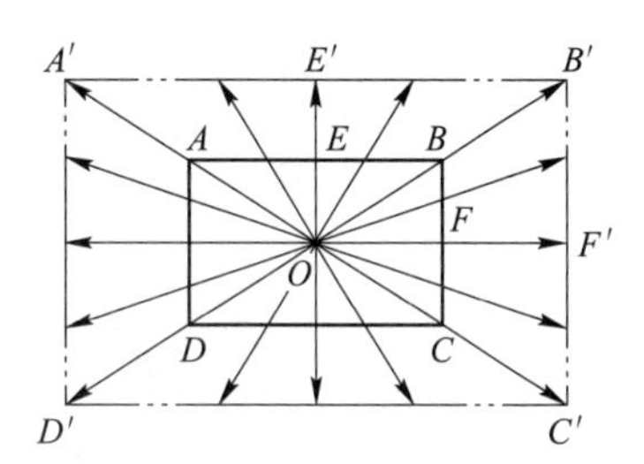

图 3-23　均匀墩粗时的放射性模型

由以上分析可以看出，接触面上摩擦力的作用，使得物体出现了三个区域的变形差异及应力状态的不同，从而出现较大变形区及难变形区。这些区域的大小，将随变形区几何因素与该表面摩擦系数的不同而发生变化。

3.4.2.2　变形区的几何因素

实验表明：金属在加工中变形的不均匀性与变形区几何因素有关。如镦粗圆柱体时，当试样高度与直径比 $H/D \leqslant 2$ 时，出现单鼓形；当 $H/D>2$ 且变形程度较小时则出现双鼓形，如图 3-20（b）所示。随着 H/D 的值的增大，金属中部随深度的加大承受的轴向压应力递减而处于弹性变形阶段或产生均匀塑性变形。同时Ⅰ区对Ⅱ区的径向扩张作用减小，因此柱体中段变形极小，最终形成双鼓形。

3.4.2.3　工具和变形体的轮廓形状

加工工具和变形体的轮廓形状不同也会使变形体在某一方向上出现变形及应力分布不均。不同孔型对相同矩形断面轧件的轧制将导致沿轧件宽度上的压下不同，而使轧件产生内部附加应力，造成应力的不均匀分布。这在前面讲到的在凸形轧辊上轧制矩形坯的例子中已得到验证，对于凹形轧辊轧制矩形坯的例子大家可以自行思考。

变形前物体形状对变形及应力分布的影响，可由下述实验进行分析：将一块矩形铅板的两边向里弯折后在平辊上轧制，弯折的部分压下大，自然延伸也大，产生附加压应力；而中部压下小，延伸也小，产生附加拉应力。当边缘宽中部窄小时，若拉应力超过金属的断裂强度，则中部会发生断裂，如图 3-24（a）所示。若中部宽而边缘窄时，则中部不破裂，而边部将产生波浪纹，如图 3-24（b）所示。可见变形物体的形状对变形及应力的影响也是不容忽视的。

3.4.2.4　变形体内温度分布不均匀

变形体的温度不同会造成低温部分变形抗力大，高温部分变形抗力小。在同一外力作用下，由于温度的差异必然导致金属的变形不同而造成物体附加应力的产生，而且由于温度的不同，物体在各部分产生不同的热膨胀，出现附加热应力，两种应力叠加后可能引起被加工金属某一部分产生裂纹或断裂。如板坯加热不足造成其上表面温度高，下表面温度低，轧制后上下两部分变形不均，有可能出现缠辊的现象，如图 3-25 所示。

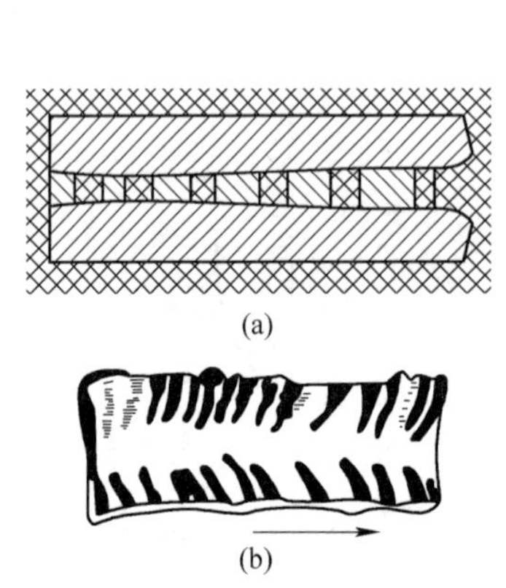

图 3-24　边缘部分压下量比中部大时轧件变形情况
（a）产生中部破裂；（b）产生边部皱纹

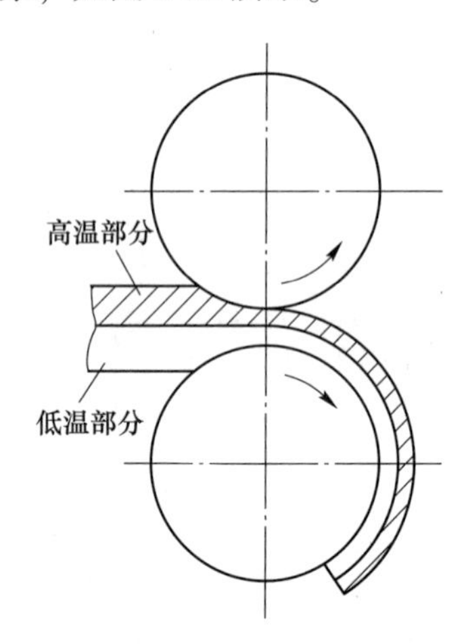

图 3-25　上下辊温度不均造成缠辊现象

3.4.2.5　金属本身性质的不均匀

金属内部的化学成分、组织结构、杂质以及加工硬化状态等分布不均匀时，都会使金属产生变形和应力分布不均。如当被拉伸金属内部存在球状杂质或其他缺陷时，由于杂质与金属基体本身对外力的抗力不同会出现变形差异，并且引起应力集中。

此外，金属化学成分的不均匀及为多相组织时，其各部分变形难易程度会有不同，且冷加工时加工硬化的产生，残余应力的存在等都会导致变形及应力的不均匀分布。

3.4.2.6　变形体的刚端

在变形中，处于变形区以外的不直接承受工具作用的部分称为变形体的外端或刚端。由于物体外端在加工时不直接承受加工工具的作用，因而其受力状态显然与变形区有所不同，这种受力状况的差异也必然导致各部分变形的区别。

3.4.3　不均匀变形的后果

金属压力加工中，变形和应力的不均匀分布会给生产造成下列不良的影响：

（1）单位变形力增高。不均匀变形时金属内部会产生附加应力。金属为了克服附加应力的作用必然会产生附加能量消耗而增大外力，从而使变形抗力增加，造成单位变形力增高。

（2）金属塑性降低。不均匀变形使单位变形力增高，当某处的工作应力最先达到金属自身强度极限时，便会出现断裂，因而使金属塑性降低。

（3）产品质量下降。不均匀变形究其根本是由于附加应力的产生引起的，而变形过程中的温度差别又严重影响附加应力的大小。当温度较低时，附加应力无法消除而在物体内形成残余应力，残余应力的存在使产品质量降低，因此残余应力的消除很重要。另外，变形不均，会导致物体组织中晶粒大小存在差别，从而在后续加工中引起组织、性能的不均匀，也会使质量下降，形成产品缺陷。

（4）工具磨损不均匀，操作技术复杂。不均匀变形会使工具各部分磨损不均，降低工具使用寿命，同时，使工具设计与维护复杂化，特别是在生产中引起操作困难。如不均匀变形易引起轧件出辊后产生弯曲，造成导卫装置安装复杂。又如带钢连轧时，工具的磨损会使正常的连轧过程被破坏而使操作更加复杂等。

3.4.4 减轻不均匀变形的措施

在压力加工时一般不希望有应力和变形不均匀现象。为减少应力和变形不均匀带来的不良影响，通常采取以下措施：

（1）尽量减小接触面上的外摩擦。为降低摩擦系数，加工工具的表面应保持一定的光洁度，或采用适当的工艺润滑措施，采用最适宜的润滑剂。

（2）合理设计加工工具的形状。正确选择与设计轧辊形状及其他工具，使其形状与坯料断面基本符合，以保证变形与应力分布较为均匀。

板带钢轧制时，要正确地设定辊型。热轧薄板时，由于轧制过程中轧辊辊身中部比辊身两端的温度高很多，因而原始辊型应该设计为凹型；冷轧薄板时，考虑轧辊辊身的弹性弯曲和变形区内辊面的弹性压扁，将原始辊型设计成凸型。型钢轧制时，要正确选择孔型系统，以尽量减轻最后几个轧制道次的不均匀变形。

（3）尽可能使变形金属的成分和组织均匀。这首先要从提高熔炼与浇铸质量方面着手，尽量保证变形体的化学成分和组织结构均匀；其次，对已浇铸的钢锭采用高温均匀退火的办法，也可进一步改善其化学成分的均匀性。注意，后一种办法仅在必要时才采用。

（4）正确选定变形温度-速度制度。应使坯料的加热温度均匀，防止加工过程中局部温降；应尽可能在单相区的温度范围内完成塑性变形。

变形速度的选择，应考虑变形体的几何尺寸，按合理的变形速度进行轧制。例如，镦粗 H/d 值大的工件时，变形速度应慢一些，以增加变形的深透程度，减小变形后产生的双鼓形；而在 H/d 值较小时，应采取较大的变形速度，以减小工件的单鼓形程度。

实验 3-3　不均匀变形实验

学生工作任务单

<table>
<tr><td>实验项目</td><td colspan="4">不均匀变形实验</td></tr>
<tr><td>任务描述</td><td colspan="4">（1）观察实验现象，了解轧制过程中出现不均匀变形的原因以及影响不均匀变形的因素；
（2）会正确使用工具和量具，能正确操作轧钢机；
（3）熟悉实验操作方法，安全文明操作</td></tr>
<tr><td>相关知识</td><td colspan="4">在轧制过程中，轧件变形和应力分布不均匀，会影响产品质量和性能，也会使轧制工艺复杂化。
轧制时产生的不均匀变形与轧辊表面状态、轧件断面尺寸及变形量的分布有关，也可由被轧制金属的性质不均引起，如轧件各个部分化学成分不均、轧件断面温度分布不均以及残余应力的作用等。在实际生产中，常常是多个因素同时存在，共同作用而引起变形和应力分布不均匀，所以这种变形不均匀是普遍地存在的，不同条件下仅仅是程度不同而已</td></tr>
<tr><td rowspan="2">任务实施过程</td><td>1. 高度压下不均匀时材料的变形情况</td><td colspan="3">（1）实验准备：画针，直尺，木棒，ϕ130 实验轧机，三个相同规格的铅板，其尺寸为：$H \times B \times L = 0.5\text{mm} \times 38\text{mm} \times 70\text{mm}$。
（2）实验操作：
1）给样品划线：将三个实验样品分别在距两边 5mm、15mm、22mm 处画线；
2）沿刚才画好的线折叠，如图 3-26 所示；
图 3-26　折叠
3）将轧机辊缝调整为 5mm，启动轧机，用木棒将三个试样依次送入轧机，观察轧后试样的变形情况；
4）清洁轧辊表面及轧机周围</td></tr>
<tr><td>2. 不同材料复合轧制时材料的变形情况</td><td colspan="3">（1）实验准备：铝板，铅试样，画针，直尺，木棒，轧机。
（2）实验操作：
1）将铅板折叠缠绕到铝板上，形成复合板（大约 5 层），用木棒敲击平整；
2）将轧机辊缝调至 7mm，启动轧机，将复合板送至轧机；
3）调整辊缝至 2mm，再将复合板送入；
4）轧制后将外边的铅板拨开，观察内外材料变形的不同</td></tr>
<tr><td>任务下发人</td><td colspan="2"></td><td>日期</td><td>年　月　日</td></tr>
<tr><td>任务执行人</td><td colspan="2"></td><td>组别</td><td></td></tr>
</table>

学生工作任务页

学生工作页

任务名称	不均匀变形实验
实验 1	高度压下不均匀时材料的变形情况
（1）观察、记录并描述高度压下不均匀时材料的变形情况。 （2）为什么将试验用铅板边部折叠如图 3-25 所示的 3 个不同宽度的试样？ （3）为什么折叠宽度最大的试样折叠后中心部分出现了系列孔洞？ （4）为什么折叠宽度最小的试样轧制后边部很长，且出现波浪？	

续表

<table>
<tr><td>实验 2</td><td colspan="6">不同材料复合轧制时材料的变形情况</td></tr>
<tr><td colspan="7">（1）观察、记录并描述不同材料复合轧制时材料的变形情况。

（2）为什么铝板材断裂在铅料里面？</td></tr>
<tr><td rowspan="8">检查与评估</td><td>考核项目</td><td>评分标准</td><td>分数</td><td>评价</td><td colspan="2">备注</td></tr>
<tr><td>安全生产</td><td>无安全隐患</td><td></td><td></td><td colspan="2"></td></tr>
<tr><td>团队合作</td><td>和谐愉快</td><td></td><td></td><td colspan="2"></td></tr>
<tr><td>现场 5S</td><td>做到</td><td></td><td></td><td colspan="2"></td></tr>
<tr><td>劳动纪律</td><td>严格遵守</td><td></td><td></td><td colspan="2"></td></tr>
<tr><td>工量具使用</td><td>规范、标准</td><td></td><td></td><td colspan="2"></td></tr>
<tr><td>操作过程</td><td>规范、正确</td><td></td><td></td><td colspan="2"></td></tr>
<tr><td>实验报告书写</td><td>认真、规范</td><td></td><td></td><td colspan="2"></td></tr>
<tr><td>总分</td><td colspan="6"></td></tr>
<tr><td>任务下发人</td><td colspan="3"></td><td>日期</td><td colspan="2">年　月　日</td></tr>
<tr><td>任务执行人</td><td colspan="3"></td><td>组别</td><td colspan="2"></td></tr>
</table>

知识拓展——中厚板平面形状精细化控制

中厚钢板是国民经济发展所必须的重要钢铁材料，被广泛应用于大直径输送管线、压力容器、船舶、桥梁、锅炉、海洋构件、建筑等领域。中厚板总产量占到钢材总量的10%~16%。2016年，全球经济增长乏力，钢铁企业大面积亏损，为应对进入寒冬状态的钢铁形势，各大钢铁企业均处于“勒紧裤腰带度难关，节能降耗求效益”的困境中，国家也明确提出了钢企“又快又好”的发展理念，将节能降耗工作提到前所未有的国家战略高度上。开发减量化、节约型产品和轧制工艺是必要的，也是紧迫的，提高成材率是降低成本、能耗和原材料的一种重要手段，而切边及切头尾就占到影响成材率因素比重的一半！

与薄带轧制不同，中厚板轧制过程是典型的三维变形，其复杂的变形过程使头尾形成“大舌头”，边部形成“大肚腩”或“小蛮腰”使其矩形度较差，造成切损增大，浪费材料。在20世纪70年代末，日本川崎制铁就开发了MAS轧制法，采用6点折线设定方法进行变厚度轧制，使产品成材率有了一定程度的提高。国内在该技术的研究因理论研究和实际应用脱节、轧机自动化控制系统尚未实现自主集成及企业追求产量和效益等因素一直未取得实质性进展。国内外在钢铁产能严重过剩的不利形势下，对成本和成材率的渴求与日俱增，平面形状控制技术在国内的应用已“箭在弦上”。东北大学钢铁共性技术协同创新中心的工作者们通过不懈努力，于2011年在国内率先实现了该技术的在线应用，综合成材率达到93.8%，与应用前相比成材率提高超过1%。

为实现轧制成品的高度矩形化，理论上其控制模型为高次曲线形式，传统上采用的6点设定法形式简单且易于实施，但因与高次曲线接近度偏低，限制了平面形状控制效果，通过大量的理论分析、数值模拟和现场试验，工作者们开发了19点平面形状设定技术。该技术可实现平面形状控制过程楔形段的高灵活度调节，控制系统对边部金属流动的可控性增强，产品的矩形度大幅度提高。但理想很丰满，现实很骨感，因设定点太过精细，各个点的位置跟踪如果出现些许误差，就会导致变厚度轧制的严重不对称，经过纵轧后出现单侧大斜角“跑偏”现象。后通过大量数据分析发现，水平方向位置跟踪与垂直变厚度压下的协调控制是19点高精细平面形状控制的关键环节。因轧件长向位置精细化跟踪是钢板变厚度轧制控制的基础，也是平面形状控制过程中压下和抬起对称控制的保证。工作者们采用基于高精度变厚度前滑模型，通过轧件长度计算和滚动优化自适应技术，实现了轧件长向精细化位置跟踪，跟踪精度控制在20mm以内。同时，高速度、高响应液压位置控制是实现轧机垂直与水平速度协调控制以及压下与上抬速度匹配控制的关键环节，通过采用高性能控制器、大流量双伺服阀以及高精度控制模型，液压缸压下与抬起速度可达到20mm/s，实现了大斜度深压下变厚度控制。在攻克了一个又一个的现场实际问题后，终于解决了可控点平面形状轧制对称性差的问题，基于19点设定的平面形状精细化控制技术已成功应用于福建三钢、唐山中厚板等国有大中型钢铁企业，控制效果明显优于常规MAS轧制法，成材率提高稳定在1%以上。

知识闯关

认知金属压力加工中的不均匀变形

思考与练习

1. 填空

(1) 基本应力是由__________所引起的应力。

（2）残余应力是变形结束后仍然残留在变形金属内部的______________。

（3）工作应力又称实际应力，它等于基本应力与附加应力的__________。

（4）物体内部不均匀变形时，为维持物体的整体平衡，在其内部各部分之间产生相互作用而引起的应力称为______________。

2. 选择

（1）板带材轧制时若工作辊缝为凸形，可能会产生（　　）。

A. 中浪　　B. 单边浪　　C. 双边浪

（2）板带材轧制时若工作辊缝为凹形，可能会产生（　　）。

A. 中浪　　B. 单边浪　　C. 双边浪

（3）高轧件的双鼓变形是由于（　　）形成的。

A. 压下率过大　　B. 压下率过小　　C. 宽展量过大

（4）金属变形后残余应力是由（　　）引起的。

A. 弹性变形　　B. 不均匀变形　　C. 摩擦力　　D. 空气中冷却

（5）当变形区长度与轧件平均高度之比增加时，不均匀变形的程度（　　）。

A. 上升　　B. 下降　　C. 不变　　D. 无法确定

3. 判断

（　　）不均匀变形是指物体能满足在高度或者宽度方向所确定均匀变形条件而进行变形。

4. 简答

金属压力加工中，不均匀变形有哪些不良后果？

能量小贴士

子曰："敏而好学，不耻下问。"——《论语》

模块4 轧制变形能力分析

本模块课件

模块背景

轧制是金属压力加工中应用极为广泛的一种生产形式。轧制过程中轧件被轧辊与轧件之间的摩擦力拉入变形区产生塑性变形。通过轧制，金属轧件可以获得满足要求的尺寸、形状和性能。为掌握轧制过程基本规律，并且利用这些规律指导轧制生产的实际问题，必须了解轧制过程的基本现象，即明确轧件轧制变形能力及影响因素。按操作方法与变形特点，轧制可分为纵轧、横轧和斜轧等，本书仅就纵轧的一些问题进行讨论。

学习目标

知识目标：掌握轧制变形的不同表示方法；
掌握轧制过程中变形区及变形区主要参数；
理解最大咬入角的含义，咬入条件的表示方法；
掌握实际生产中改善咬入的若干措施。

技能目标：能够测定金属的变形量与变形系数；
能正确识别变形区主要参数并运用各参数之间的关系；
能正确启动并操作实训轧机，正确测定开始咬入时的最大咬入角；
会合理分析轧机咬入能力并提出改善咬入的措施。

德育目标：培养学生爱国情怀和主人翁精神；
培养严谨细致的工作作风，提高分析解决问题能力；
培养学生工作的责任心和安全生产意识。

任务4.1　测定金属变形量及变形系数

课程思政

钢铁十年行　献礼二十大

王国栋院士：钢铁产品创新十年　向党和人民交出满意答卷

自党的十八大以来，在党中央的正确领导下，钢铁工业积极贯彻新发展理念，钢铁产业结构不断优化、兼并重组稳步推进、海外合作加速布局、产品技术创新突破、绿色低碳深入推进、智能制造不断升级，我国迎来从“制造大国”向“制造强国”的历史性跨越，钢铁工业向国家和人民交上了一份亮眼的成绩单。

1. 国家重大需求与前沿技术牵引，钢铁工业产品创新瞄准国家发展的重大战略问题

（1）高端硅钢生产技术与产品创新。宝钢建成世界首套薄规格取向硅钢高效专有产线和高端无取向硅钢示范产线。首钢产品首次应用于全球电压等级最高、容量最大卷铁心高铁牵引变压器。

（2）高铁用钢自主开发取得重大进展。宝武马钢实现高速车轴钢产品研发及关键制备技术国际领先。南钢初步形成轨道交通用特殊钢长材系列化产品，填补了国内空白，解决了“卡脖子”材料问题。

（3）太钢、鞍钢：核电用钢开发。太钢实现我国核电用关键不锈钢材料从进口到自主，为我国能源结构调整和低碳减排夯实了基础。鞍钢首创超厚超宽高强度反应堆安全壳用钢，形成了配套的集成制造及应用技术，建立了我国自有标准。

（4）鞍钢：依托国家和企业重大项目，与高校合作，开发了极寒环境用高强韧易焊接海洋装备用钢。

（5）河钢舞钢：持续保持国际第一的铬钼钢。

（6）首钢：首次开发出780MPa级别锌铝镁镀层超高强钢用于汽车板。

2. 协同创新，产学研深度融合，全产业链开发，强链补链

我国发挥社会主义制度优越性，集中力量办大事，行业协同、学科交叉、产学研深度融合，组成协同创新队伍，围绕产业链布局创新链，围绕创新链部署产业链，确定上下游、全流程的难点、堵点、短板，开发关键、共性技术，强链、补链，自立自强，建成取得高端产品的整体突破。

（1）南钢、鞍钢、太钢：积极进行9Ni钢生产技术与低镍LNG储罐用钢研发和成果转化。

（2）南钢、鞍钢、太钢等单位协同创新，开发LNG船储罐用高锰钢。

（3）全产业链合作开发铌微合金化高性能桥梁钢，成功开发出420MPa、500MPa、690MPa级的新型桥梁钢，满足了我国重大桥梁工程重大需求。

（4）汽车用超高强热成形钢。本钢世界首发2000MPa级热冲压钢裸板在新车型应用，东北大学提升了铝硅镀层热冲压钢VDA弯曲韧性，提高了2000MPa铝硅镀层热冲压钢抗延迟断裂能力。

3. 工艺–装备–产品–服务一体化创新

在钢铁生产过程中，工艺是“龙头”，装备是手段，产品是结果，服务是终极目标。所以，必须“工艺–装备–产品–服务一体化”，以实现服务用户的最终目标。

（1）多层金属复合工艺制备复合板。南钢采用真空制坯–轧制复合法研制特种复合板，先后开发了不锈钢/钢、镍基合金/钢、钛/钢等金属复合板，产品覆盖了结构、桥梁、管线、船舶、压力容器等领域。

（2）包钢、武钢：薄板坯连铸直接热轧双相钢带材。

（3）日照：薄板坯连铸无头热轧双相钢带材。

（4）宝钢：自主集成高强钢热处理生产线生产汽车用高强钢。

（5）南钢：开发出超高强工程机械用钢和耐磨板（厚度5～120mm，最大宽度

4200mm）。

（6）南钢：开发宽薄板稳定化生产工艺，供货我国首艘豪华邮轮建造。

（7）河钢舞钢：装备创新带动厚规格高端产品，解决“卡脖子”问题。其中研发的420mm 塑料模具钢以轧代锻，用于国内大型模具制造；20MnNiMo 钢板应用于国产大飞机项目 8 万吨模锻压机用钢；多种 Z 向性能钢板应用于三峡工程等世界百万千瓦级水电机组重大水电站项目；最大厚度 220mm 临氢钢用于石油化工设备；大厚度 Q460C 钢板用于出口的达涅利风电用钢；350mm 特厚 E36-Z35 级船板出口船用设备制造等，产品填补了国内空白，替代进口，产品性能指标达到国际先进水平。

（8）鞍钢、南钢：新一代控轧控冷技术与装备支撑集装箱船用高止裂性用钢研发。

（9）宝钢、东北大学：自主创新管材控轧控冷技术与装备，引领钢管生产技术更新换代。

（10）涟钢：研发的薄规格高强工程机械用钢和耐磨钢国际领先（最小厚度 2mm）。

（11）东北大学：开发的 TMCP 装备创新提升了复杂断面型钢的质量水平。

4. 绿色化战略引领新一代绿色钢铁材料的开发

（1）首钢：高品质、绿色化商用车车轮用钢助力商用车低碳减排。

（2）太钢：低成本、高性能不锈钢产品（高铬超纯铁素体不锈钢、经济型双相不锈钢、低成本高强度 Cr13 型不锈钢、电子电路行业用 SUS630 冷板）不断得到突破，创造了巨大的经济和社会效益。

（3）鞍钢：研制新一代铁路车辆和煤气管网用耐蚀钢，技术达到国际领先水平，极大提高我国钢铁材料、铁路运输装备、煤气管网工程的国际竞争力。

（4）东北大学：开发的氧化铁皮控制技术，具有完全自主知识产权，目前已经推广应用于鞍钢、河钢、太钢、宝武、马钢、涟钢等 19 家钢铁企业，覆盖包括热连轧、薄板坯连铸连轧、中厚板及高速线材等 45 条产线。

（5）高性能含 Nb 耐候桥梁钢的开发取得了突破性进展，其广泛应用把国内耐候钢桥的发展由涂装、半涂装推向免涂装的全新发展阶段。

5. 材料创新基础设施建设、数字化转型助力工艺优化与新材料开发

经过几年的艰苦探索，我国钢铁行业在数据驱动、数字化转型、全流程“黑箱”破解、数字孪生设定模型、数字驱动的资源优化与管理云平台、网络通信、数据中心建设等方面已经取得重要进展，产品质量提升、生产过程增效、新品快速开发、企业人员队伍增强创新能力的大好局面正在形成。

十年来钢铁行业自立自强，自主创新，瞄准国家重大需求与国际前沿技术，发挥社会主义制度的优越性，产学研深度融合，实现钢铁行业工艺-装备-产品-服务一体化创新，解决堵点、难点、短板问题，强链补链，全流程、全产业链健全发展。未来钢铁行业继续以“双碳”为目标，加紧绿色化转型，与数字经济、数字技术结合起来，实现钢铁行业的数字化转型，引领行业高质量发展。我们相信一定能够将我国的钢铁产品做成“世界第一”“世界唯一”的引领性、创新性产品，将中国钢铁工业建设成国际领先的工业集群！

任务情境

钢铁在国民经济中有着非常重要的地位，其有很大一部分是通过轧制成型的。轧制作

为钢材生产的最后一个环节，有着极其重要的作用。为了得到所要求的产品质量，包括精确成型和改善组织和性能，会在轧机机组上编制轧制工艺制度，其中包括轧制变形制度、轧制速度制度和轧制温度制度。轧制变形制度指在一定轧制条件下从坯料到成品的总变形量和轧制的总道次，各机组的总变形量、各道次的变形量，轧制方式等。所以，了解金属变形量和变形系数的表示方法是轧制变形制度编制的基础。

任务引领

学生工作单

学生工作任务单

<table>
<tr><td>模块 4</td><td colspan="5">轧制变形能力分析</td></tr>
<tr><td>任务 4. 1</td><td colspan="5">测定金属变形量及变形系数</td></tr>
<tr><td rowspan="3">任务描述</td><td>能力目标</td><td colspan="4">（1）能正确启动并操作实训轧机；
（2）能正确使用测量工具；
（3）能正确测定金属各个方向的变形量；
（4）能比较金属变形程度的大小；
（5）能计算各种变形系数</td></tr>
<tr><td>知识目标</td><td colspan="4">（1）熟悉使用游标卡尺、螺旋测微器等测量工具测量变形量的方法；
（2）理解绝对变形量和相对变形量的含义；
（3）掌握各种变形系数（延伸系数、宽展系数、压下系数等）的表示方法</td></tr>
<tr><td>训练内容</td><td colspan="4">（1）测定变形金属各个方向的变形量；
（2）判断金属变形程度大小并计算各种变形系数</td></tr>
<tr><td>参考资料
与资源</td><td colspan="5">《金属压力加工理论基础》，段小勇，冶金工业出版社，2008；
“金属塑性变形技术应用”精品课程网站资源</td></tr>
<tr><td>任务实施
过程说明</td><td colspan="5">（1）学生分组，每组 5~8 人；
（2）分发学生工作任务单；
（3）学习相关背景知识；
（4）小组讨论制定工作计划；
（5）小组分工完成工作任务；
（6）小组互相检查并总结；
（7）小组合作，进行讲解演练；
（8）小组为单位进行成果汇报，教师评价</td></tr>
<tr><td>任务实施
注意事项</td><td colspan="5">（1）实验前要认真阅读实训指导书有关内容；
（2）实验前要重点回顾有关设备仪器使用方法与规程；
（3）每次测量与计算后要及时记录数据，填写表格</td></tr>
<tr><td>任务下发人</td><td colspan="3"></td><td>日期</td><td>年　月　日</td></tr>
<tr><td>任务执行人</td><td></td><td>组别</td><td></td><td>日期</td><td></td></tr>
</table>

学生工作任务页

学生工作页

<table>
<tr><td>模块 4</td><td colspan="5">轧制变形能力分析</td></tr>
<tr><td>任务 4. 1</td><td colspan="5">测定金属变形量及变形系数</td></tr>
<tr><td>任务描述</td><td colspan="5">太钢中板厂接到一个客户订单，客户需要一种板材产品，客户要求的板材断面尺寸规格为 12mm×1000mm，企业现有原料的尺寸规格为 120mm×900mm×1200mm，工段长要求王工确定轧制这种产品时金属的总变形量及变形系数的大小，以确定目前生产工艺能否顺利加工。如果你是小王，你该如何做?</td></tr>
<tr><td>相关知识</td><td colspan="5">轧制变形的表示方法</td></tr>
<tr><td>任务实施过程</td><td colspan="5"></td></tr>
<tr><td>任务下发人</td><td colspan="3"></td><td>日期</td><td>年　月　日</td></tr>
<tr><td>任务执行人</td><td></td><td>组别</td><td></td><td>日期</td><td></td></tr>
</table>

任务背景知识

4.1.1　轧制变形的表示方法

在压力加工过程中，为了体现其变形程度的大小，常将三个主变形方向作为主轴方向，同时分别用高度、宽度、长度来表示三个方向上的尺寸，其中高度由 H 变成 h 称为压缩；宽度由 B 变成 b 称为宽展，长度由 L 变为 l 称为延伸，如图 2-14 所示。在轧钢生产中可以用绝对变形量、相对变形量和变形系数表示轧件变形量。

4.1.1.1　绝对变形量

绝对变形量用以表示变形前后工件的绝对尺寸之差。

$$\text{绝对压下量：}\Delta h = H - h \tag{4-1}$$

$$\text{绝对宽展量：}\Delta b = b - B \tag{4-2}$$

$$\text{绝对延伸量：}\Delta l = l - L \tag{4-3}$$

特点：绝对变形量计算简单，能直接反映出物体尺寸的变化，但不能正确反映出物体的变形程度。在实际生产中，以压下量和宽展量的应用最为广泛。

【例 4-1】　有两块宽度和长度相同的金属，高度分别为 $H_1 = 4\text{mm}$ 和 $H_2 = 10\text{mm}$，经过加工后高度分别为 $h_1 = 2\text{mm}$，$h_2 = 6\text{mm}$，这两块金属的压下量分别为 $\Delta h_1 = 2\text{mm}$，$\Delta h_2 = 4\text{mm}$，这能说明第二块金属比第一块的变形程度大吗?

要回答这个问题，就必须要考虑高度方向的变形量占整个金属高度的百分比。为此需比较压下量与原高度的比值。第一块金属 $\Delta h_1/H_1 = 50\%$，第二块金属 $\Delta h_2/H_2 = 40\%$，从这两个比值可以看到，第一块金属较第二块金属的变形程度大。这说明绝对变形量不能正确地反映出物体的变形程度。

4.1.1.2　相对变形量

一般，相对变形量可以比较全面地反映出变形程度的大小，它是绝对变形量与工件原始尺寸的比值。

$$\text{相对压下量(压下率)：}\varepsilon_h = \frac{H - h}{H} \times 100\% \tag{4-4}$$

$$\text{相对宽展量：}\varepsilon_b = \frac{b - B}{B} \times 100\% \tag{4-5}$$

$$\text{相对延伸量：}\varepsilon_l = \frac{l - L}{L} \times 100\% \tag{4-6}$$

$$\text{断面收缩率：}\psi = \frac{F_0 - F}{F_0} \times 100\% \tag{4-7}$$

特点：相对变形量考虑了轧件的原始尺寸，能全面反映出物体变形程度的大小。

【例 4-1】　通过计算得知，第一块轧件的压下量为原来厚度的 50%，而第二块轧件只有 40%，显然第一块轧件的变形程度较大。

4.1.1.3　变形系数

在轧制计算中，也常用变形系数来表示变形量的大小。变形系数也是相对变形的一种表示方法，它用变形前与变形后相应线尺寸的比值来表示。

（1）压下系数：表示高向变形的系数称为压下系数，用 η 表示。

$$\eta = \frac{H}{h} \tag{4-8}$$

（2）宽度系数：表示宽向变形的系数称为压下系数，用 ω 表示。

$$\omega = \frac{b}{B} \tag{4-9}$$

（3）延伸系数：表示长度方向变形的系数称为压下系数，用 μ 表示。

$$\mu = \frac{l}{L} \tag{4-10}$$

按照体积不变定律有：

$$HBL = hbl$$

故有：

$$\frac{H}{h} = \frac{b}{B} \times \frac{l}{L}$$

即：

$$\eta = \omega \times \mu$$

4.1.2　总延伸系数、部分延伸系数与平均延伸系数

轧制时从原料到成品须经过逐道压缩多次变形。其中每一道次的变形量称为部分变形量，逐道变形量的积累即为总变形量。

根据体积不变定律，总延伸系数为：

$$\mu_z = \frac{l_n}{L} = \frac{BH}{b_n h_n} = \frac{F_0}{F_n}$$

轧件的逐个道次的延伸系数分别为：

$$\mu_1 = \frac{l_1}{L} = \frac{F_0}{F_1}, \mu_2 = \frac{l_2}{l_1} = \frac{F_1}{F_2}, \cdots\cdots, \mu_n = \frac{l_n}{l_{n-1}} = \frac{F_{n-1}}{F_n}$$

将各道次的延伸系数相乘，得：

$$\mu_1 \times \mu_2 \times \cdots\cdots \times \mu_n = \frac{F_0}{F_1} \times \frac{F_1}{F_2} \times \cdots\cdots \times \frac{F_{n-1}}{F_n} = \frac{F_0}{F_n} = \frac{l_n}{L}$$

故可得出结论：总延伸系数等于相应各部分延伸系数的乘积，即

$$\mu_z = \frac{F_0}{F_n} = \mu_1 \times \mu_2 \times \cdots\cdots \times \mu_n \tag{4-11}$$

按照式（4-11），总延伸系数与平均延伸系数间的关系应为：

$$\mu_z = \frac{F_0}{F_n} = \bar{\mu}^n \tag{4-12}$$

故平均延伸系数应为：

$$\bar{\mu} = \sqrt[n]{\mu_z} = \sqrt[n]{\frac{F_0}{F_n}} \tag{4-13}$$

由此可得出轧制道次与断面积及平均延伸系数的关系为：

$$n = \frac{\ln F_0 - \ln F_n}{\ln \bar{\mu}} \tag{4-14}$$

提示：计算时，轧制道次必须取整数，至于取奇数还是偶数，则应根据设备条件而定。如轧机为单机架时，一般取奇数道次；若轧机为双机架，则一般取偶数道次。

4.1.3　积累压下率与道次压下率的关系

轧板时，由于宽展甚小可以忽略不计，因此常用压下系数来表示变形程度，而且一般常用相对变形或压下率表示。

此时，第1道次至 n 道次，各道次的压下率为：

$$\varepsilon_1 = \frac{H_0 - H_1}{H_0},\ \varepsilon_2 = \frac{H_1 - H_2}{H_1},\ \cdots\cdots,\ \varepsilon_n = \frac{H_{n-1} - H_n}{H_{n-1}}$$

而积累压下率 ε_Σ 为：

$$\varepsilon_\Sigma = \frac{H_0 - H_n}{H_0}$$

积累压下率与道次压下率之关系为：

$$(1 - \varepsilon_\Sigma) = (1 - \varepsilon_1)(1 - \varepsilon_2)\cdots\cdots(1 - \varepsilon_n) \tag{4-15}$$

改写为：

$$\left(1 - \frac{H_0 - H_n}{H_o}\right) = \left(1 - \frac{H_0 - H_1}{H_o}\right)\left(1 - \frac{H_1 - H_2}{H_1}\right)\cdots\cdots\left(1 - \frac{H_{n-1} - H_n}{H_{n-1}}\right)$$

简化后左右两边相等，为

$$\frac{h_n}{H_0} = \frac{h_1}{H_0} \cdot \frac{h_2}{h_1} \cdot \frac{h_3}{h_2} \cdots\cdots \frac{h_n}{h_{n-1}} \tag{4-16}$$

实验 4-1　金属变形量与变形系数的测定

学生工作任务单

<table>
<tr><td>实验项目</td><td colspan="4">金属变形量及变形系数的测定</td></tr>
<tr><td>任务描述</td><td colspan="4">（1）测定金属各个方向的变形量；
（2）判断金属变形程度大小并计算各种变形系数</td></tr>
<tr><td>实验器材</td><td colspan="4">实训轧机、游标卡尺、钢尺、铝合金试件</td></tr>
<tr><td rowspan="2">任务实施
过程说明</td><td>1. 测定金属各个方向的变形量</td><td colspan="3">（1）实验准备：准备一块 AlCu 合金试件，用游标卡尺和钢尺分别测定试件的长、宽、高，每个方向尺寸测量 3 次取平均值；
（2）实验操作步骤：将铝合金试件通过四辊实训轧机轧制一个道次，用游标卡尺和钢尺测量金属经轧制后在长、宽、高各个方向的尺寸，取平均值，并计算各个方向的变形量（绝对变形量和相对变形量）</td></tr>
<tr><td>2. 判断金属变形程度大小并计算各种变形系数</td><td colspan="3">记录上述实验数据，计算各种变形系数（压下系数、宽展系数、延伸系数），并判断金属在不同方向的变形程度大小</td></tr>
<tr><td>任务实施
注意事项</td><td colspan="4">1）实训前要认真阅读实训指导书有关内容；
2）实训前要重点回顾有关设备仪器使用方法与规程；
3）每次测量与计算后要及时记录数据，填写表格</td></tr>
<tr><td>任务下发人</td><td colspan="2"></td><td>日期</td><td>年　月　日</td></tr>
<tr><td>任务执行人</td><td colspan="2"></td><td>组别</td><td></td></tr>
</table>

学生工作任务页

学生工作页

实验项目	金属变形量及变形系数的测定
实验数据记录	

道次	方块/参数	H/mm	B/mm	L/mm	绝对变形量/mm			相对变形量			变形系数		
					Δh/mm	Δb/mm	Δl/mm	μ_1	μ_2	μ_3	压下系数 η	宽展系数 ω	延伸系数 μ
0	1												
	2												
	3												
	平均												
1	1												
	2												
	3												
	平均												

	考核项目	评分标准	分数	评价	备注
检查与评估	安全生产	无安全隐患			
	团队合作	和谐愉快			
	现场 5S	做到			
	劳动纪律	严格遵守			
	工量具使用	规范、标准			
	操作过程	规范、正确			
	实验报告书写	认真、规范			

任务下发人		日期	年　月　日
任务执行人		组别	

知识拓展——长度测量工具的发展

将被测长度与已知长度比较，从而得出测量结果的工具，称为测量工具。长度测量工具包括量规、量具和量仪。习惯上常把不能指示量值的测量工具称为量规；把能指示量值，拿在手中使用的测量工具称为量具；把能指示量值的座式和上置式等测量工具称为量仪。

最早在机械制造中使用的是一些机械式测量工具，例如角尺（见图 4-1）、卡钳（见图 4-2）等。

图 4-1　角尺

16 世纪，在火炮制造中已开始使用光滑量规。1772 年和 1805 年，英国的 J. 瓦特和 H. 莫兹利等先后制造出利用螺纹副原理测长的瓦特千分尺（见图 4-3）和校准用测长机（见图 4-4）。

图 4-2　卡钳

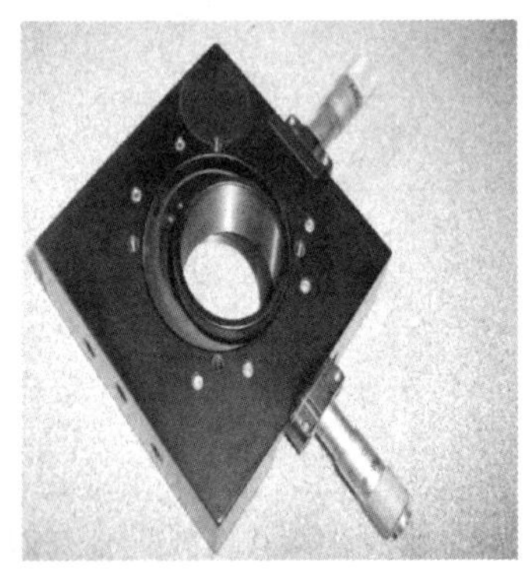

图 4-3　瓦特千分尺

19 世纪中叶以后，先后出现了类似于现代机械式外径千分尺和游标卡尺的测量工具。19 世纪末期，出现了成套量块，如图 4-5 所示。

图 4-4　新型测长机

图 4-5　112 块成套量块

继机械测量工具后出现的是一批光学测量工具。19 世纪末，出现立式测长仪（见图 4-6），20 世纪初，出现测长机（见图 4-7）。

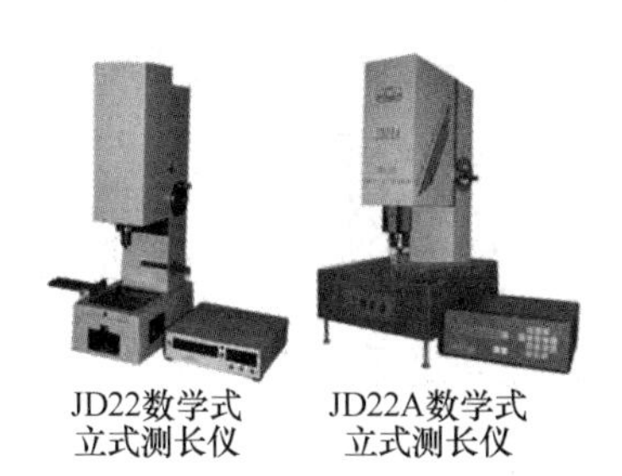

图 4-6　立式测长仪

图 4-7　测长机

到 20 世纪 20 年代，机械制造中已应用投影仪、工具显微镜、光学测微仪等进行测量。1928 年出现气动量仪（见图 4-8），它是一种适合在大批量生产中使用的测量工具。

电学测量工具是在 20 世纪 30 年代出现的。最初出现的是利用电感式长度感应器制成的界限量规（见图 4-9）和轮廓仪（见图 4-10）。

图 4-8　浮标式气动量仪

图 4-9　界限量规

图 4-10　轮廓仪

20 世纪 50 年代后期出现了以数字显示测量结果的坐标测量机，如图 4-11 所示。60 年代中期，在机械制造中已应用带有电子计算机辅助测量的坐标测量机。至 70 年代初，又出现计算机数字控制的齿轮量仪（见图 4-12）至此，测量工具进入应用电子计算机的阶段。

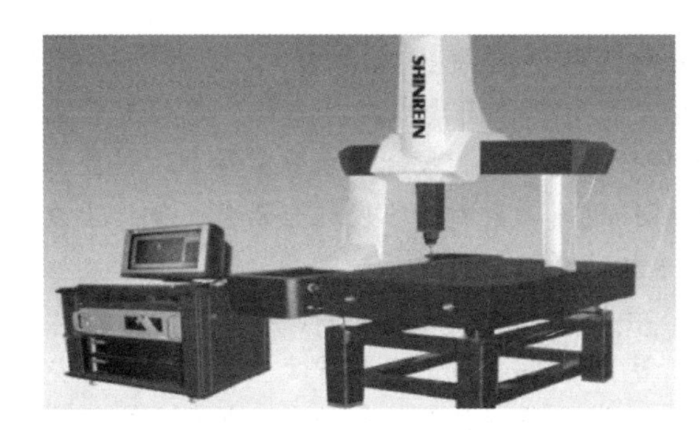

图 4-11　三坐标测量机

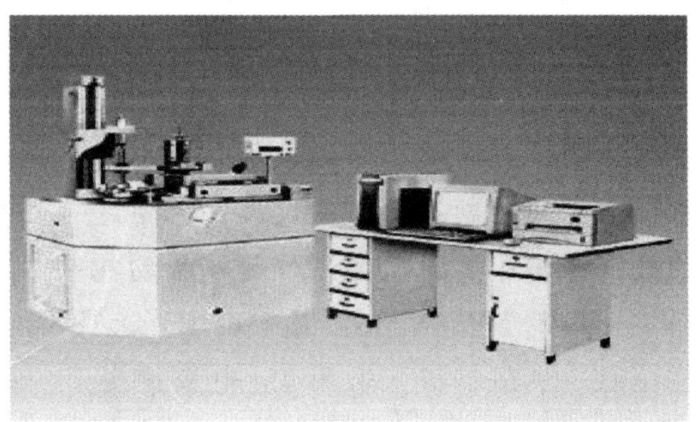

图 4-12　计算机数字控制的齿轮量仪

随着科学技术的迅速发展，测量技术从应用机械原理、几何光学原理发展到应用更多的新的物理原理，引用最新的技术成就，如光栅、激光、感应同步器、磁栅以及射线技术，特别是计算机技术的发展和应用，使得测量仪器跨越到一个新的领域。三坐标测量机和计算机完美的结合使之成为一种越来越引人注目的高效率、新颖的精密测量设备。

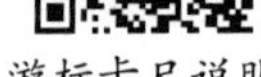
游标卡尺说明

螺旋测微器说明

思考与练习

（1）变形程度的大小对金属性能有什么影响？

（2）如何利用变形系数估计所需的变形道次？

（3）已知轧件轧前尺寸为 240mm×800mm×1000mm，压下量为 40mm，轧后坯料宽 820mm，求轧件轧后高度、长度、宽展量和延伸系数。

（4）用 85mm×85mm 的方坯轧制成 ϕ28mm 的圆钢，若平均延伸系数为 1.28，应轧制多少道次？

能量小贴士

子曰：“知者乐水，仁者乐山。知者动，仁者静。知者乐，仁者寿。”——《论语》

任务 4.2　分析变形区主要参数

钢铁人物

河钢舞钢“轧钢状元”任亚强

中央电视台“好记者讲好故事”栏目曾以《大国工匠》为题，讲述了河钢舞钢中国制造、中国创造的故事。主人公之一就是“大国工匠”——舞钢公司首批轧钢高级作业师第一轧钢厂轧钢乙班班长任亚强。

2012 年，公司为积极适应市场环境的变化，相继开发出宽度 4m 定尺的 Q460C、12Cr2Mo1R、14Cr1MoR 等超宽板。然而，这些产品由于合同要求极其严格，已经超出设备能力极限，同时为保证板形、边部质量、横向平整度，轧制控制要求非常苛刻。任亚强结合自己的轧制经验，通过展宽、留尾、斜咬、挤边等一系列高难度组合动作，凭借出众的控制意识和驾驭能力，使超宽板的轧制成功率超过 95%。

大厚度 20MnNiMo，是中国国产大飞机配套项目中的核心设备——世界最大 8 万吨大型模锻压机用钢板，采用 45t 电渣锭生产，厚度达 390mm，在国内是首次生产，这对舞钢来说意义重大，不容出错。轧制这个钢板有一个最大的难题就是钢板的表面质量，不平度不允许超过 6mm/m。为了攻克这一技术难关，他每天和功勋轧机并肩作战 8h，每块钢板的成功轧制需要手脚并用操作50多次，相当于每5s就要操作一次。在摸索中，任亚强大胆提出工艺改进方案，在轧制中对留尾、展宽及道次压下量进行优化，有效改善钢板平直度，在终轧道次采用低速大压下规程轧制的工艺改进方案。几个月后，采用他的轧制方案，中国大飞机配套项目用钢轧制任务圆满完成了，而大压机的研制成功，更是把中国高端重大装备的制造能力托举到国际顶级水平。任亚强说："那一刻，只想好好地睡上一觉"。

多年来，任亚强在河钢舞钢轧钢工的岗位上，苦练技能，把中国第一架、投产已经40年、被中国钢铁工业协会命名为中国钢铁工业功勋轧机的4200mm宽厚板轧机驾驭得熠熠生辉。他利用丰富的理论和实践经验，连续攻克SA387Cr11CL2等几十种品种钢的轧制工艺瓶颈，先后发明控制中厚板钢板硬弯轧制、大厚度钢板和高强度钢板控制轧制速度及压下量等先进操作法，这些方法一经推广使用，便在轧钢工艺中发挥出良好的效果，大写了中国制造。"我最大的心愿就是把钢轧好，轧制出最高端的钢板一直是我追求的目标和努力的方向。"几十年来任亚强用心轧钢，不断追求更高水平，为国家级重大工程项目建设作出了突出贡献。正因如此，他被先后授予"劳动模范""技术能手""技术明星"等称号。

中国制造，他们义无反顾；中国创造，他们一直在努力。他们才是中国在这场国际竞争中一次次获胜的原因，他们有一个共同的名字——中国工匠。他们是平凡的，但他们又是不平凡的。正是他们精益求精的工匠精神，才创造出一个又一个：中国产品到中国品牌的提升神话、中国制造到中国智造的跨越奇迹！这种工匠精神是中国从富起来到强起来弥足珍贵的力量！他们是我们这个国家，钢铁一样的脊梁！

任务情境

轧制是轧件被轧辊与轧件之间的摩擦力拉入变形区产生塑性变形的过程，通过轧制使轧件具有满足要求的尺寸、形状和性能。为了建立轧制过程的基本概念，需要研究轧制过程中所发生的基本现象和建立轧制过程的条件。

学生工作单

学生工作任务单

<table>
<tr><td>模块 4</td><td colspan="6">轧制变形能力分析</td></tr>
<tr><td>任务 4. 2</td><td colspan="6">分析变形区主要参数</td></tr>
<tr><td rowspan="3">任务描述</td><td>能力目标</td><td colspan="5">（1）能正确比较区分简单轧制与非简单轧制；
（2）能正确识别变形区主要参数并运用各参数之间的关系</td></tr>
<tr><td>知识目标</td><td colspan="5">（1）理解简单轧制与非简单轧制的意义；
（2）掌握轧制过程中变形区及变形区主要参数</td></tr>
<tr><td>训练内容</td><td colspan="5">（1）总结简单轧制的条件；
（2）推导变形区主要参数之间的关系</td></tr>
<tr><td>参考资料
与资源</td><td colspan="6">《金属压力加工理论基础》，段小勇，冶金工业出版社，2008；
“金属塑性变形技术应用”精品课程网站资源</td></tr>
<tr><td>任务实施
过程说明</td><td colspan="6">（1）学生分组，每组 5~8 人；
（2）分发学生工作任务单；
（3）学习相关背景知识；
（4）小组讨论制定工作计划；
（5）小组分工完成工作任务；
（6）小组互相检查并总结；
（7）小组合作，进行讲解演练；
（8）小组为单位进行成果汇报，教师评价</td></tr>
<tr><td>任务实施
注意事项</td><td colspan="6">（1）小组共同讨论总结，完成过程性互评；
（2）推导过程要细致严谨</td></tr>
<tr><td>任务下发人</td><td colspan="4"></td><td>日期</td><td>年　月　日</td></tr>
<tr><td>任务执行人</td><td colspan="2"></td><td>组别</td><td></td><td>日期</td><td></td></tr>
</table>

学生工作任务页

学生工作页

<table>
<tr><td>模块 4</td><td colspan="5">轧制变形能力分析</td></tr>
<tr><td>任务 4.2</td><td colspan="5">分析变形区主要参数</td></tr>
<tr><td>任务描述</td><td colspan="5">（1）总结简单轧制条件；
（2）推导变形区主要参数之间关系</td></tr>
<tr><td>相关知识</td><td colspan="5">轧制变形的表示方法、轧制变形区及主要参数</td></tr>
<tr><td>任务实施过程</td><td colspan="5"></td></tr>
<tr><td>任务下发人</td><td colspan="3"></td><td>日期</td><td>年　月　日</td></tr>
<tr><td>任务执行人</td><td></td><td>组别</td><td></td><td>日期</td><td></td></tr>
</table>

任务背景知识

4.2.1　轧制过程基本概念

4.2.1.1　轧制过程的定义

轧制过程是由旋转的轧辊与轧件之间的摩擦力将轧件拖进辊缝之间，使之受到压缩产生塑性变形，并使金属具有一定的尺寸、形状和性能的过程。金属材料尤其是钢铁材料的塑性加工，90%以上是通过轧制完成的。由此可见，轧制工程技术在冶金工业及国民经济中占有十分重要的地位。

4.2.1.2　简单轧制与非简单轧制

A　简单轧制

实际的轧制过程比较复杂，为简化轧制理论的研究，常将复杂的轧制过程附加一些假设的限定条件，即简单轧制条件。满足下列要求的轧制过程为简单轧制。

a　对轧辊的要求

（1）上下轧辊直径相同、转速相等、材质与表面质量相同；

（2）轧辊无切槽，均为传动辊；

（3）无外加张力或推力，轧辊为刚性的。

b　对轧件的要求

（1）轧制前和轧制后轧件的断面形状为矩形或方形；

（2）轧件内部各部分结构和性能相同；

（3）轧件表面特别是与轧辊接触的表面状况一样。

c　对工作条件的要求

（1）轧件以等速离开轧辊，除受轧辊的作用力外，不受其他任何外力的作用；

（2）轧件的安装和调整要正确。

B　非简单轧制

不满足上述条件的轧制过程为非简单轧制。

（1）单辊传动（周期式叠轧薄板轧机）；

（2）带张力轧制（连轧薄板及钢坯轧机）；

（3）轧制速度在一道次内有变化（初轧及板坯轧机，可逆轧机采用低速咬入、高速轧制）；

（4）轧辊直径不等，如劳特轧机等；

（5）孔型中轧制。

通常把满足简单轧制条件的轧制过程称为简单轧制过程。在简单轧制过程中，轧辊与轧件接触面上的外摩擦相同，上下轧辊给轧件的压下量相同，轧制过程对称于中间轧制水平面。但是上述简单轧制条件在实际轧制过程中很难同时具备，一般仅有部分条件存在或近似存在。所以，理想的简单轧制过程是很难找到的，实际轧制过程差不多都是非简单轧制过程。但为研究问题方便起见，研究简单轧制是必要的。在简单轧制条件下得出的规律、公式，只要做一些适当的修正或者采用一些等效值，在实际生产中仍然是足够可靠的。

4.2.2　变形区及其主要参数

4.2.2.1　轧制变形区

在轧制过程中，轧件与轧辊接触并产生塑性变形的区域称为变形区，也称接触变形区，即从轧件进入轧辊的垂直平面到轧件出轧辊的垂直平面所围成的区域，如图 4-13 所示的 *ABCD* 区域。

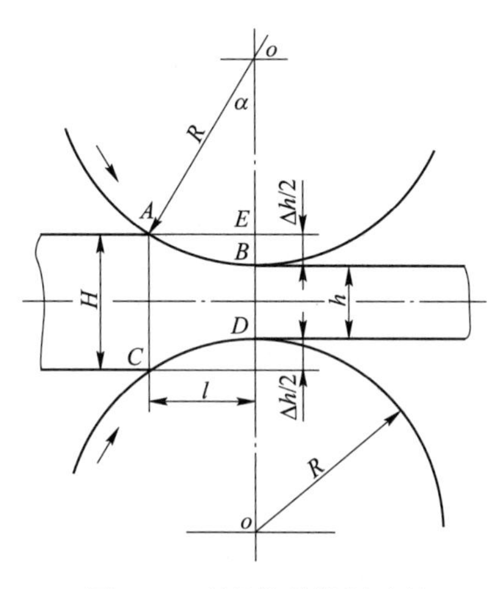

图 4-13　理想简单轧制过程

4.2.2.2　变形区主要参数

A　咬入角（α）

如图 4-13 所示，咬入角 α 是指轧件开始轧入轧辊时，轧件和轧辊最先接触的点和轧辊中心连线与轧辊中心线所构成的圆心角。

根据轧辊直径 *D* 和压下量 Δ*h* 的关系，可以得出：

$$\overline{EB} = \overline{OB} - \overline{OE} = R - \overline{OE}$$

$$\overline{OE} = R\cos\alpha$$

$$\overline{EB} = \frac{H - h}{2} = \frac{\Delta h}{2}$$

整理可得：

$$H - h = 2R(1 - \cos\alpha) = D(1 - \cos\alpha) \tag{4-17}$$

即

$$\Delta h = D(1 - \cos\alpha) \tag{4-18}$$

式中　*H*，*h*——分别表示轧件变形前后的高度；

R——轧辊半径；

D——轧辊直径；

α——咬入角。

显然，轧辊直径 *D* 一定时，咬入角 α 越大，则压下量 Δ*h* 越大，从而咬入越困难。

由式（4-18）知，可由轧辊直径和压下量来计算咬入角：

$$\alpha = \arccos\left(1 - \frac{\Delta h}{D}\right) \tag{4-19}$$

在咬入角比较小的情况下，由于 $1 - \cos\alpha = 2\sin^2\frac{\alpha}{2} \approx 2\left(\frac{\alpha}{2}\right)^2 = \frac{\alpha^2}{2}$，这样，可得咬入角的近似计算公式为：

$$\alpha = \sqrt{\frac{\Delta h}{R}}\,(\mathrm{rad}) \tag{4-20}$$

将单位换算成度，则有：

$$\alpha = 57.3\sqrt{\frac{\Delta h}{R}} \tag{4-21}$$

B 变形区长度（l）

变形区长度 l 是指轧件和轧辊接触圆弧的水平投影长度。

根据几何关系，接触弧长 s 为：

$$s = R\alpha \tag{4-22}$$

接触弧的水平投影叫作变形区长度 l（见图 4-13）。由图得：

$$l = R\sin\alpha$$

或
$$l^2 = R^2 - \overline{OE}^2$$

而
$$\overline{OE} = \left(R - \frac{\Delta h}{2}\right)$$

$$l^2 = R^2 - \left(R - \frac{\Delta h}{2}\right)^2 = R^2 - R^2 + R\Delta h - \frac{\Delta h^2}{4} = R\Delta h - \frac{\Delta h^2}{4}$$

最后得出：

$$l = \sqrt{R\Delta h - \frac{\Delta h^2}{4}} \tag{4-23}$$

如果忽略 $\frac{\Delta h^2}{4}$，则 l 可近似用下式表示：

$$l \approx \sqrt{R\Delta h} \tag{4-24}$$

C 变形区平均高度和平均宽度（$\overline{h}$ 和 $\overline{B}$）

在简单轧制时，变形区的纵横断面可近似看作梯形，因此，变形区的平均高度为：

$$\overline{h} = \frac{H + h}{2} \tag{4-25}$$

变形区的平均宽度为：

$$\overline{B} = \frac{B + b}{2} \tag{4-26}$$

式中 H，h——轧件轧前、轧后的高度；

B，b——轧件轧前、轧后的宽度；

$\overline{h}$，$\overline{B}$——变形区的平均高度和平均宽度。

当变形区形状不是梯形时，其平均宽度可计算为：

$$\overline{B} = \frac{B + 2b}{3} \tag{4-27}$$

4.2.3 轧制速度与变形速度

4.2.3.1 轧制速度与工作直径

A 轧制速度

通常所说的轧制速度是指轧件离开轧辊的速度，在忽略轧件与轧辊的相对滑动时，轧制速度近似等于轧辊的圆周线速度。轧辊圆周线速度可由轧辊的转速，轧辊的工作直径来计算：

$$v = \frac{\pi n D_g}{60} \tag{4-28}$$

式中 v——轧辊圆周速度，m/s；

n——轧辊转速，r/min；

D_g——轧辊工作直径，mm。

B 工作直径

轧辊工作直径是指轧制时与轧件接触的轧辊直径。图 4-14 所示为平辊轧制时轧辊工作直径。由图 4-3 可知，平辊工作直径就是轧辊辊身直径，即：

$$D_g = D \tag{4-29}$$

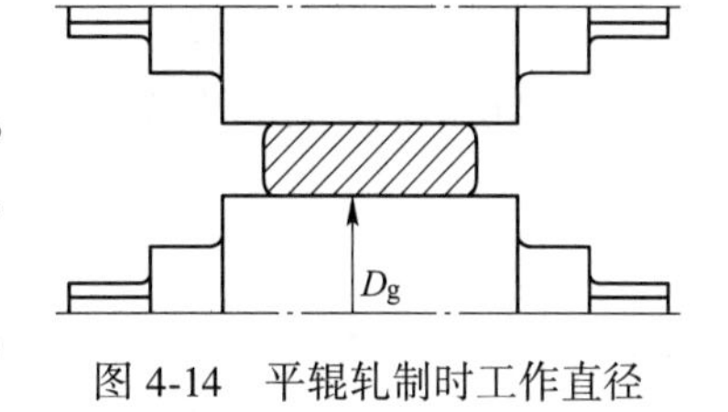

图 4-14 平辊轧制时工作直径

C 平均工作直径

若实际轧制时轧辊不是平辊，则由于各处工作直径不同，轧辊各处圆周线速度不同，但由于轧件整体性限制，轧件仍以某一平均速度离开轧辊，称与此平均速度相应的直径为平均工作直径，即：

$$\overline{D}_g = \frac{60}{\pi n} \cdot \bar{v} \tag{4-30}$$

式中 $\overline{D}_g$——平均工作直径；

$\bar{v}$——轧件离开轧辊的平均速度。

4.2.3.2 变形速度

变形速度是变形程度对时间的变化率，它表示单位时间内产生的变形程度。一般用最大主变形方向的变形程度来表示各种变形过程中的变形速度。按定义，变形速度可用下式表示：

$$\dot{\varepsilon} = \frac{d\varepsilon}{dt}(1/s) \tag{4-31}$$

例如轧制或锻压时，某一瞬间 Δt 内，工件的高度为 h_x，产生的压缩变形量为 Δh_x，此时的变形速度为：

$$\dot{\varepsilon} = \frac{\Delta\varepsilon}{\Delta t} = \frac{\dfrac{\Delta h_x}{h_x}}{\Delta t} = \frac{1}{h_x} \cdot \frac{\Delta h_x}{\Delta t} = \frac{u_y}{h_x} \tag{4-32}$$

式中 u_y——工具的瞬时运动速度。

可见，变形速度除了与工具的瞬时运动速度有关外，还与工件的瞬时厚度有关。因此，变形速度与工具运动速度是两个不同的概念，不能将它们混为一谈。轧制时工具的运动速度表示为两轧辊圆周速度 v 的垂直分量，即：

$$v_y = 2v\sin\theta$$

式中，θ 为变形区内任意截面与出口断面之间的圆弧所对应的轧辊圆心角，在入口处 $\theta=\alpha$，在出口处 $\theta=0$。

可见轧制时变形区内不同垂直平面上变形速度不相同。通常使用的是某一轧制道次的平均变形速度。轧制平均变形速度一般按下述公式计算。

计算轧制平均变形速度的艾克隆德公式：

$$\bar{\dot{\varepsilon}} = \frac{2v\sqrt{\dfrac{\Delta h}{R}}}{H + h} \tag{4-33}$$

式中　R ——轧辊半径；

v ——轧辊圆周线速度。

计算轧制平均变形速度的采利柯夫公式：

$$\bar{\dot{\varepsilon}} = \frac{\Delta h}{H} \cdot \frac{v_h}{\sqrt{R\Delta h}} \tag{4-34}$$

式中　v_h ——轧制速度。

如果忽略轧件和轧辊辊面之间的滑动，式（4-34）可简化为：

$$\bar{\dot{\varepsilon}} = \frac{\Delta h}{H} \cdot \frac{v}{\sqrt{R\Delta h}} \tag{4-35}$$

学生工作任务页

学生工作页

任务名称	轧制过程中变形区主要参数分析
任务 1	总结简单轧制条件
任务 2	推导变形区主要参数之间关系
（1）轧制过程中熟悉的基本参数。 （2）变形区概念及变形区主要参数。	

续表

<table>
<tr><td colspan="6">(3) 推导出变形区主要参数间的重要关系。

(4) 变形区主要参数在实际中的应用。

</td></tr>
<tr><td rowspan="8">检查与评估</td><td>考核项目</td><td>评分标准</td><td>分数</td><td>评价</td><td>备注</td></tr>
<tr><td>安全生产</td><td>无安全隐患</td><td></td><td></td><td></td></tr>
<tr><td>团队合作</td><td>和谐愉快</td><td></td><td></td><td></td></tr>
<tr><td>现场 5S</td><td>做到</td><td></td><td></td><td></td></tr>
<tr><td>劳动纪律</td><td>严格遵守</td><td></td><td></td><td></td></tr>
<tr><td>工量具使用</td><td>规范、标准</td><td></td><td></td><td></td></tr>
<tr><td>操作过程</td><td>规范、正确</td><td></td><td></td><td></td></tr>
<tr><td>实验报告书写</td><td>认真、规范</td><td></td><td></td><td></td></tr>
<tr><td>总分</td><td colspan="5"></td></tr>
<tr><td>任务下发人</td><td colspan="3"></td><td>日期</td><td>年　月　日</td></tr>
<tr><td>任务执行人</td><td colspan="3"></td><td>组别</td><td></td></tr>
</table>

知识拓展——轧辊知识知多少

轧辊是轧机上使金属产生连续塑性变形的主要工作部件和工具，是决定轧机效率和轧材质量的重要消耗部件，它主要承受轧制时的动静载荷。轧辊主要由辊身、辊颈和轴头 3 部分组成。辊身是实际参与轧制金属的轧辊中间部分，辊颈安装在轴承中，并通过轴承座和压下装置把轧制力传给机架。传动端轴头通过连接轴与齿轮座相连，将电动机的转动力矩传递给轧辊。

轧辊种类很多，按制造材料可分为铸钢轧辊、铸铁轧辊和锻造轧辊三大类。在型材轧机上还有少量硬质合金轧辊。铸造轧辊（包括铸钢轧辊和铸铁轧辊）是指将冶炼钢水或熔炼铁水直接浇注成型制造的轧辊。热轧辊常用的材料有 55Mn2、55Cr、60CrMnMo、60SiMnMo 等，热轧辊使用在开坯、厚板、型钢等加工中，工作中承受强大的轧制力、剧烈的磨损，而且热轧辊在高温下工作，并且允许单位工作量内的直径磨损，所以不要求表面硬度，只要求具有较高的强度，韧性和耐热性。热轧辊只采用整体正火或淬火，表面硬度要求 HB 190~270。

按是否接触轧件轧辊可分为工作轧辊和支撑辊。直接接触轧件的轧辊称工作轧辊；为增加工作轧辊的刚度和强度而置于工作轧辊背面或侧面又不直接接触轧件的轧辊称支撑辊。

按轧机类型轧辊可分为以下三类：

(1) 平面轧辊。即板带轧机轧辊，其辊身呈圆柱形，主要用于板材、带材、型材和线材生产。一般热轧钢板轧机轧辊做成微凹形，受热膨胀时，可获得较好的板形；冷轧钢板轧机轧辊做成微凸形，在轧制时，轧辊产生弯曲，以获得良好的板形。

(2) 带槽轧辊。它用于轧制大、中、小各种型钢、线材及初轧开坯。在辊面上刻有轧槽使轧件成形。

(3) 特殊轧辊。它用于钢管轧机、车轮轧机、钢球轧机及穿孔机等专用轧机上。这种轧机的轧辊具有各种不同的形状，如钢管轧制中采用斜轧原理轧制的轧辊有圆锥形、腰鼓形或盘形。

轧辊的工作条件极为复杂。轧辊在制造和使用前的准备工序中会产生残余应力和热应力。使用时又进一步受到了各种周期应力的作用，包括有弯曲、扭转、剪力、接触应力和热应力等。这些应力沿辊身的分布是不均匀的、不断变化的，其原因不仅有设计因素，还有轧辊在使用中磨损、温度和辊形的不断变化。此外，轧制条件经常会出现异常情况。轧辊在使用后冷却不当，也会受到热应力的损害。所以轧辊除磨损外，还经常出现裂纹、断裂、剥落、压痕等各种局部损伤和表面损伤。一个好的轧辊，其强度、耐磨性和其他各种性能指标间应有较优的匹配。这样，不仅在正常轧制条件下持久耐用，又能在出现某些异常轧制情况时损伤较小。所以，在制造轧辊时要严格控制轧辊的冶金质量或辅以外部措施以增强轧辊的承载能力。而合理的辊形、孔型、变形制度和轧制条件也能减小轧辊工作负荷，避免局部高峰应力，延长轧辊寿命。

思考与练习

知识闯关
分析变形区
主要参数

1. 填空

（1）轧制过程中，轧件承受轧辊作用发生变形的部分称为__________。

（2）轧制时，轧件与轧辊相接触的圆弧所对应的圆心角称为__________________。

（3）变形区长度是指变形区的______________长度。

（4）轧制速度是轧件__________________的速度。

（5）接触面积是变形区的________________面积。

2. 判断

（ ）（1）在轧制过程中，单位压力在变形区的分布是不均匀的。

（ ）（2）在变形区内金属流动速度都是相同的。

3. 选择

（1）轧制变形区内金属的纵向、横向流动将遵守的定律是（ ）。

A. 体积不变定律　B. 剪应力定律　C. 最小阻力定律　D. 秒流量一致

（2）在轧制过程中，变形仅产生在轧件与轧辊接触的区域内，这一区域称为（ ）。

A. 摩擦区　B. 变形区　C. 前滑区　D. 后滑区

（3）当变形区长度与轧件平均高度之比增加时，不均匀变形的程度（ ）。

A. 上升　B. 下降　C. 不变　D. 无法确定

（4）随着轧件宽度的增加，变形区的金属在横向流动的阻力（ ），导致宽展量减小。

A. 减小　B. 增加　C. 不变　D. 迅速减小

4. 简答

（1）什么是简单轧制，它必须具备哪些条件，其特征如何？

（2）何谓变形区，变形始于何处，为什么？

5. 计算

（1）如果工作辊直径为 500mm，轧件压缩量为 2mm，求咬入角为多少？

（2）轧辊直径 $D=650$mm 的轧机，假定为平辊轧制，当轧件原始高度 $H=100$mm，轧后高度 $h=70$mm 时，求咬入角。

（3）在 $\phi430$ 轧机上轧制钢坯断面为 100mm×100mm，压下量取为 25mm，若 $\Delta b=0$，求变形区各主要参数（l、α、$\bar{h}$）。

能量小贴士

"不积跬步，无以至千里，不积小流，无以成江海。"——《荀子·劝学》

任务 4.3　判断轧机咬入能力及分析改善咬入的措施

钢铁材料

重器的钢铁脊梁：国产航母甲板用钢

航空母舰，被称为“浮动的海上机场”，是一个国家海军装备和国防实力的象征。2012 年，我国第一艘航空母舰辽宁舰正式入列中国海军。2017 年，我国第二艘航母，也是我国真正意义上的第一艘国产航空母舰（自行改进研发而成），山东舰正式下水。我国国产航母的建造，迈入新的篇章。

甲板是航母舰体结构的关键部位，其功能和作用十分特殊。飞行甲板不但要承受重达二三十吨的舰载机在起飞和降落过程中产生的强烈冲击和高摩擦力，还要承受喷气式飞机高达几千度的高温灼烧。因性能要求极高，全世界仅有少数几个国家可以生产真正用于航母建造的甲板用钢，但这些国家拒绝给我国提供生产甲板钢的技术，并在技术上实施完全垄断。几经研发和努力，我国的鞍钢集团，终于具备了生产甲板钢的能力。鞍钢集团钢铁研究院军工产品研究所副所长、我国首艘国产航母甲板用钢的研发负责人赵刚说：“目前，鞍钢是国内唯一生产国产航母用甲板钢的生产基地，我们目前的生产水平已经达到世界领先。”

生产甲板钢所用设备为一重集团制造的世界首台 5000 毫米以上的宽厚板轧机，这样世界顶级的装备“利器”，为国产航母超宽甲板钢的生产提供了保障。然而，尽管具备生产能力，但要想真正生产出合格的产品，并不容易。航母超宽甲板钢要求研制超宽、超长、最厚规格的甲板用钢，面积是常规钢板的四倍。一艘航母的建造，1/3 的工作是进行钢板的焊接。因此，拼焊飞行甲板的钢板面积越大，不仅焊缝数量就越少，而且还能缩短建造周期，提高甲板整体质量。为提高航母的机动性，增加航速，需要减轻船体重量，降低重心，使船体更加平稳，钢板还要有足够的防弹能力，这就需要高强度高韧性的钢板进行保障。因为要同时满足如此多的苛刻要求，所以航母用甲板钢超过了任何一种军用舰船的钢材品质。

赵刚说：“它的力学性能要求特别特别严，它的头尾强度偏差，不会超过 10MPa，它所有的-84 度冲击韧性，都是在 250J 以上，所以说它的质量非常非常好。”

实际上，早在我国首艘国产航母建造之前，在对辽宁舰的前身“瓦良格号”进行修复的时候，鞍钢就已经开始了航母用钢的研制。鞍钢集团钢铁研究院军工所的研究员周丹，从事水面舰船用钢的研发已经 24 年。2008 年，周丹和她的团队接到一项特殊的科研任务——研制用于修复我国第一艘航母辽宁舰的前身“瓦良格”号所用的钢材。在周丹办公桌的笔筒里，保存着一块形状特殊的钢板实验样，这是周丹进行航母用钢科研攻关时保留下来的样品，对称球扁钢。

球扁钢，由球状的头部和扁平的腹板组成的特殊型材，一般用作船舶的龙骨（纵骨）和加强筋，是建造大型船舶的关键材料。而修复瓦良格号所用的是形状特殊的对称球扁钢。2008 年之前我国没有任何一家钢铁企业具备生产对称球扁钢的经验和条件。由于对称球扁钢外形特殊，尺寸差异大，再加上金属流动和孔型设计的因素，因此仅轧制成型就十分困难。由于没有专用的生产线，热处理的效果也不理想，周丹他们只好把球扁钢一个根固定在热处理架上，防止变形，终于保证了产品的生产。

2009 年 5 月，鞍钢为辽宁舰修复生产的 200t 航母用钢顺利交付。三年后，辽宁舰正式入列中国海军。2013 年 8 月，鞍钢完成了建造首艘国产航母所需的甲板钢、球扁钢等关键型号钢材的生产，为国产航母建造提供了 70%的航母专用钢材。2017 年 4 月，我国首艘国产航母，顺利下水。

任务情境

任务引领

轧制是塑性加工中最重要的一种加工方法，通过轧制可以生产各种板材、型材。轧制的第一个环节也是最重要的一个环节就是咬入，在这一环节中，轧件受到轧辊的摩擦力被带进辊缝中。在实际生产中，有时轧制很顺利，但有时轧件就轧不入，一般称不能咬入。例如，某钢铁企业轧钢厂在粗轧钢坯时偶尔会出现连铸坯头部咬入打滑的情况，如果你是这个轧钢厂的一名技术人员，请你分析可能原因并设想若干解决的办法。

学生工作单

学生工作任务单

<table>
<tr><td>模块 4</td><td colspan="6">轧制变形能力分析</td></tr>
<tr><td>任务 4.3</td><td colspan="6">判断轧机咬入能力及分析改善咬入的措施</td></tr>
<tr><td rowspan="3">任务描述</td><td>能力目标</td><td colspan="5">（1）能正确启动并操作实训轧机；
（2）能正确测定开始咬入时的最大咬入角；
（3）能分析轧机咬入能力并提出改善咬入的措施</td></tr>
<tr><td>知识目标</td><td colspan="5">（1）熟悉正确启动和操作实训轧机的方法；
（2）理解最大咬入角的含义；
（3）掌握咬入条件的表示方法；
（4）掌握实际生产中改善咬入的若干措施</td></tr>
<tr><td>训练内容</td><td colspan="5">（1）计算开始咬入时的最大咬入角；
（2）分析实训轧机的咬入能力；
（3）分析改善咬入条件的途径与措施</td></tr>
<tr><td>参考资料
与资源</td><td colspan="6">《金属压力加工理论基础》，段小勇，冶金工业出版社，2008；
“金属塑性变形技术应用”精品课程网站资源</td></tr>
<tr><td>任务实施
过程说明</td><td colspan="6">（1）学生分组，每组 5~8 人；
（2）分发学生工作任务单；
（3）学习相关背景知识；
（4）小组讨论制定工作计划；
（5）小组分工完成工作任务；
（6）小组互相检查并总结；
（7）小组合作，进行讲解演练；
（8）小组为单位进行成果汇报，教师评价</td></tr>
<tr><td>任务实施
注意事项</td><td colspan="6">（1）实训前要认真阅读实训指导书有关内容；
（2）实训前要重点回顾有关设备仪器使用方法与规程</td></tr>
<tr><td>任务下发人</td><td colspan="4"></td><td>日期</td><td>年　月　日</td></tr>
<tr><td>任务执行人</td><td colspan="2"></td><td>组别</td><td></td><td>日期</td><td></td></tr>
</table>

学生工作页

学生工作任务页

<table>
<tr><td>模块 4</td><td colspan="4">轧制变形能力分析</td></tr>
<tr><td>任务 4. 3</td><td colspan="4">判断轧机咬入能力及分析改善咬入的措施</td></tr>
<tr><td rowspan="6">任务描述</td><td colspan="4">咬入是轧制的第一个环节，也是极为重要的一个环节。在企业实际生产现场，由于工艺和设备参数波动较大，可能发生咬入困难的情况，轧钢技术工人需要对影响咬入的可能因素进行分析，并提出最佳改善办法，使生产得以顺利进行。
小王是某轧钢厂一名技术员，在拿到客户订单后进行了压下规程设计，那么他的设计是否合理，请你来验证一下。现场工艺和设备参数如下：</td></tr>
<tr><td>钢种</td><td>Q235</td><td>原料尺寸</td><td>200mm×1400mm×1780mm</td></tr>
<tr><td>开轧温度</td><td>1145℃</td><td>成品尺寸</td><td>8mm×2000mm×8000mm</td></tr>
<tr><td>轧制速度</td><td>0. 8m/s</td><td>第一道次压下量</td><td>30mm</td></tr>
<tr><td>轧辊材质</td><td>锻钢</td><td>轧机</td><td>单机架四辊可逆</td></tr>
<tr><td>工作辊直径</td><td>950mm</td><td>支撑辊直径</td><td>1800mm</td></tr>
<tr><td>相关知识</td><td colspan="4">咬入角、咬入条件、改善咬入的措施</td></tr>
<tr><td>任务实施过程</td><td colspan="4"></td></tr>
<tr><td>任务下发人</td><td colspan="2"></td><td>日期</td><td>年　月　日</td></tr>
<tr><td>任务执行人</td><td></td><td>组别</td><td>日期</td><td></td></tr>
</table>

任务背景知识

4.3.1　实现轧制过程的条件

为了便于研究轧制过程的各种规律，从最简单的轧制条件开始研究实现轧制过程的条件。

4.3.1.1　咬入条件

在生产实践中可以发现，有时轧制很顺利，但也有时压下量大了，轧件就轧不入。轧件轧不入，一般称为不能咬入。咬入是依靠回转的轧辊与轧件之间的摩擦力，将轧件拖入轧辊之间的现象。轧制过程能否建立，决定于轧件能否被旋转的轧辊咬入。

当轧件接触到旋转的轧辊时，在接触点（实际上是一条沿辊身长度的线）上轧件以一力 P 压向轧辊，如图 4-15 所示。旋转的轧辊即以与作用力 P 大小相同方向相反的力作用到轧件上，为径向的正压力。同时旋转的轧辊与轧件之间有摩擦力，与轧辊旋转方向一致，是切线方向的，与 P 垂直。

因此，对轧件来说，其受 P 及 T 两个力的作用（见图 4-16），按阿蒙顿-库仑定律，摩擦系数 f 为

$$\frac{T}{P}=f$$

即

$$T=fP \tag{4-36}$$

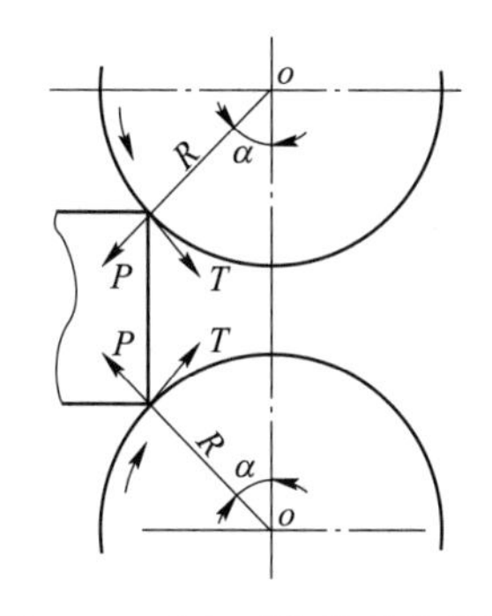

图 4-15　咬入时轧件受力分析

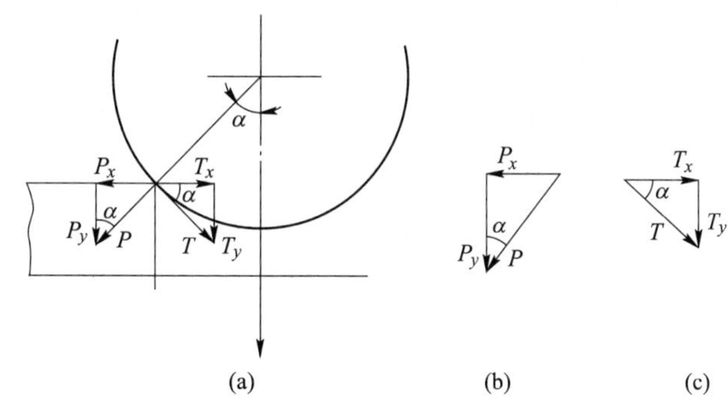

图 4-16　P 和 T 力的分解

由图 4-16 可以看出，P 是外推力，而 T 是拉入力，轧件能否咬入由它们谁占优势来决定。以把 P 和 T 分解成水平方向的分力 P_x 和 T_x，垂直方向的分力 P_y 和 T_y，如图 4-16（b）和（c）所示。垂直分力 P_y 和 T_y 是压缩轧件的，使轧件产生塑性变形，轧件才可咬入。水平分力 P_x 和 T_x 直接影响咬入。显然，当 $P_x > T_x$ 时，不能咬入。当 $P_x < T_x$ 时，能够咬入。所以，$P_x = T_x$ 是咬入的临界条件。

由图 4-16 可知：

$$P_x = P\sin\alpha,\ T_x = T\cos\alpha$$

当 $P_x = T_x$ 时，则有：

$$P\sin\alpha = T\cos\alpha$$

改写成

$$\frac{\sin\alpha}{\cos\alpha} = \tan\alpha = \frac{T}{P}$$

代入式（4-36），有：

$$f = \tan\alpha \tag{4-37}$$

$$\begin{cases} \tan\alpha < f & \text{能咬入} \\ \tan\alpha > f & \text{不能咬入} \\ \tan\alpha = f & \text{临界状态} \end{cases}$$

根据物理概念，摩擦系数可以用摩擦角 β 来表示，亦即摩擦角 $\tan\beta$ 就是摩擦系数 f，将 $f = \tan\beta$ 代入式（4-37）得出：

$$\begin{cases} \alpha < \beta & \text{能咬入} \\ \alpha > \beta & \text{不能咬入} \\ \alpha = \beta & \text{临界状态} \end{cases}$$

4.3.1.2　轧制过程的三个阶段

A　咬入阶段

轧件前端与轧辊接触的瞬间起，到前端达到变形区的出口断面，这一阶段称为咬入阶段。该阶段的特点是：

（1）轧件的前端在变形区有三个自由端，仅有后面有不参与变形的外端。

（2）变形区的长度 $0 \to l = \sqrt{R\Delta h}$。

（3）变形区内的合力作用点，力矩均不断变化。

（4）轧件对轧辊的压力由 0→max。

（5）变形区内各断面的应力状态不断变化。

B　稳定轧制阶段

从轧件前端离开轧辊轴心连线开始，到轧件后端进入变形区入口断面，这一阶段称为稳定轧制阶段。在这一阶段变形区的大小、轧件与轧辊的接触面积、金属对轧辊的压力、变形区内各处的应力状态都是均衡的。

C　甩出阶段

从轧件后端进入变形区入口断面时起，到轧件完全通过辊缝，这一阶段称为甩出阶段。该阶段的特点是：

（1）轧件的后端在变形区有三个自由端，仅前面有不参与变形的外端。

（2）变形区的长度 $l = \sqrt{R\Delta h} \to 0$。

（3）变形区内的合力作用点，力矩均不断变化。

（4）轧件对轧辊的压力由 max→0。

（5）变形区内各断面的应力状态不断变化。

4.3.1.3　金属在变形区内的流动规律

A　沿轧件断面高向上变形的分布

轧制时变形分布的理论有均匀变形理论、不均匀变形理论。

均匀变形理论是指由于未发生塑性变形的前后端的强制作用，沿轧件断面高度方向上的变形、应力和金属流动的分布都均匀，因此又称为刚端理论。

不均匀变形理论是指沿轧件断面高度方向上的变形、应力和金属流动的分布都是不均匀的。

（1）沿轧件断面高度方向上的变形、应力和金属流动都是不均匀的。

（2）在几何变形区内，在轧件与轧辊接触表面上，不但有相对滑动，而且还有黏着。所谓黏着是指轧件与轧辊间无相对滑动。

（3）变形不但发生在几何变形区内，而且也发生在几何变形区以外，其变形分布都是不均匀的。这样轧制变形区可分为变形过渡区、前滑区、后滑区和黏着区。

（4）在黏着区内有一个临界面，在这个面上金属的流动速度分布均匀，并且等于该处轧辊的水平速度。

大量实验证明，不均匀变形理论是比较正确的，即沿轧件断面高度方向上的变形分布都是不均匀的。其中塔尔诺夫斯基的研究结果如图 4-17 所示。图中曲线 1 所示为轧件表面层各个单元体的变形沿变形区长度 l 上的变化情况；曲线 2 所示为中层各个单元体的变形沿变形区长度 l 上的变化情况；图中的纵坐标是以自然对数表示的相对变形。由图 4-17 可以得出：

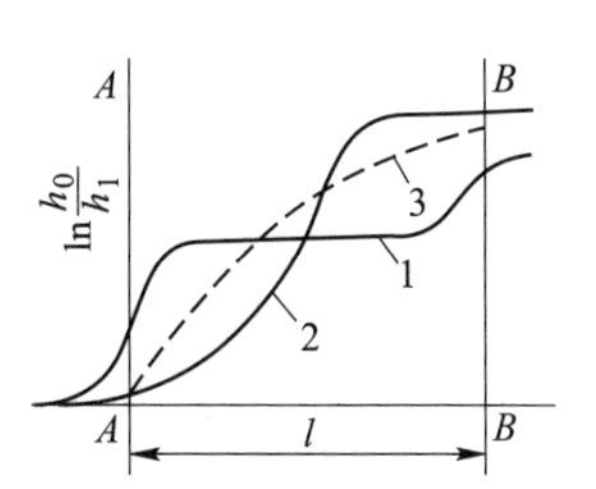

图 4-17　沿轧件断面高向上变形分布

1—表面层；2—中心层；3—均匀变形；A—A—入辊平面；B—B—出辊平面

（1）在变形区开始处靠近接触表面的单元体的变形，比轧件中心层的单元体变形要大。

（2）表面层的金属流动速度比中间层的快。

（3）曲线 1 和曲线 2 的交点是临界面的位置，在这个面上金属变形和流动速度是均匀的。在出辊方向出现了相反的现象。

（4）在变形区的中间部分，曲线 1 上有一段很长的平行于横坐标的线段，说明在轧件与轧辊相接处的表面上确实存在黏着区。

（5）入辊前和出辊后轧件表面层和中心层都发生变形，说明了在外端和几何变形区之间有变形过渡区，在这个区域内变形和流动速度也是不均匀的。

塔尔诺夫斯基根据实验研究把轧制变形区绘成图 4-18，描述轧制时的变形情况。

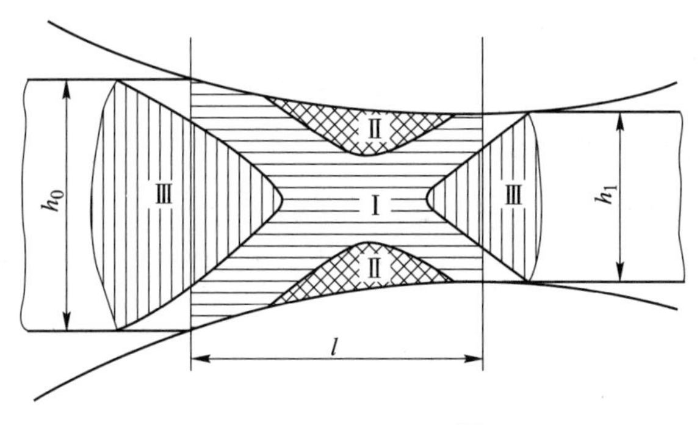

图 4-18　轧制变形区（$l/\bar{h}>0.8$）

Ⅰ—易变形区；Ⅱ—难变形区；Ⅲ—自由变形区

当变形区形状系数 $l/\bar{h}>0.5\sim1.0$ 时，即轧件断面高度相对于变形区长度不大时，压缩变形完全深入到轧件内部，中心层变形比表面层变形要大；当变形区形状系数 $l/\bar{h}<0.5\sim1.0$ 时，随着变形区形状系数的减小，外端对变形过程影响变得更为突出，压缩变形不能

深入到轧件内部，只限于表面层附近的区域。

B　沿轧件宽度方向上的流动规律

根据最小阻力定律，变形区受纵向和横向的摩擦阻力 σ_3 和 σ_2 的作用如图 4-19 所示。

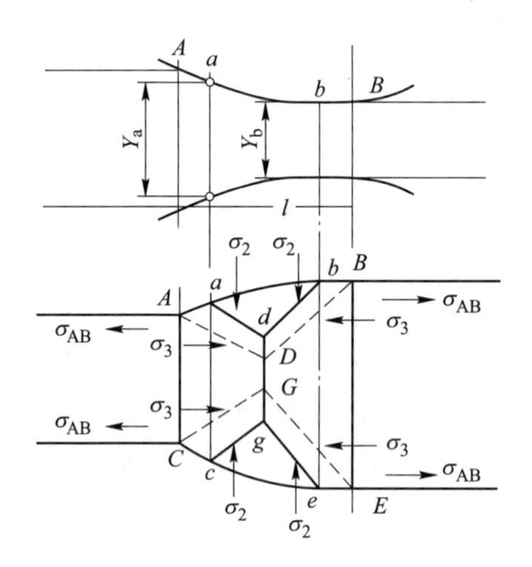

图 4-19　轧件在变形区的横向流动

ADB、*CGE* 区域：金属沿横向流动增加宽展；

ADGC、*BDGE* 区域：金属沿纵向流动增加延伸。

外端对变形区金属流动的分布产生一定的影响作用，前后外端对变形区产生张应力。

变形区长度 l 小于宽度 $\bar{b}$，故延伸大于宽展。

在纵向延伸区中心部分的金属只有延伸而无宽展，因而其延伸大于两侧，结果在两侧引起张应力。这两种张应力引起的应力以 σ_{AB} 表示，它与延伸阻力 σ_3 方向相反，削弱了延伸阻力，引起形成宽展的区域 *ADB* 及 *CGE* 收缩为 *adb* 和 *cge*。

事实证明，张应力的存在引起宽展下降，甚至在宽展方向上发生收缩产生所谓“负宽展”。

沿轧件高度方向金属横向变形的分布也是不均匀的，一般情况下接触表面由于摩擦力的阻碍，表面的宽度小于中心层，因而轧件侧面呈单鼓形。当 $l/\bar{h}<0.5$ 时，轧件变形不能渗透到整个断面高度，因而轧件侧表面呈双鼓形，在初轧机上可以观察到。

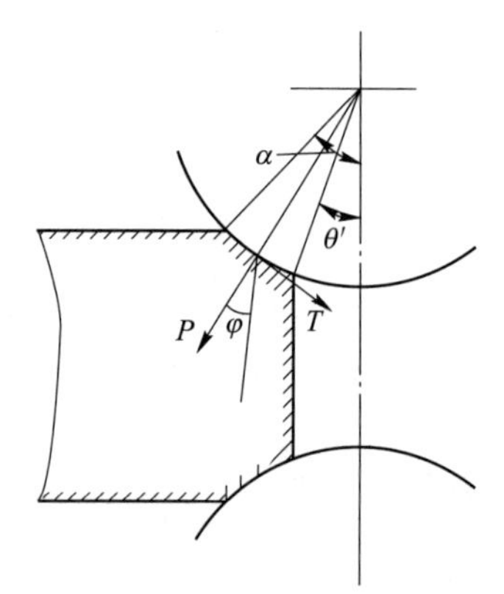

图 4-20　金属进入变形区情况

4.3.1.4　稳定轧制条件及剩余摩擦力的产生

A　稳定轧制条件

a　金属进入变形区的情况

在咬入过程中，金属和轧辊的接触表面，一直是连续地增加的，如图 4-20 所示。图中 θ' 为轧件咬入后其前端与中心线所成的夹角。从图中可以看出：

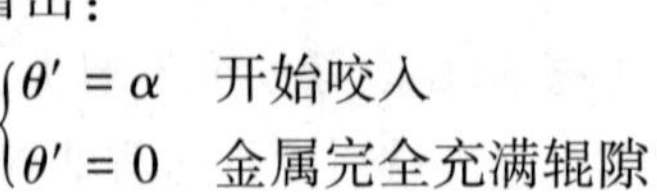

$$\begin{cases}\theta' = \alpha & \text{开始咬入} \\ \theta' = 0 & \text{金属完全充满辊隙}\end{cases}$$

随着金属逐渐充填变形区，合力 P 的作用角由原来的 α 变成 φ 角，如设压力沿接触弧分布均匀，则 φ 角的大小为

$$\varphi = \frac{\alpha - \theta'}{2} + \theta'$$

即

$$\varphi = \frac{\alpha + \theta'}{2} \tag{4-38}$$

显然，随 θ' 由 α 变至 0，φ 将由 α 变化至 $\alpha/2$。当 $\varphi = \alpha$ 时，为金属开始咬入；而当 $\varphi = \frac{\alpha}{2}$ 时，金属充填整个变形区，此时一般称作轧制过程建成。

b　建成过程咬入条件

轧制过程建成后，继续进行轧制的条件仍然应当是水平轧入力 T_x 不小于水平推出力 P_x，$T_x \geqslant P_x$。由图 4-21 有：

$$T_x = T\cos\frac{\alpha}{2},\ P_x = P\sin\frac{\alpha}{2}$$

那么，$T_x \geqslant P_x$ 可写为：

$$T\cos\frac{\alpha}{2} \geqslant P\sin\frac{\alpha}{2}$$

或

$$T/P \geqslant \tan\frac{\alpha}{2}$$

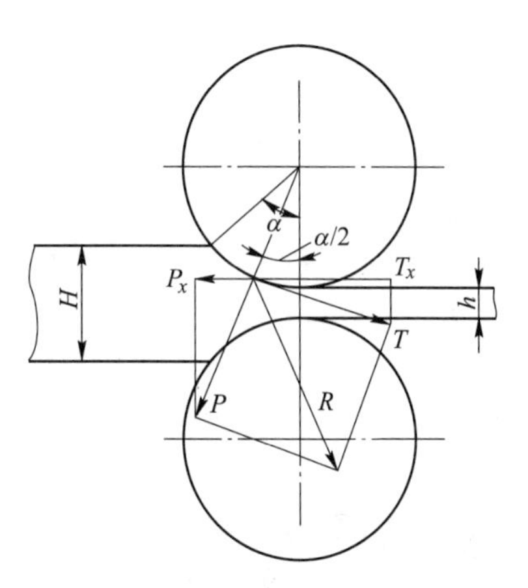

图 4-21　建成过程咬入条件

亦即

$$\tan\beta = f = \frac{T}{P} \geqslant \tan\frac{\alpha}{2}$$

由此得出建成阶段的咬入条件：

$$\beta \geqslant \frac{\alpha}{2} \quad 或 \quad \alpha \leqslant 2\beta \tag{4-39}$$

开始咬入时的咬入条件为 $\alpha \leqslant \beta$，而建成过程则为 $\alpha \leqslant 2\beta$。

B　剩余摩擦力的产生

轧件咬入后，金属与轧辊接触表面不断增加，随着轧件头部充填辊缝，水平方向摩擦力克服推出力外，还出现剩余。

用于克服推出力外还剩余的摩擦力的水平分量，称为剩余摩擦力。

由于轧件充填辊缝过程中有剩余摩擦力产生并逐渐增大，因此轧件只要一经咬入，继续填充辊缝就更加容易。

$$N_x = T_x - P_x = T\cos\frac{\alpha}{2} - P\sin\frac{\alpha}{2}$$

从上式可以看出，摩擦系数越大，剩余摩擦力越大；而当摩擦系数为定值时，随咬入角减小，剩余摩擦力增大。

C　影响咬入的因素

$$\Delta h = D(1 - \cos\alpha)$$

式中　D——轧辊直径；

Δh——压下量；

α——咬入角。

$$1 - \cos\alpha = 2\sin^2 \frac{\alpha}{2}$$

当 α 较小时，$\sin \frac{\alpha}{2} \approx \frac{\alpha}{2}$

$$\Delta h = D\left(2\sin^2 \frac{\alpha}{2}\right) \approx R\alpha^2$$

由此可见，$D=C$，Δh 与 α^2 成正比；$\alpha=C$，Δh 与 D 成正比；$\Delta h=C$，D 与 α 成反比。

（1）轧辊直径 D、压下量 Δh 对咬入的影响。

1）$\Delta h=C$，随着 D 增加，α 减小，有利于咬入；

2）$D=C$，Δh 减小，可使 α 下降，有利于咬入。

（2）作用在水平方向上的外力对咬入的影响。

1）凡是顺轧制方向的水平外力，一般都有利于咬入；

2）凡是逆轧制方向作用在轧件上的外力，都不利于咬入。

（3）轧制速度的影响。

1）提高轧辊圆周速度，不利于咬入；

2）降低轧辊圆周速度，有利于咬入。

一方面，提高轧辊圆周速度，当速度足够大时，会降低轧辊与轧件之间的摩擦力，而咬入是靠轧辊与轧件之间的摩擦力进行的，所以降低摩擦力不利于咬入；另一方面，由于轧辊速度较大，因此相对于轧件来说，轧件的惯性滞后作用将妨碍轧件咬入。

（4）轧辊表面状态的影响。轧辊表面越粗糙，摩擦系数越大，越有利于咬入。

（5）轧件形状对咬入的影响。轧件前端与轧辊接触面越大，轧件越容易咬入，轧制钢锭时采用小头进钢。

（6）孔型形状对咬入的影响。

1）型钢轧机：有较小的孔型侧壁斜度时，有利于咬入。

2）菱形轧件：入方孔容易咬入，因为轧件前端容易被孔型侧壁夹持。

3）椭圆形轧件：入圆孔不容易咬入，因为不易被孔型侧壁夹持。

D　改善咬入的措施

（1）提高摩擦系数。

1）轧辊刻痕、堆焊或用多边形轧辊。

2）合理使用润滑剂。

3）清除炉尘和氧化铁皮。

4）在现场不能自然咬入的情况下，撒一把沙子或冷氧化铁皮。

5）当轧件温度过高，引起咬入困难时，可将轧件在辊道上搁置一段时间，使钢温适当下降后再喂入轧机。

6）增大孔型侧壁对轧件的支持力可改善轧件的咬入。

7）合理调整轧制速度。

（2）降低咬入角。

1）使用合理形状的连铸坯，可以把轧件前端制成楔形或锥形。

2）强迫咬入，用外力将轧件顶入轧辊中，由于外力的作用，轧件前端压扁，合理作用点内移，从而改善了咬入条件。

3）减小本道次的压下量可改善咬入条件。

4.3.2　最大压下量的计算

压下量是限制轧制咬入的关键因素，压下量过大轧件将不能咬入。为保证轧件能顺利咬入，某道次压下量一般不超过该道次咬入条件所允许的最大压下量。最大压下量可按最大咬入角计算，也可按摩擦系数计算。

（1）按最大咬入角 α_{max} 计算最大压下量。

$$\Delta h_{max} = D_g(1 - \cos\alpha_{max}) \tag{4-40}$$

式中　Δh_{max}——最大压下量；

D_g——轧辊工作直径，为了保证在轧辊整个寿命周期都能顺利咬入轧件，一般取旧辊时的最小工作直径；

α_{max}——最大咬入角，不同轧制条件下的最大咬入角见表 4-1。

表 4-1　不同轧制条件下的最大咬入角

轧制条件	摩擦系数	最大咬入角/(°)
在有刻痕或堆焊的轧辊上热轧钢坯	0.45~0.62	24~32
热轧型钢	0.36~0.47	20~25
热轧钢板或扁钢	0.27~0.36	15~20
在一般光面轧辊上冷轧钢板或带钢	0.09~0.18	5~10
在镜面光泽轧辊（粗糙度达 0.05 ）上冷轧板带钢	0.05~0.08	3~5
辊面同上，用蓖麻油、棉籽油、棕榈油润滑	0.03~0.06	2~4

（2）按摩擦系数 f 计算最大压下量。

$$\Delta h_{max} = D_g\left(1 - \frac{1}{\sqrt{1 + f^2}}\right) \tag{4-41}$$

式中　D_g——轧辊最小工作直径；

f——摩擦系数，不同轧制条件下的摩擦系数可按表 4-1 选取。

【例 4-1】　假设热轧时轧辊直径 $D = 800$mm，摩擦系数 $f = 0.3$，求咬入条件所允许的最大压下量及建立稳定轧制过程后，利用剩余摩擦力可以达到的最大压下量（其中，咬入角的大小为摩擦角的 1.5 倍）。

解：（1）计算咬入条件所允许的最大压下量。

$$\Delta h_{max} = D\left(1 - \frac{1}{\sqrt{1 + f^2}}\right) = 800 \times \left(1 - \frac{1}{\sqrt{1 + 0.3^2}}\right) = 34\text{mm}$$

（2）计算在建立稳定轧制过程后，利用剩余摩擦力可以达到的最大压下量。

取

$$\alpha = 1.5\beta = \arctan 0.3 = 1.5 \times 16.7 \approx 25°$$

则

$$\Delta h'_{max} = D(1 - \cos\alpha_{max}) = 800 \times (1 - \cos 25°) \approx 75\text{mm}$$

利用剩余摩擦力可以增加的压下量为：

$$75-34=41\text{mm}$$

学生工作任务页

<table>
<tr><td>任务名称</td><td colspan="4">判断轧机咬入能力及改善咬入的措施</td></tr>
<tr><td>任务描述</td><td colspan="4">以 Q235 钢坯咬入为例，试分析轧件能否顺利被轧机咬入，如不能顺利咬入，请分析可能影响因素并提出改善咬入的措施</td></tr>
<tr><td rowspan="5">已知工艺和设备参数</td><td>钢种</td><td>Q235</td><td>原料尺寸</td><td>200mm×1400mm×1780mm</td></tr>
<tr><td>开轧温度</td><td>1145℃</td><td>成品尺寸</td><td>8mm×2000mm×8000mm</td></tr>
<tr><td>轧制速度</td><td>0.8m/s</td><td>第一道次压下量</td><td>30mm</td></tr>
<tr><td>轧辊材质</td><td>锻钢</td><td>轧机</td><td>单机架四辊可逆</td></tr>
<tr><td>工作辊直径</td><td>950mm</td><td>支撑辊直径</td><td>1800mm</td></tr>
<tr><td>推导咬入条件</td><td colspan="4">完成人：</td></tr>
<tr><td>验证任务中条件设计是否合理</td><td colspan="4">完成人：</td></tr>
<tr><td>改善咬入的措施</td><td colspan="4">完成人：</td></tr>
<tr><td>推导稳定轧制条件</td><td colspan="4">完成人：</td></tr>
</table>

续表

<table>
<tr><td>用已有知识解答现场中问题</td><td colspan="5">现实生产中，为什么在开始咬入时用小的压下量，而在稳定轧制开始阶段，增大压下量来提高生产效率？（完成人：　　　　）

现场生产中，为什么经常采用低速咬入、高速轧制的手段？（完成人：　　　）</td></tr>
<tr><td>学习感受与信息反馈</td><td colspan="5">完成人：</td></tr>
<tr><td rowspan="8">检查与评估</td><td>考核项目</td><td>评分标准</td><td>分数</td><td>评价</td><td>备注</td></tr>
<tr><td>安全生产</td><td>无安全隐患</td><td></td><td></td><td></td></tr>
<tr><td>团队合作</td><td>和谐愉快</td><td></td><td></td><td></td></tr>
<tr><td>现场 5S</td><td>做到</td><td></td><td></td><td></td></tr>
<tr><td>劳动纪律</td><td>严格遵守</td><td></td><td></td><td></td></tr>
<tr><td>工量具使用</td><td>规范、标准</td><td></td><td></td><td></td></tr>
<tr><td>操作过程</td><td>规范、正确</td><td></td><td></td><td></td></tr>
<tr><td>实验报告书写</td><td>认真、规范</td><td></td><td></td><td></td></tr>
<tr><td>总分</td><td colspan="5"></td></tr>
<tr><td>任务下发人</td><td colspan="3"></td><td>日期</td><td>年　月　日</td></tr>
<tr><td>任务执行人</td><td colspan="3"></td><td>组别</td><td></td></tr>
</table>

知识拓展——改善咬入的措施答疑

就改善咬入的措施，轧钢班学生在课后和企业王工进行了如下对话。

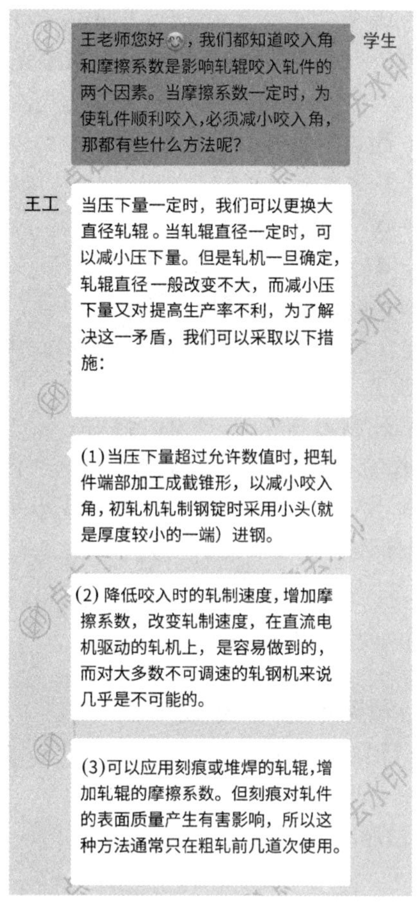

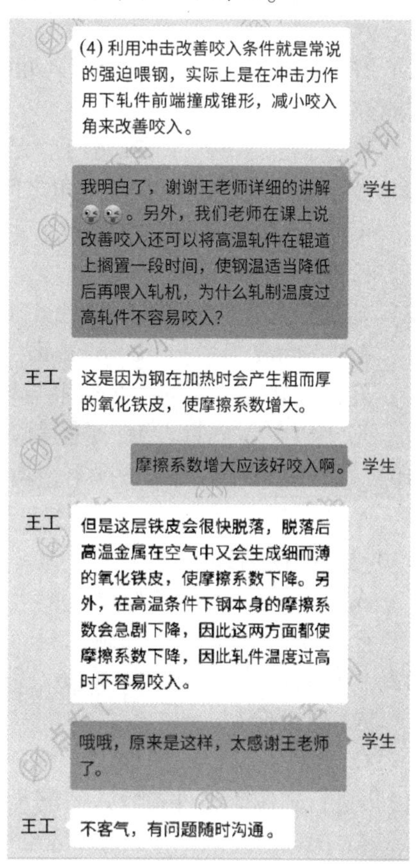

思考与练习

知识闯关
分析改善
咬入的措施

1. 选择

(1) 咬入角指（　　）。

A. 咬入弧对应的圆心角　　B. 咬入弧

C. 轧辊圆弧切线与钢板表面的角　　D. 轧辊与钢板接触点到轧辊中心连线

(2) 轧制咬入时降低轧制速度是为了（　　）摩擦系数。

A. 增加　　B. 减少　　C. 不改变　　D. 不能确定

(3) 咬入角，轧辊半径和压下量三者之间的关系是（　　）。

A. $\Delta h=2R(1-\cos\alpha)$　　B. $\Delta h=2R(1+\cos\alpha)$

C. $\Delta h=2R(1-\sin\alpha)$　　D. $\Delta h=2R(1+\sin\alpha)$

(4) 关于改善咬入条件，下列说法正确的是（　　）。

A. 压下量一定时，增大辊径，容易咬入

B. 减小轧辊摩擦系数，容易咬入

C. 辊径一定时，加大压下量，容易咬入

D. 以上说法都不对

（5）摩擦角（　　）咬入角时，轧件才能被轧辊咬入。

A. 大于　　B. 小于　　C. 等于　　D. 小于或等于

（6）在轧钢生产过程中，当咬入角的正切值（　　）轧辊与轧件间的摩擦系数时，轧件才能被咬入。

A. 大于　　B. 小于　　C. 超过　　D. 等于

（7）压下量与轧辊直径及咬入角之间存在的关系为（　　）。

A. $\Delta h=D(1-\cos\alpha)$　　B. $\Delta h=D(1-\sin\alpha)$

C. $\Delta h=D(1-\tan\alpha)$　　D. $\Delta h=D(1+\tan\alpha)$

（8）轧辊咬入轧件的条件（　　）（μ 为轧辊与轧件之间的摩擦系数）。

A. $\mu>\tan\alpha$　　B. $\mu<\tan\alpha$　　C. $\mu=\tan\alpha$　　D. $\tan\alpha$ 与 μ 无关

（9）轧件被轧辊咬入的力是轧辊与轧件之间的（　　）。

A. 张力　　B. 摩擦力　　C. 轧制力　　D. 弹力

（10）在其他条件不变的情况下，增加轧辊工作直径将使咬入角的数值（　　）。

A. 增加　　B. 减少　　C. 不变　　D. 增加或不变

（11）在轧辊轧制情况下，以下（　　）情况导致轧件咬入的难度大。

A. 大压下量、低速轧制　　B. 小压下量、高速轧制

C. 大压下量、高速轧制　　D. 小压下量、低速轧制

（12）下面（　　）不能改善咬入条件。

A. 高速咬入　　B. 清除炉生氧化铁皮

C. 轧件头部作成楔形　　D. 辊面刻痕或堆焊

（13）进行轧制时轧件被咬入需满足条件是（　　）。

A. $\beta\geqslant\alpha$　　B. $\beta\geqslant\alpha/2$　　C. $\beta\leqslant\alpha$　　D. $\beta\leqslant\alpha/2$

2. 判断

（　　）（1）轧制的咬入角越小，咬入越容易。

（　　）（2）轧制的速度加大，不利于轧件咬入。

（　　）（3）轧辊表面越粗糙，轧件越不容易咬入。

（　　）（4）当压下量一定时，轧辊直径越大，轧件越容易咬入。

（　　）（5）轧制时压下量越大，则咬入角越大。

（　　）（6）增加摩擦系数是改善咬入的唯一方法。

（　　）（7）钢温越高越有利于咬入。

（　　）（8）压下量大，轧件容易咬入。

（　　）（9）轧辊转速越低，轧件越容易咬入。

（　　）（10）变形速度就是工具的运动速度。

3. 简答

在轧制过程中，为了改善咬入通常可以采用增大摩擦系数和利用剩余摩擦力的方法。试述改善咬入的具体方法。

4. 计算

（1）假设热轧时轧辊直径 $D=1000\text{mm}$ 的轧机上轧制钢锭，摩擦系数 $f=0.4$，轧制前

厚度 $H=400\text{mm}$。求自然咬入时可能的最大咬入角和轧件轧后的厚度，以及利用剩余摩擦力可以达到的最大压下量。其中，利用剩余摩擦力可产生咬入角的大小为摩擦角的1.5倍。

（2）厚度 $H=100\text{mm}$ 的轧件在 $D=500\text{mm}$ 的轧机上轧制，若最大允许咬入角 20°，求出：

① 最大允许压下量；

② 若在 $D=500\text{mm}$ 轧机上以延伸系数等于 2 进行该道次轧制，咬入角应为多少才行？

③ 轧辊直径多大时才能以咬入角为 20°，延伸系数等于 2 的情况下完成该道次轧制（设轧制时忽略宽展）。

能量小贴士

新时代的广大共青团员——

要做理想远大、信念坚定的模范；

要做刻苦学习、锐意创新的模范；

要做敢于斗争、善于斗争的模范；

要做崇德向善、严守纪律的模范。

——2022 年 5 月 10 日，习近平总书记在庆祝中国共产主义青年团成立 100 周年大会上的讲话

模块5 轧制时宽展和前滑后滑的分析

本模块课件

模块背景

宽展是轧制过程中的一种客观现象。轧制中的宽展可能是希望的，也可能是不希望的，视轧制产品的断面特点而定。当从窄的坯料轧制成宽规格成品时希望有宽展，如用宽度较小的坯料轧成宽度较大的成品，则必须设法增大宽展。若是从大断面坯料轧成小断面成品时，不希望有宽展，因消耗于横变形的能量是多余的，在这种情况下，应该力求以最小的宽展轧制。不论在哪种情况下，希望或不希望有宽展，均必须掌握宽展变化规律及正确计算方法，这在孔型中轧制时更为重要。

前滑、后滑也是轧制过程中的一种客观现象。由于轧制时有前滑后滑现象存在，因此轧制过程复杂。此时轧件的出口速度并不等于轧辊的圆周速度。而在连轧生产和纵向周期断面型材生产时，合理确定轧件出口速度是保证轧制过程正常进行和保证产品质量的重要条件。因此，了解和掌握前滑同时了解后滑的变化规律、正确计算前滑的数值，不仅具有重要理论意义，而且也是生产实践的需要。

学习目标

知识目标：理解宽展的概念；
理解并掌握宽展的种类；
理解并掌握宽展的组成、影响宽展的因素、宽展的计算公式；
理解并掌握前滑、前滑区、后滑区、中立面与中性角的意义，前滑的计算公式，前滑的影响因素及影响规律；
理解并掌握连轧生产的基本原则技能点。

技能目标：能识别生产中的宽展现象；
能分析宽展的特点和种类，能辨认自由宽展、限制宽展和强制宽展；
能分析宽展的影响因素及影响规律，具有产品宽度的调整与控制能力；
能正确计算实际轧制时的宽展值；
能正确测定实际轧制时的前滑值；
能分析前滑的影响因素及影响规律；
能模拟实际连轧生产中的前滑现象；
能分析并应用实际连轧生产中的前滑现象。

德育目标：培养学生爱国情怀和主人翁精神；
培养学生养成严谨的工作作风；
培养学生有很强的责任心，及时发现生产过程中出现的各种问题；
培养学生有较强的安全意识。

任务 5.1　分析与估算轧制时的宽展

任务引领

钢铁人物

“当代愚公”李双良

李双良同志，太钢职工，曾担任过班组长、车间党支部书记、工段长、加工厂副厂长等职务。

李双良早在 20 世纪 50 年代就是闻名全国冶金行业的“工业炉渣爆破能手”。1983 年年近花甲的李双良主动请战，不要国家一分钱投资，带领渣场职工发扬愚公移山的精神，把沉睡了半个多世纪的高 23 米、占地 2.3km^2、总量达 1×10^{7}m^3 的渣山搬掉，累计回收废钢铁 130.9 万吨，还自创设备，生产各种废渣延伸产品，创造经济价值 3.3 亿元。此后，他又带领职工在原地建成了绿树成荫、环境优美、景色宜人的大花园。他的贡献，不仅从根本上解决了太钢的倒渣难题，更走出了一条“以渣养渣、以渣治渣、自我积累、自我发展、综合治理、变废为宝”的治渣新路子，为治理污染、改善环境、循环经济、科学发展作出了贡献，被誉为“当代愚公”。1996 年李双良档案馆建成。建馆 13 年来，接待国内外参观的各界人士 35 万余人次，发挥了档案保管基地、爱国主义教育基地和环保教育基地等多种作用。1988 年，联合国环境规划署把他列入《保护及改善环境卓越成果全球 500 佳名录》，并给他颁发了“全球 500 佳”金质奖章。

李双良于 1989 年、1995 年两次荣获全国劳模称号；1993 年被中国关心下一代工作委员会授予“先进工作者”称号；1994 年是全国“五一劳动奖章”获得者；1996 年又被授予全国“优秀共产党员”光荣称号。

1990 年，中央领导人视察太钢时，高度评价李双良精神和业绩。李双良的精神不仅对太钢职工，而且对全国乃至世界都产生着巨大的影响。

任务情境

武汉钢铁集团公司是新中国成立后兴建的第一个特大型钢铁联合企业，于 1955 年开始建设，1958 年 9 月 13 日建成投产，是中央和国务院国资委直管的国有重要骨干企业。本部厂区坐落在湖北省武汉市东郊、长江南岸，占地面积 21.17 平方公里。武钢拥有矿山采掘、炼焦、炼铁、炼钢、轧钢及物流、配套公辅设施等一整套先进的钢铁生产工艺设备，并联合重组鄂钢、柳钢、昆钢后，成为生产规模近 4000 万吨的大型企业集团，居世界钢铁行业第四位。

2016 年 3 月 10 日上午，武钢集团董事长马国强在人民网的“对话新国企加油十三五”访谈节目中表示，武钢集团正在进行人员分流，将有 4 万员工不再从事钢铁行业。

2016 年 8 月，武汉钢铁（集团）公司在“2016 中国企业 500 强”中排名第 144 位。

2016 年 9 月 22 日，国资委同意宝钢集团与武汉钢铁（集团）实施联合重组。根据公告，宝钢集团有限公司更名为中国宝武钢铁集团有限公司，作为重组后的母公司，武汉钢铁（集团）公司整体无偿划入，成为其全资子公司。

学生工作单

学生工作任务单

<table>
<tr><td>模块 5</td><td colspan="4">轧制时宽展和前滑的分析</td></tr>
<tr><td>任务 5.1</td><td colspan="4">分析与估算轧制时的宽展值</td></tr>
<tr><td rowspan="3">任务描述</td><td>能力目标</td><td colspan="3">（1）能正确启动并操作实训轧机；
（2）能识别生产中的宽展现象；
（3）能分析宽展的特点及不同种类；
（4）能正确计算实际轧制时的宽展值；
（5）能分析宽展的影响因素及影响规律</td></tr>
<tr><td>知识目标</td><td colspan="3">（1）熟悉正确启动和操作实训轧机的方法；
（2）理解实际生产中宽展的意义；
（3）掌握实际生产中宽展的种类和组成；
（4）熟悉宽展的计算公式；
（5）掌握实际生产中影响宽展的因素</td></tr>
<tr><td>训练内容</td><td colspan="3">分析与估算轧制时的宽展</td></tr>
<tr><td>参考资料与资源</td><td colspan="4">《金属压力加工理论基础》，段小勇，冶金工业出版社，2008；
“金属塑性变形技术应用”精品课程网站资源</td></tr>
<tr><td>任务实施过程说明</td><td colspan="4">（1）学生分组，每组 5~8 人；
（2）分发学生工作任务单；
（3）学习相关背景知识；
（4）小组讨论制定工作计划；
（5）小组分工完成工作任务；
（6）小组互相检查并总结；
（7）小组合作，制作项目汇报 PPT，进行讲解演练；
（8）小组为单位进行成果汇报，教师评价</td></tr>
<tr><td>任务实施注意事项</td><td colspan="4">（1）实训前要认真阅读实训指导书有关内容；
（2）实训前要重点回顾有关设备仪器使用方法与规程；
（3）每次测量与计算后要及时记录数据，填写表格；
（4）结果分析时在企业实际生产中应用要考虑原料的烧损</td></tr>
<tr><td>任务下发人</td><td colspan="2"></td><td>日期</td><td>年　月　日</td></tr>
<tr><td>任务执行人</td><td colspan="2"></td><td>组别</td><td></td></tr>
</table>

学生工作任务页

<table>
<tr><td>模块 5</td><td colspan="3">轧制时宽展和前滑的分析</td></tr>
<tr><td>任务 5.1</td><td colspan="3">分析与估算轧制时的宽展</td></tr>
<tr><td>任务描述</td><td colspan="3">武钢型材厂轧制圆钢时存在两种异常情况：一种情况是轧制后圆钢出现耳子，且耳子很大，不仅增加了后续加工的困难，而且增加了生产成本；另一种情况是轧制后圆钢出现不圆度超标，造成后工序挽救困难甚至是废品，成材率低、生产效率差。作业区主管要求技术员小王分析缺陷产生原因，并提出针对性整改措施</td></tr>
<tr><td>任务实施过程</td><td colspan="3"></td></tr>
<tr><td>任务下发人</td><td></td><td>日期</td><td>年　月　日</td></tr>
<tr><td>任务执行人</td><td></td><td>组别</td><td></td></tr>
</table>

任务背景知识

5.1.1　宽展与研究宽展的意义

5.1.1.1　宽展的概念

在轧制过程中，轧件受到压下后，除沿纵向延伸外，在横向也产生变形，称之为横变形。轧制前、后轧件沿横向尺寸的绝对差值，称为绝对宽展简称为宽展，以 Δb 表示。即

$$\Delta b = b - B \tag{5-1}$$

式中，b、B 分别为轧前与轧后轧件的宽度。

绝对宽展虽然不能正确反映变形的大小，但是由于它简单明确，在生产实践中得到极为广泛的应用。

5.1.1.2　研究宽展的意义

了解并掌握宽展的变化规律，正确计算宽展的大小，具有重要的意义。例如在拟定轧制工艺制度时，要根据给定的坯料尺寸和压下量来计算轧制后的轧件断面尺寸，或根据轧后断面尺寸和压下量来选择坯料尺寸，这都需要计算出宽展的大小。在孔型设计中，也必须正确计算出宽展量，否则，孔型不是欠充满就是过充满，如图 5-1 所示。若宽展考虑过大，大于了轧制时的实际宽展，可能使设计出的孔型宽度过大，轧制时孔型充满不良，造成轧件尺寸偏差过大、断面形状不正确，如图 5-1（a）所示；若宽展考虑过小，小于了轧制时的实际宽展，轧制时就有可能出现孔型过充满形成“耳子”，如图 5-1（b）所示。以上两种情况均可能造成轧制废品。因此，正确地估计宽展对提高产品质量、改善生产技术经济指标有着十分重要的作用。

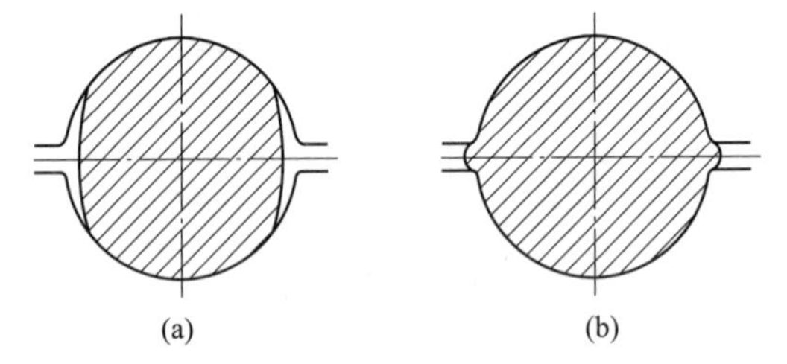

图 5-1　由于对宽展估计不准确产生的缺陷
（a）欠充满；（b）过充满

5.1.2　宽展的种类和组成

5.1.2.1　宽展的种类

根据金属沿横向上流动的自由程度，宽展可分为自由宽展、限制宽展和强制宽展。

（1）自由宽展。自由宽展是指轧件在轧制过程中，被压下的金属可以沿横向自由流动，除受来自轧辊的摩擦阻力外，不受其他任何阻碍和限制，这种情况下的宽展称为自由宽展。如平辊上或者是沿宽度上有很大富余的扁平孔型内轧制。

（2）限制宽展。轧件在轧制过程中，被压下的金属与孔型侧壁相接触，金属质点的横向流动，除受到摩擦阻力影响外，还受到孔型侧壁的限制，轧件轧制后的断面被迫取得孔型轮廓的形状，如图 5-2 所示。如在箱形孔型、闭口孔型中的轧制时，宽展均为限制宽展，这种情况下形成的宽展比自由宽展要小。在如图 5-3 所示采用斜配孔型中轧制时，宽展甚至可以为负值。

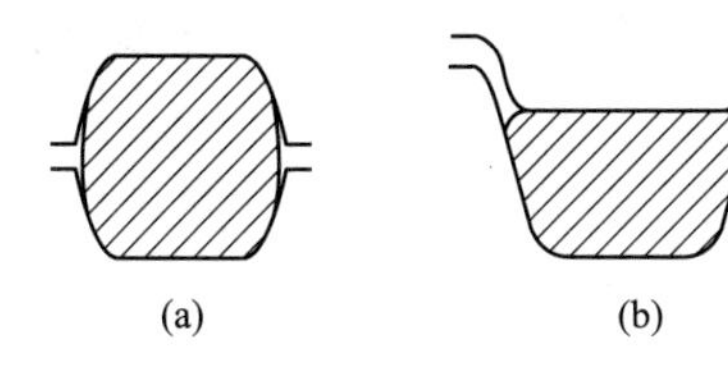

图 5-2　限制宽展

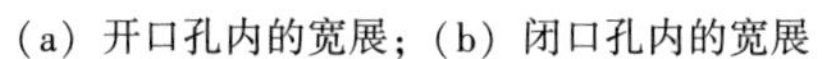
（a）开口孔内的宽展；（b）闭口孔内的宽展

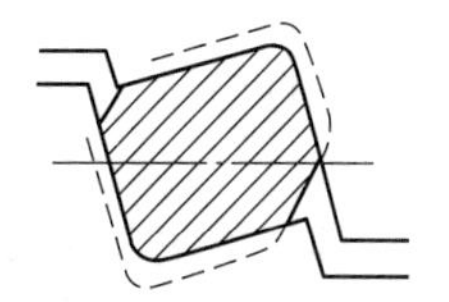

图 5-3　在斜配孔型内的宽展

（3）强制宽展。坯料在轧制过程中，被压下的金属受轧辊孔型凸峰的切展而强制金属沿横向流动，使轧件的宽度增加，这种变形称为强制宽展。

在立轧孔内轧制钢轨是强制宽展的最好例子，如图 5-4（a）所示。轧制宽扁钢时采用的“切展”孔型也是强制宽展的实例，如图 5-4（b）所示。

5.1.2.2　宽展的组成

A　宽展沿横断面高度上的分布

由于轧辊与轧件接触表面的摩擦，以及变形区几何形状和尺寸的影响，沿接触表面上金属质点的流动轨迹，与接触面附近区域和远离接触面的区域是不同的。宽展一般由以下几部分组成：滑动宽展、翻平宽展和鼓形宽展，如图 5-5 所示。

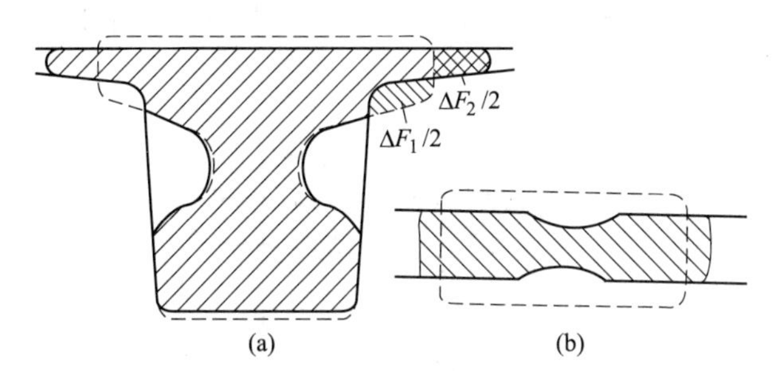

图 5-4　强制宽展

（a）钢轨底层的强制宽展；（b）切展孔型的强制宽展

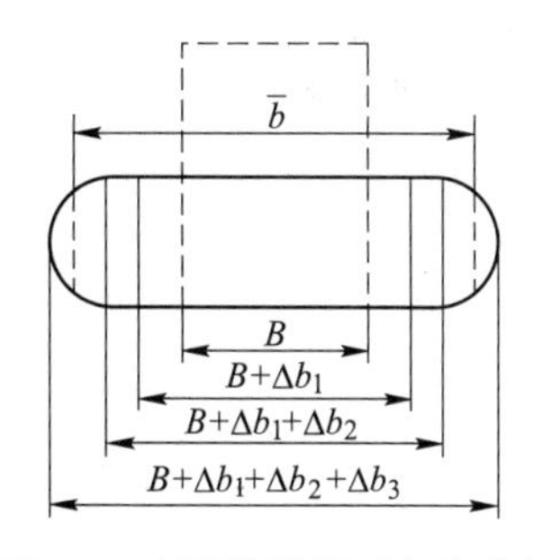

图 5-5　宽展沿横断面高度分布

（1）滑动宽展。滑动宽展是在轧辊的接触面上，由于产生相对滑动使轧件宽度增加，增加的量以 Δb_1 表示，展宽后此部分的宽度为：

$$B_1 = B + \Delta b_1 \tag{5-2}$$

（2）翻平宽展。翻平宽展是由于接触摩擦阻力的原因，轧件侧面的金属，在变形过程中翻转到接触表面上来，使轧件的宽度增加，增加的量以 Δb_2 表示。加上这部分展宽的量后轧件的宽度为：

$$B_2 = B_1 + \Delta b_2 = B + \Delta b_1 + \Delta b_2 \tag{5-3}$$

（3）鼓形宽展。鼓形宽展是轧件侧面变成鼓形而造成的宽展量，用 Δb_3 表示。此时轧件的最大宽度为：

$$B_3 = B_2 + \Delta b_3 = B + \Delta b_1 + \Delta b_2 + \Delta b_3 \tag{5-4}$$

显然，轧件的总宽展量为：

$$\Delta b = \Delta b_1 + \Delta b_2 + \Delta b_3 \tag{5-5}$$

通常理论上所说的和计算的宽展为将轧制后轧件的横断面化为同一厚度的矩形之后，其宽度与轧制前轧件宽度之差。即

$$\Delta b = b - B \tag{5-6}$$

滑动宽展、翻平宽展和鼓形宽展的数值，根据摩擦系数和变形区几何参数的变化而不同。它们有一定的变化规律，只能依靠实验和初步的理论分析，了解它们之间的定性关系。

滑摩擦系数 f 值越大，不均匀变形就越严重，此时翻平宽展和鼓形宽展的值就越大，滑动宽展越小。

$l/\bar{h}$ 越小时，则滑动宽展越小，而翻平和鼓形宽展占主导地位。这是因为 $l/\bar{h}$ 越小，黏着区越大，故宽展主要是由翻平和鼓形宽展组成，而不是由滑动宽展组成，如图 5-6 所示。

B　宽展沿宽度上的分布

宽展沿宽度分布的理论有两种假说。

第一种假说：宽展沿轧件宽度是均匀分布的，如图 5-7 所示。这种假说认为，变形区内金属与前后外区彼此是同一整体紧密联系在一起的，当轧件在宽度上均匀压下时，由于外区的作用，各部分延伸也是均匀的。根据体积不变条件，在轧件宽度上各部分的宽展也应均匀分布。这就是说，若轧制前把轧件在宽度上分成几个相等的部分，则在轧制后这些部分的宽度仍应相等。

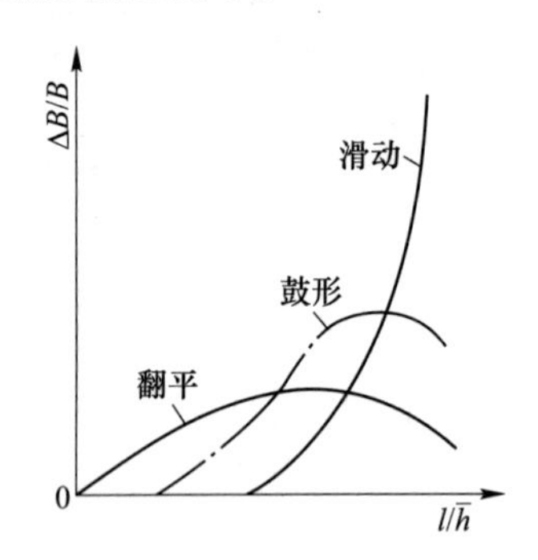

图 5-6　各种宽展与 $l/\bar{h}$ 的关系

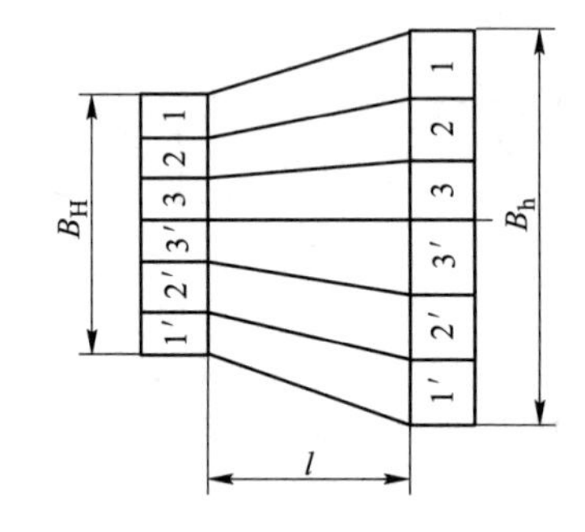

图 5-7　宽展沿宽度均匀分布的假说

实验指出：对于宽而薄的轧件，宽展很小甚至可以忽略，可以认为宽展分布均匀；对于窄而厚的轧件，宽展均匀分布假说不符合实际。

第二种假说：变形区可以分为四个区域，两边的区域为宽展区，中间为前后两个延伸区，如图 5-8 所示。图中 1、2 两区为宽展区，它的金属质点往宽展方向流动，形成宽展；3、4 两区为前后延伸区，它的金属质点往长度方向流动，形成延伸。

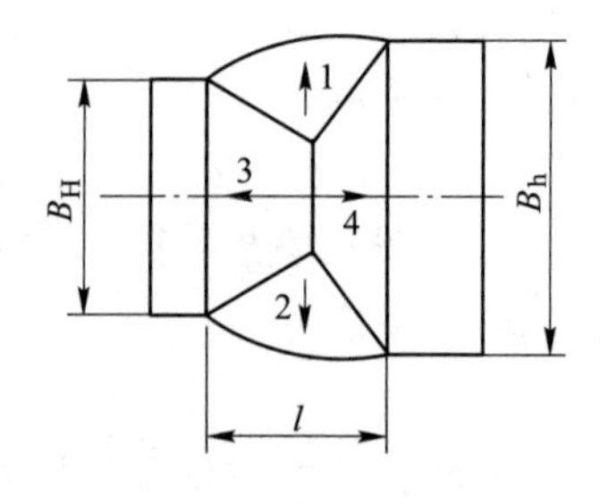

图 5-8　变形区分布

变形区分区假说也不完全准确。许多实验均证明变形区中金属质点的流动轨迹并不严格按所画的区间流动。但变形区分区假说能定性描述变形时金属沿横向和纵向流动的总趋

势。如宽展区在整个变形区面积中所占面积大，则宽展就大；并且认为宽展主要产生于轧件边缘，这是符合实际的。这个假说便于说明宽展现象的性质，可作为推导宽展计算公式的原始出发点。

5.1.3　影响宽展的因素

影响宽展的因素可归结为两类：一类是表示变形区特征的几何因素，如轧件宽度和高度、轧辊直径、变形区长度等；另一类是影响变形区内作用力的物理因素，如摩擦系数、轧制温度、金属的化学成分及变形速度等。几何因素和物理因素的综合影响，不仅限于变形区应力状态，同时涉及轧件的纵向和横向变形的特征。

轧制时高向压下的金属体积如何分配给延伸和宽展，由最小阻力定律和体积不变条件来支配。根据体积不变条件可知，轧件在高度方向压缩的移位体积必定等于宽度方向增加和纵向增长的体积之和，而高度方向移位体积有多少分配于横向流动，则受最小阻力定律的制约。若金属横向流动阻力较小，则大量质点做横向流动，表现为宽展较大；反之，若纵向流动阻力很小，则金属质点大量纵向流动而造成宽展很小。由此可看出，宽展的大小主要决定于阻止金属流动的纵向与横向阻力的比值。

下面对影响宽展的几个主要因素进行分析。为方便起见，在分析一个因素的影响时，认为其他因素不变化。

5.1.3.1　压下量

实验表明，随压下量增加，宽展也增加。这是因为一方面随高向移位体积加大，宽度方向和纵向移位体积都相应增大，宽展也自然加大；另一方面，当压下量增大时，变形区长度增加，使纵向塑性流动阻力增加，根据最小阻力定律，金属质点沿流动阻力较小的横向流动变得更加容易，因而宽展也相应加大。

5.1.3.2　轧辊直径

在其他条件不变时，随轧辊直径增大，宽展量增大。这是因为随轧辊直径增大，变形区长度增大，由接触面摩擦力所引起的纵向流动阻力增大。根据最小阻力定律，此时金属的延伸变形减小，而宽展增大。

此外，研究轧辊直径对宽展的影响时，还应注意到轧辊辊面呈圆柱体，沿轧制方向是圆弧形的辊面，对轧件产生有利于延伸的水平分力，使摩擦力产生的纵向流动阻力影响减小，因而使延伸增大，即使在变形区长度等于轧件宽度时，延伸也总是大于宽展。在 Δh 不变条件下，轧辊直径加大时，变形区长度增大而咬入角减小，轧辊对轧件作用力的纵向水平分力减小，即轧辊形状所造成的有利于延伸变形的趋势减弱，因而也有利于宽展加大。

所以，即使变形区长度与轧件宽度相等时，延伸与宽展的量也并不相等，由于工具形状的影响，延伸总是大于宽展。

5.1.3.3　轧件宽度

轧件宽度对宽展的影响规律如图 5-9 所示。在所研究的宽度范围内，对不同的相对压下量 ε，宽展量在轧件宽度较小时，随宽度的增加而增大，并在一定宽度时达最大值；随后，当轧件宽度继续增大，宽展减小。对不同的相对压下量，宽展变化曲线上升或下降的速度不同，对应最大宽展的轧件宽度也有所不同。出现这个现象的原因如下。

金属流动分成四个区域：即前、后滑区和左、右宽展区。如果 $l=C$，当 B 增大，由 $l_1>B_1$ 到 $l_2=B_2$，如图 5-10 所示，宽展区是逐渐增加的，因而宽展也逐渐增加。

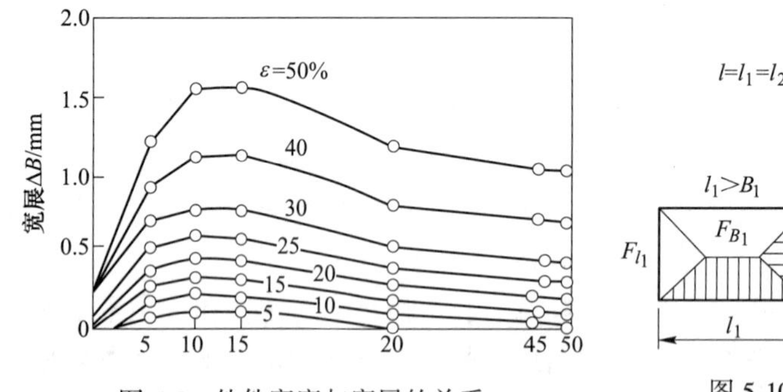

图 5-9　轧件宽度与宽展的关系

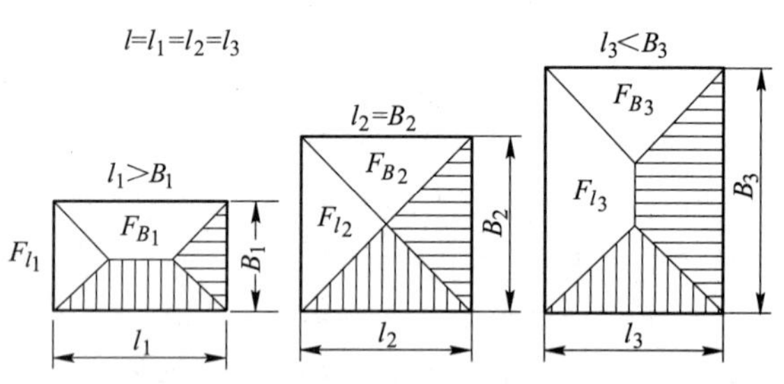

图 5-10　轧件宽度对变形区划分的影响

当由 $l_2=B_2$ 到 $l_3<B_3$ 时，宽展区变化不大，而延伸区逐渐增加，因此从绝对量上来说，宽展的变化也是先增加，后来趋于不变。一般来说，当 l/B 增大时，Δb 增大，亦即宽展与变形区长度 l 成正比，而与其平均宽度 $\overline{B}$ 成反比。

轧制过程中变形区尺寸的比：

$$l/\overline{B}=\frac{\sqrt{R\Delta h}}{\frac{B_H+B_h}{2}} \tag{5-7}$$

此比值越大，宽展亦越大。一般说来，变形区长度增大，纵向流动阻力增大，金属质点横向流动变得更容易，因而宽展增大；变形区平均宽度增加，横向流动阻力增加，宽展减小。可以认为宽展与变形区长度成正比，与变形区平均宽度成反比。

比值 l/B 的变化，实际上反映了金属质点纵向流动阻力与横向流动阻力的变化。由式（5-7）可看出，轧件宽度 B 增加，宽展减小，当轧件宽度很大时，宽展趋近于零，即出现平面变形状况。

此外，由于在变形区前后存在着外区，刚性的外区有使形区内各部分金属变形均匀化的作用。中部延伸区通过外区使边部宽展区金属与延伸区一起纵向流动，边部金属也通过外区牵制中部金属，力图使其产生较小的延伸。这样，由于外区的作用，在边部产生纵向附加拉力，而在中部产生纵向附加压应力。当轧件宽度大到一定程度后，宽展区面积在变形区中所占比例减小，而延伸区面积所占比例增大（见图 5-10），即延伸变形随宽度增加而越来越占优势。因此，宽度很大的轧件轧制时，边部的纵向附加拉应力很大，而中部纵向附加压应力很小。其结果是：轧件的实际延伸变形与延伸区的自然延伸变形相近，而宽展区金属在大的附加拉应力作用下纵向流动，导致轧件实际宽展量很小而可以忽略不计。

5.1.3.4　摩擦系数

实验证明，当其他条件相同时，随摩擦系数增加，宽展增加。由图 5-11 中的实验曲线可以看出，在压下量相同时，粗糙辊面轧辊轧制时的宽展要比光面轧辊轧制时的宽展量大。

摩擦系数除与轧辊材质、辊面光洁度有关外，还与轧制温度、轧制速度、润滑状况及轧件化学成分等因素有关。凡是影响摩擦系数的因素，都会对宽展产生影响。

（1）轧辊化学成分的影响。钢轧辊的摩擦系数要比铸铁轧辊大，因而在钢轧辊上轧制时的宽展比在铸铁辊上轧制时的要大。所以在实际生产中，若把在铸铁轧辊孔型中轧制合适的轧件用在同样的钢轧辊孔型上轧制，有可能会产生过充满现象。

（2）轧制温度的影响。轧制温度对宽展影响的实验曲线如图 5-12 所示。由图可以看出，轧制温度对宽展的影响规律和轧制温度对摩擦系数的影响规律基本一致。金属表面的氧化铁皮对宽展有很大影响。在低温阶段，有氧化铁皮的轧件宽展远大于无氧化铁皮轧件的宽展。在高温阶段（大约 1050℃以上），由于氧化铁皮开始起润滑作用，摩擦系数降低，因而随温度升高 Δb 急剧下降。而对无氧化铁皮轧件，高温时宽展无明显降低。

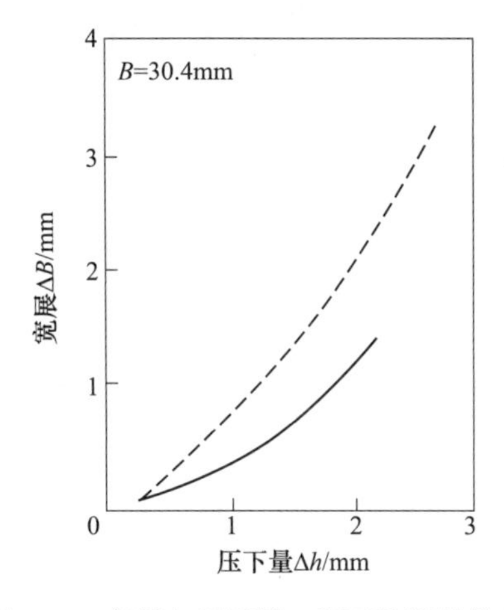

图 5-11　宽展与压下量、辊面状况的关系
实线—光面辊；虚线—粗糙表面轧辊

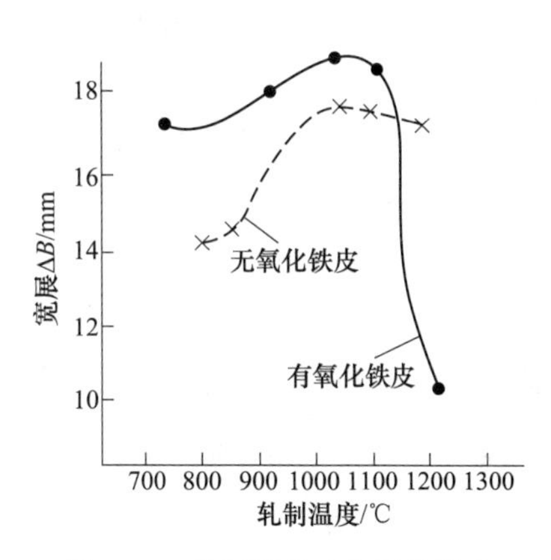

图 5-12　轧制温度对宽展的影响

由此可得出结论，在热轧条件下，轧制温度主要是通过氧化铁皮的性质影响摩擦系数，从而间接影响宽展。

（3）轧制速度的影响。轧制速度对宽展的影响也是通过摩擦系数起作用的。根据实验，在轧制辊径为 340mm 的二辊式轧机上，轧制速度在 0.3～7m/s 的范围内，轧件宽度为 40mm，轧后高度 $h=10$mm，轧件在导管中加热，在轧机前去掉导管进行一道轧制，轧制温度相同，都是 1000℃左右，每次轧制压下量不同。根据所测数据，得出如图 5-13 所示的实验曲线。由图中可看出，在所有的压下量条件下，轧制速度由 1m/s 到 2m/s，宽展量有最大值；当轧制速度大于 3m/s 时，曲线保持水平位置，即轧制速度提高，宽展保持恒定。这与轧制速度对摩擦系数影响的变化趋势是一致的。

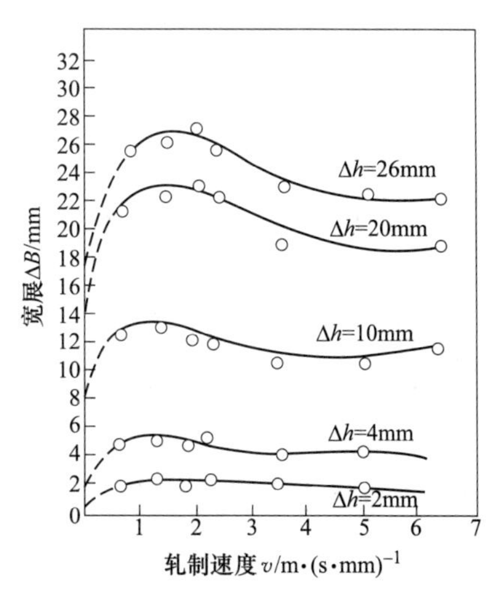

图 5-13　宽展与轧制速度的关系

（4）金属化学成分的影响。金属的化学成分主要是通过外摩擦系数的变化来影响宽展的。

热轧金属及合金的摩擦系数所以不同，主要是由于其氧化铁皮的结构及物理机械性质不同。例如，当轧制铬钢和铬镍钢时，轧件表面形成一层干的、塑性很小的氧化层，而在轧制含硫易切削钢时，由于硫含量高，高温时生成氧化铁皮层是熔化的液体状，因此轧制铬钢和铬镍钢时较轧制含硫易切削钢时的摩擦系数大。

轧制型钢时，一般具有以下特点：所有加入钢中的成分，如果是提高氧化铁皮软化点和熔化温度的元素，都使宽展增加；反之，则使宽展减小。

Ю. M. 齐西柯夫做了各种化学成分及组织的钢种实验，得出合金钢的宽展比碳素钢的宽展大。

按一般公式计算出的宽展，很少考虑合金元素的影响。为了确定合金钢的宽展，必须将按一般公式计算所得的宽展值乘以表 5-1 中的影响系数 m，即

$$\Delta b_{合} = \Delta b_{计} \times m \tag{5-8}$$

式中 $\Delta b_{合}$——所求得的合金钢的宽展；

$\Delta b_{计}$——按一般公式计算的宽展；

m——考虑到化学成分影响的系数。

表 5-1 钢的成分对宽展的影响系数

组 别	钢 种	钢 号	影响系数 m	影响系数平均值
Ⅰ	普碳钢	10	1.0	
Ⅱ	珠光体-马氏体钢（珠光体钢、珠光体-马氏体钢、马氏体钢）	T7A	1.24	1.25~1.32
		GCr15	1.29	
		16Mn	1.29	
		4Cr13	1.33	
		38CrMoAl	1.35	
		4Cr10Si2Mo	1.35	
Ⅲ	奥氏体钢	4Cr14Ni14W2Mo	1.36	1.35~1.40
		2Cr13Ni4Mn9	1.42	
Ⅳ	带残余相的奥氏体（铁素体、莱氏体）钢	1CrN9Ti	1.44	1.40~1.50
		3Cr18Ni25Si2	1.44	
		1Cr23Ni13	1.53	
Ⅴ	铁素体钢	1Cr17Al5	1.55	
Ⅵ	带有碳化物的奥氏体钢	Cr15Ni60	1.62	

（5）轧制道次的影响。实验证明，在总压下量相同的条件下，轧制道次越多，总的宽展量越小。因为用较多道次轧制时，每一道次的压下量均较小。根据前面的分析可知，压下量小时，变形区长度小，纵向塑性流动阻力也较小，有利于纵向延伸变形而不利于宽展。

（6）张力的影响。实验证明，后张力对宽展有很大影响，而前张力对宽展影响很小。这是因为轧件变形主要产生在后滑区。图 5-14 所示为在 ϕ300 轧机上轧制焊管坯时后张力对宽展的影响。图中的纵坐标 $C = \Delta b / \Delta b_0$，$\Delta b$ 为有后张力时的实际宽展量，Δb_0 为无后张

力时的宽展量。横坐标为 q_h/K，其中 q_h 为作用在入口断面上单位后张力，K 为平面变形抗力，$K=1.15\sigma_s$。由图可知，当后张力 $q_h=0.5K$ 时，轧件宽展为零。这是因为在后张力作用下金属质点纵向塑性流动阻力减小，从而使延伸增大，宽展减小。

（7）工具形状的影响。工具形状对宽展的影响，一方面是指轧制时所用工具形状不同于其他加工方式，另一方面孔型形状不同对宽展所产生的影响也不同。

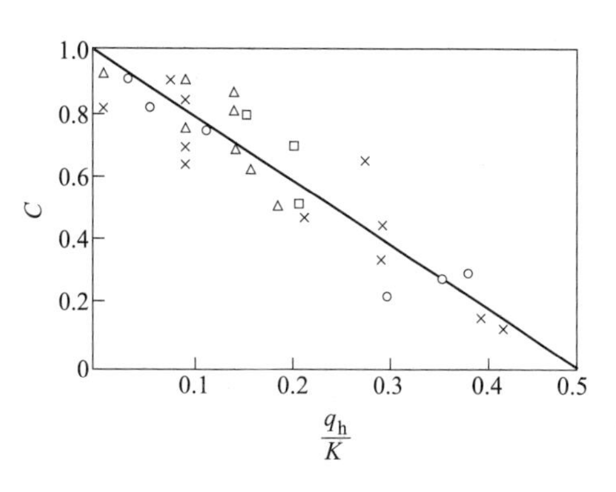

图 5-14　后张力对宽展的影响

5.1.4　宽展的计算公式

影响宽展的因素很多，一般宽展计算公式很难把所有的影响因素全部考虑进去。现有的宽展公式多数只考虑几个影响因素，而用一个系数估计其他因素的作用。

（1）若兹公式。1900 年，德国学者若兹根据实际经验提出：

$$\Delta b=\beta\Delta h \tag{5-9}$$

式中　β——宽展系数，其值为 0.35～0.48。

此式只考虑了压下量的影响，其他因素全包括在 β 中。在轧制条件变化不大时，β 变化不大，此时利用若兹公式简单方便，计算结果也比较准确。冷轧时，$\beta=0.35$（硬钢）；热轧时，$\beta=0.48$（软钢）。可根据现场经验取

$\beta=0.35$（在 1000～1150℃热轧低碳钢）

$\beta=0.45$（热轧高碳钢或合金钢）

（2）彼德诺夫-齐别尔公式。1917 年彼德诺夫（俄国学者）根据金属横向和纵向流动的体积与其克服摩擦阻力所需要的功成正比这个条件，导出了以下公式。1930 年，德国学者齐别尔在研究了接触面的摩擦力，并阻碍延伸的趋势与接触弧长度成正比及相对压下量成正比的基础上，得出公式。

$$\Delta b=\beta\frac{\Delta h}{H}\sqrt{R\Delta h} \tag{5-10}$$

式中，β 一般为 0.35～0.45，温度高于 1000℃，$\beta=0.35$；温度低于 1000℃，β 可取大些。

（3）巴赫契诺夫公式。苏联学者巴赫契诺夫根据金属压缩后往横向和高向位移体积之比，与其相应的变形功之间的比值相等这个条件，于 1950 年提出：

$$\Delta b=1.15\frac{\Delta h}{2H}\left(\sqrt{R\Delta h}-\frac{\Delta h}{2f}\right) \tag{5-11}$$

式（5-11）对于宽轧件来说，考虑了压下量、变形区长度和摩擦系数的影响，$B/(2\sqrt{R\Delta h})>1$，其计算结果正确。摩擦系数 f 用式（3-1）计算。

巴赫契诺夫公式考虑了摩擦系数、相对压下量、变形区长度及轧辊形状对宽展的影响。用巴赫契诺夫公式计算平辊轧制和箱形孔型中的自由宽展可以得到与实际相接近的结果，因此可用于实际变形计算中。

（4）艾克隆德公式。艾克隆德认为宽展决定于压下量和接触面上纵横阻力的大小。

$$\Delta b = \sqrt{4m^2(H+h)^2\left(\frac{l}{B}\right)^2 + B^2 + 4ml(3H-h)} - 2m(H+h)\frac{l}{B} - B$$

$$m = \frac{1.6fl - 1.2\Delta h}{H+h}$$

摩擦系数 f 用式（3-1）计算。艾克隆德公式考虑因素比较全面，适用范围较大。

【例 5-1】 已知轧前轧件断面尺寸 $H\times B=100\text{mm}\times200\text{mm}$，轧后厚度 $h=70\text{mm}$，轧辊材质为铸钢，工作辊直径 $D_K=650\text{mm}$，轧制速度 $v=4\text{m/s}$，轧制温度 $t=1100℃$，轧件为低碳钢，用各公式计算宽展量。

解：用艾克隆德公式计算 f。轧辊材质为铸钢，$K_1=1$；轧制速度 $v=4\text{m/s}$，$K_2=0.8$；轧件为碳素钢，$K_3=1$

$$f = K_1K_2K_3(1.05-0.0005t) = 0.8\times(1.05-0.0005\times1100) = 0.4$$

$$\Delta h = H - h = 100 - 70 = 30\text{mm}$$

$$l = \sqrt{R\Delta h} = \sqrt{\frac{650}{2}\times30} = 98.74\text{mm}$$

（1）用若兹公式计算。由于轧制温度偏低，轧件为低碳钢，因此 β 取下限。

$$\beta = 0.35$$

$$\Delta b = \beta\Delta h = 0.35\times30 = 10.5\text{mm}$$

（2）用彼德诺夫–齐别尔公式计算。由于轧件温度高于 1000℃，因此取 $\beta=0.35$。

$$\Delta b = \beta\frac{\Delta h}{H}\sqrt{R\Delta h} = 0.35\times\frac{30}{100}\times98.74 = 10.37\text{mm}$$

（3）用巴赫契诺夫公式计算。

$$\Delta b = 1.15\frac{\Delta h}{2H}\left(\sqrt{R\Delta h} - \frac{\Delta h}{2f}\right) = 1.15\times\frac{30}{2\times100}\left(98.74 - \frac{30}{2\times0.4}\right) = 10.6\text{mm}$$

（4）用艾克隆德公式计算。

$$m = \frac{1.6fl - 1.2\Delta h}{H+h} = \frac{1.6\times0.4\times98.74 - 1.2\times30}{100+70} = 0.16$$

$$\Delta b = \sqrt{4m^2(H+h)^2\left(\frac{l}{B}\right)^2 + B^2 + 4ml(3H-h)} - 2m(H+h)\frac{l}{B} - B$$

$$= \sqrt{4m^2(100+70)^2\left(\frac{98.74}{200}\right)^2 + 200^2 + 4ml(3\times100-70)}$$

$$-2m(100+70)\frac{98.74}{200} - 200 = 8.2\text{mm}$$

【例题 5-2】 已知某铸铁轧辊直径为 600mm，轧件为低碳钢，轧前的断面尺寸为 $H\times B=120\text{mm}\times150\text{mm}$，$\Delta h=30\text{mm}$，轧制温度 1000℃，轧制速度为 2m/s。试用巴赫契诺夫公式计算轧后断面尺寸。

解：根据式（3-1），$f = K_1K_2K_3(1.05-0.0005t)$

$$= 0.8 \times 1 \times 1 \times (1.05 - 0.0005 \times 1000) = 0.44$$

$$\Delta b = 1.15 \frac{\Delta h}{2H}\left(\sqrt{R\Delta h} - \frac{\Delta h}{2f}\right)$$

$$= 1.15 \times \frac{30}{2 \times 120}\left(\sqrt{300 \times 30} - \frac{30}{2 \times 0.44}\right) = 8.74\text{mm}$$

$$h = H - \Delta h = 120 - 30 = 90\text{mm},\ b = B + \Delta b = 150 + 8.74 = 158.74\text{mm}$$

轧后断面尺寸为　$h \times b = 90 \times 158.74 = 14286.6\text{mm}^2$

实验 5-1　宽展的组成测定

学生工作单

学生工作任务单

<table>
<tr><td>实验项目</td><td colspan="4">宽展的组成测定</td></tr>
<tr><td>任务描述</td><td colspan="4">（1）观察存在外摩擦条件下压缩圆柱体时金属变形的主要现象；
（2）观察镦粗时侧表面金属的翻平现象；
（3）观察镦粗时接触表面的黏着区滑动区</td></tr>
<tr><td>实验器材</td><td colspan="4">液压式万能材料试验机、游标卡尺、铅试样</td></tr>
<tr><td rowspan="2">任务实施
过程说明</td><td>1. 侧表面翻平现象的观察</td><td colspan="3">（1）实验准备：取一个 $D=25$mm、$H=50$mm 圆柱体试件，在试件一端均匀涂以墨汁，待墨汁干后，在试件上下端面各放一块粗糙压板后放置于压力机中央进行压缩。
（2）实验操作步骤：每次取 $\varepsilon=30\%$的变形量压 5～6 次，每压缩一次后用游标卡尺测量出变形后接触表面和涂墨面的直径。为准确起见，可取数个尺寸的平均值，并将数据填入工作页对应表中。在第二次压缩前重新把整个接触面均匀涂墨汁，待干后再进行第二次压缩。每次压缩前都重复上述步骤</td></tr>
<tr><td>2. 滑动区与黏着区的观察</td><td colspan="3">（1）实验准备：
1）取一个 $D=25$mm、$H=10$mm 的圆柱体铅试件，在其端面上刻痕，每两道刻痕之间的间距为 1mm。
2）测量试件原始高度及刻痕间距。
（2）实验操作步骤：
1）将试件放置于液压式万能材料试验机上进行压缩，变形量约 30%。
2）将压缩以后的试件从压力机取出后测量刻痕间距尺寸。
3）根据测量结果找出黏着区与滑动区的大致范围</td></tr>
<tr><td>任务实施
注意事项</td><td colspan="4">（1）实训前要认真阅读实训指导书有关内容；
（2）实训前要重点回顾有关设备仪器使用方法与规程；
（3）每次测量与计算后要及时记录数据，填写表格</td></tr>
<tr><td>任务下发人</td><td colspan="2"></td><td>日期</td><td>年　月　日</td></tr>
<tr><td>任务执行人</td><td colspan="2"></td><td>组别</td><td></td></tr>
</table>

学生工作任务页

学生工作页

实验项目	宽展的组成测定

侧表面翻平现象观察实验数据记录

试件高度	鼓形处 最大直径	接触面直径 $d_{接}$	涂墨面直径 $d_{涂}$	$\delta_{滑}$ = $(d_{涂}-d_{原})/2$	$\delta_{翻}$ = $(d_{接}-d_{涂})/2$
h_0 =					
h_1 =					
h_2 =					
h_3 =					
h_4 =					

$\delta_{滑}$——接触面滑动所引起的表面增量；$\delta_{翻}$——侧表面局部转移到接触面上来的增量

滑动区与黏着区观察实验记录：

观察试件接触面上刻痕的变形情况，划分出黏着区、滑动区的范围，并将变形前后的坐标刻痕描绘下来。

	考核项目	评分标准	分数	评价	备注
检查与评估	安全生产	无安全隐患			
	团队合作	和谐愉快			
	现场 5S	做到			
	劳动纪律	严格遵守			
	工量具使用	规范、标准			
	操作过程	规范、正确			
	实验报告书写	认真、规范			
总分					

任务下发人		日期	年　月　日
任务执行人		组别	

实验 5-2　宽展影响因素分析

学生工作任务单

<table>
<tr><td>实验项目</td><td colspan="4">宽展影响因素分析</td></tr>
<tr><td>任务描述</td><td colspan="4">（1）验证轧件宽度、轧制道次、摩擦系数对宽展的影响；
（2）了解轧制过程中宽展沿轧件宽度上的分布；
（3）正确、规范操作轧机；
（4）熟悉实验操作方法，安全文明操作</td></tr>
<tr><td>实验器材</td><td colspan="4">实验轧机、游标卡尺、铅试样</td></tr>
<tr><td rowspan="3">任务实施过程说明</td><td>1. 轧件宽度对宽展的影响</td><td colspan="3">（1）A 实验准备：准备四块铅试件，尺寸分别为 5mm ×15mm×100mm、5mm × 25mm × 100mm、5mm × 35mm × 100mm、5mm × 45mm×100mm。
（2）实验操作：
1）首先测量各试件的原始厚度和宽度。
2）以 $\Delta h=2$mm 的压下量各轧一道。
3）测量轧后四个试样横断面的厚度与宽度，各选四处测量尺寸，取平均值。
4）将所得数据填入表中</td></tr>
<tr><td>2. 压下量及轧制道次对宽展的影响</td><td colspan="3">（1）实验准备：准备两块铅试件，尺寸为 8mm×20mm×100mm。
（2）实验操作：
1）用木槌将其中一块试件的头部砸扁，以利于在更大压下量时也能咬入；用 $\Delta h=4$mm 的压下量轧一道，测取轧件轧后宽度，计算出 Δb；将数据填入表中。
2）对另一块试件以每道 1mm 的压下量连续轧四道，测量每道轧后的宽度，并计算 Δb，记入表中；比较当 $\Delta h=C$（常数）时，变形程度对宽展的影响。
3）比较分 4 道轧制、总压下量为 4mm 的第二块试件总宽展量与第一块试件轧一道次轧制压下量为 4mm 的宽展量的大小</td></tr>
<tr><td>3. 摩擦系数对宽展的影响</td><td colspan="3">（1）实验准备：准备两块铅试件，尺寸为 5mm×30mm×100mm。
（2）实验操作：
1）轧辊表面涂润滑油，将一块试件以 $\Delta h=1.5$mm 的压下量轧一道，测量轧后轧件宽度并计算宽展量。
2）轧辊表面涂以粉笔灰，将另一块试件以 $\Delta h=1.5$mm 的压下量轧一道，测量轧后轧件宽度并计算宽展量。
3）将数据记入表中，比较两种不同摩擦条件下的宽展量</td></tr>
<tr><td>任务下发人</td><td colspan="2"></td><td>日期</td><td>年　月　日</td></tr>
<tr><td>任务执行人</td><td colspan="2"></td><td>组别</td><td></td></tr>
</table>

学生工作页

学生工作任务页

实验项目	宽展影响因素分析

实验数据记录表 1——轧件宽度对宽展的影响

试件	轧前尺寸/mm		轧后宽度/mm					轧后厚度/mm					Δh /mm	Δb /mm
	H	B	b_1	b_2	b_3	b_4	平均宽度	h_1	h_2	h_3	h_4	平均厚度		
1														
2														
3														
4														

实验数据记录表 2——压下量及轧制道次对宽展的影响

试件号	轧制道次	轧前尺寸/mm		轧后尺寸/mm		Δh_{Σ} /mm	Δb_{Σ} /mm
		H	B	h	b		
1	1						
2	4						

实验数据记录表 3——摩擦系数对宽展的影响

辊面涂油/mm					辊面涂粉笔灰/mm				
H	B	h	b	Δb	H	B	h	b	Δb

检查与评估	考核项目	评分标准	分数	评价	备注
	安全生产	无安全隐患			
	团队合作	和谐愉快			
	现场 5S	做到			
	劳动纪律	严格遵守			
	工量具使用	规范、标准			
	操作过程	规范、正确			
	实验报告书写	认真、规范			
总分					
任务下发人		日期	年　月　日		
任务执行人		组别			

知识拓展——为什么轧制过程中延伸总是大于宽展

轧制过程中，为什么总是延伸大于宽展呢，说白了就是为什么轧件总是越轧越长而不是越轧越宽呢？

首先给大家说说鼎鼎大名的“最小阻力定律”。它说的是，轧件在变形过程中，其内部的质点有向各个方向移动的可能，但其总是移动到阻力最小的地方（就像是水往低处流）。再有就是金属在塑性变形时，各部分质点均向耗功最小的方向流动，也称最小功原理。然后再说轧制，轧制时变形区长度一般总是小于轧件的宽度，根据最小阻力定律，金属质点沿纵向（轧制方向）流动的比沿横向流动的多，使延伸量大于宽展量；再有就是轧辊为圆柱体，沿轧制方向是圆弧的，而横向为直线型的平面，因此必然产生有利于延伸变形的水平分力，它使纵向摩擦阻力减小，即增大延伸，所以，即使变形区长度与轧件宽度相等时，延伸也总是远远大于宽展。

思考与练习

知识闯关

宽展

1. 填空

（1）宽展是变形前后轧件宽度之差的________。

（2）轧制过程中，若金属质点的横向流动只受摩擦阻力的作用，则这情况下的宽展称为________。

（3）根据金属横向流动的________程度，宽展可分为自由宽展、限制宽展、强制宽展。

2. 判断

（　）（1）轧件宽度增加，宽展量增大。

（　）（2）在板带钢轧制时，前后张力的加大，使宽展减小。

（　）（3）宽展随轧辊与轧件间摩擦系数的增加而增加。

（　）（4）在其他条件不变的情况下，随着轧辊直径的增加，宽展值加大。

（　）（5）坯料宽度是影响宽展的主要因素。

3. 单项选择

（1）轧制时当压下量增加，其他条件不变，轧件的宽展将（　）。

A. 增加　　B. 不变　　C. 减小

（2）按金属质点横向流动的自由程度，孔形中轧制时的宽展常为（　）。

A. 自由宽展　　B. 限制就展　　C. 强迫宽展

（3）总压下量和其他工艺条件相同，采用下列（　）的方式自由宽展总量最大。

A. 轧制 4 道次　　B. 轧制 6 道次　　C. 轧制 8 道次

（4）轧制过程中外摩擦力增大将使轧件的（　）减小。

A. 滑动宽展　　B. 翻平宽展　　C. 鼓形宽展

（5）影响宽展的主要因素是（　　）。

A. 摩擦系数　　B. 压下量　　C. 轧件温度

（6）在轧件宽度较小时，轧件宽度增大，宽展将随之（　　）。

A. 增加　　B. 不变　　C. 减小

（7）在轧制过程中，钢坯在平辊上轧制时，其宽展属于（　　）。

A. 自由宽展　　B. 强迫宽展　　C. 约束宽展

4. 简答

（1）什么叫宽展，它有几种类型？

（2）宽展在轧制生产中有何意义？

（3）宽展沿宽度方向是怎样分布的？

（4）为什么在轧制情况下增加摩擦系数会使宽展增大？

（5）在轧制时，影响宽展的因素有哪些？

（6）为什么在任何轧制情况下的绝对宽展量较延伸量小得多？

（7）利用实习中了解的轧制实例，举例说明哪些是自由宽展、限制宽展和强制宽展。

（8）宽展主要产生在变形区长度上什么部位？说明其原因。

（9）一块矩形断面的轧件在经轧制后，出现前、后端宽度比中间部分宽度大些，且前、后端呈扇形。试分析产生此现象的原因。

（10）在下列几种情况下，型钢轧制时孔型充满情况将发生什么变化？

1）轧制温度较正常情况降低 50℃。

2）把辊径为 500mm 轧机上轧制成功的孔型照搬到 800mm 轧机上。

3）把在同一轧机上轧制低碳钢合适的孔型用来轧制高合金钢。

4）轧辊材质由锻钢改为球墨铸铁，孔型尺寸未变化。

（11）轧制线材时，为什么有时出现头部充不满而尾部又有耳子？

（12）有哪些因素影响变形区纵横阻力比？随纵横阻力比的变化，宽展应如何变化？

（13）在宽度上压下均匀时，宽度很大的板带实际宽展量很小的原因是什么？板带塑性差时形成裂边的原因是什么？

（14）若总压下量为 200mm，轧制道次分别为 8 道和 3 道，哪种情况下总宽展量大些？为什么？

（15）已知某钢轧辊直径为 600mm，轧件为低碳钢，轧前的断面尺寸为 $H\times B=120\text{mm}\times150\text{mm}$，$\Delta h=30\text{mm}$，轧制温度 1000℃，轧制速度为 2m/s，试用四种公式计算轧后断面 Δb。

能量小贴士

中华民族始终有着“自古英雄出少年”的传统，始终有着“长江后浪推前浪”的情怀，始终有着“少年强则国强，少年进步则国进步”的信念，始终有着“希望寄托在你们身上”的期待。

——2022 年 5 月 10 日，习近平总书记在庆祝中国共产主义青年团成立 100 周年大会上的讲话

任务 5.2　分析与估算轧制时的前滑

钢铁人物

刘汉章：制造“邯钢经验”的钢铁巨子

邯钢之所以成为中国市场经济下的大型国有企业的领头羊，他的贡献居功至伟。新中国成立后，国家曾在工业战线树立了两个典型，一个是大庆，另一个就是邯钢。1991 年，刘汉章敢为天下先，大胆实行了“模拟市场核算、实行成本否决”的管理模式，使企业扭亏为盈。

刘汉章作为国有特大型企业的领导人，他以无私奉献的精神，敢于创新的胆识，勇于改革的气魄和高超的决策艺术，团结带领全公司职工坚定不移地走“三改一加强”道路，使企业总资产实现了跨越式发展，成为全国“工业战线上的一面红旗”。

刘汉章和邯钢集团对国家的贡献不仅仅是他们由一个地方的钢铁企业发展成一个国家的利税大户、特大钢铁企业，更大的贡献在于，他提出的管理模式，为 20 世纪 90 年代初在摸索中前行的国企树立了一个典范，打开了一条直面市场的道路。据不完全统计，邯钢改革 13 年间，来邯钢参观取经的企事业单位有两万多家。“邯钢经验”在全国掀起了一次企业管理模式的革命，对我国计划经济向市场经济的全面转变，对国有企业三年扭亏的目标实现，都产生了积极深远的影响。

不仅中国上下学邯钢，日本、韩国等外国一些企业也在学邯钢，他们说，邯钢也为全世界的企业树立了一个典范。

任务情境

任务引领

河北钢铁集团邯郸钢铁集团有限责任公司（简称邯钢）位于我国历史文化名城、晋冀鲁豫四省交界区域中心城市、河北省重要工业基地——邯郸。邯钢于 1958 年建厂投产，历经半个多世纪的艰苦奋斗，已发展成为我国重要的优质板材生产基地，是河北钢铁集团的核心企业。

学生工作单

学生工作任务单

<table>
<tr><td>模块 5</td><td colspan="4">轧制时宽展和前滑的分析</td></tr>
<tr><td>任务 5.2</td><td colspan="4">分析与估算轧制时的前滑</td></tr>
<tr><td rowspan="3">任务描述</td><td>能力目标</td><td colspan="3">（1）能正确启动并操作实训轧机；
（2）能正确测定实训轧制时的前滑值；
（3）能分析前滑的影响因素及影响规律；
（4）能分析并应用实际连轧生产中的前滑现象</td></tr>
<tr><td>知识目标</td><td colspan="3">（1）熟悉正确启动和操作实训轧机的方法；
（2）理解实际生产中前滑的意义；
（3）理解前滑区、后滑区、中立面与中性角的意义；
（4）熟悉前滑的计算公式；
（5）掌握实际生产中影响前滑的因素及影响规律</td></tr>
<tr><td>训练内容</td><td colspan="3">分析与估算轧制时的前滑</td></tr>
<tr><td>参考资料与资源</td><td colspan="4">《金属压力加工理论基础》，段小勇，冶金工业出版社，2008；
“金属塑性变形技术应用”精品课程网站资源</td></tr>
<tr><td>任务实施过程说明</td><td colspan="4">（1）学生分组，每组 5~8 人；
（2）分发学生工作任务单；
（3）学习相关背景知识；
（4）小组讨论制定工作计划；
（5）小组分工完成工作任务；
（6）小组互相检查并总结；
（7）小组合作，制作项目汇报 PPT，进行讲解演练；
（8）小组为单位进行成果汇报，教师评价</td></tr>
<tr><td>任务实施注意事项</td><td colspan="4">（1）实训前要认真阅读实训指导书有关内容；
（2）实训前要重点回顾有关设备仪器使用方法与规程；
（3）每次测量与计算后要及时记录数据，填写表格；
（4）结果分析时在企业实际生产中应用要考虑原料的烧损</td></tr>
<tr><td>任务下发人</td><td colspan="2"></td><td>日期</td><td>年　月　日</td></tr>
<tr><td>任务执行人</td><td colspan="2"></td><td>组别</td><td></td></tr>
</table>

学生工作任务页

学习模块五	轧制时宽展和前滑的分析		
任务 5.2	分析与估算轧制时的前滑		
任务描述	邯郸钢厂热连轧车间生产时出现断带，现场停产处理事故，轧辊损伤，成材率下降，生产率低，且安全影响很大。针对此次事件，作业区主管要求技术员小王分析事故产生原因，并提出针对性整改措施		
任务实施过程			
任务下发人		日期	年　月　日
任务执行人		组别	

任务背景知识

5.2.1　前滑与后滑的认知

5.2.1.1　前滑与后滑的产生

如图 5-17 所示，轧辊旋转的转速为 n，咬入角也就是接触弧所对应的圆心角，在出口位置轧辊线速度为 v，在入口位置轧辊线速度为 $v\cos\alpha$ 。轧件出轧机的速度，称为出口速度，用 v_h 表示；轧件进入轧机的速度，称为入口速度，用 v_H 表示。那么，在轧件出口处，轧件的运动速度 v_h 与轧辊在此处线速度 v 之间的关系是怎样的？在轧件入口处，轧件的运动速度 v_H 与轧辊在此处线速度的水平分量 $v\cos\alpha$ 之间有什么样的关系？

大家知道，轧制是一种塑性加工方法，要遵守体积不变的原则，厚度方向上被压缩的金属一方面要横向流动，使宽度增加，形成宽展，另一方面要纵向流动，使长度增加，形成延伸。而宽展与延伸相比非常小，假设可以忽略，也就是说厚度方向上被压缩的金属全部纵向流动，如图 5-15 所示，在纵向上会向轧件入口和出口两个方向流动，共同形成延伸。明白了这个规律以后，我们先看轧件出口处，轧件本身在轧辊摩擦力作用下有一个与轧辊线速度水平分量相等的向前运动速度 v，而高向压缩的金属还会向前塑性流动引起速度增量 Δv_h，那么此时，轧件的出口速度为轧辊线速度加上金属质点向前塑性流动引起的速度增量，很明显，该速度是大于轧辊线速度。同理，在轧件入口处，轧件本身受到轧辊摩擦作用，有一个向前的运动速度 $v\cos\alpha$ ，而高向压缩的金属还会向后塑性流动引起速度增量 Δv_H 。轧件的入口速度等于轧辊线速度的水平分量减去由于金属向后塑性流动引起的速度增量，也很明显，轧件在入口处的速度小于轧辊在此处线速度的水平分量。

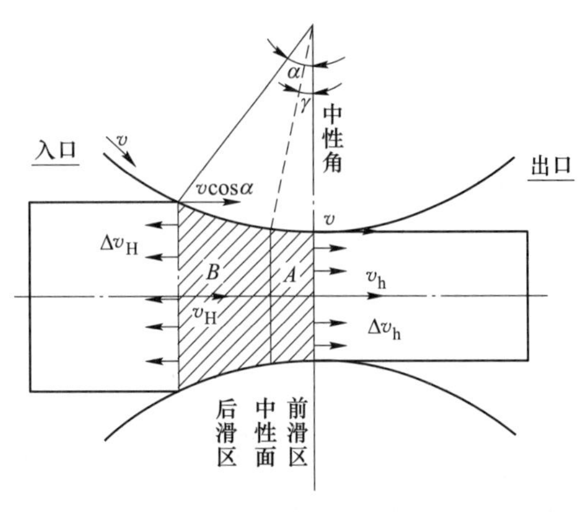

图 5-15　变形区内金属流动

所以，我们给出前滑、后滑的概念。轧件的出口速度 v_h 大于轧辊在该处的线速度 v，也就是轧件相对于轧辊有向前滑动的趋势，这种现象就叫作前滑。轧件进入轧辊的速度 v_H 小于轧辊在该点处线速度 v 的水平分量 $v\cos\alpha$ ，也就是轧件相对于轧辊有向后滑动的趋势，这种现象就叫作后滑。假设轧件材质均匀，在同一断面上运动速度一致，那么在所研究的整个变形区内，一定存在这样一个断面，金属轧件这个断面的运动速度刚好与此处轧辊线速度的水平分量是相等的，这个断面称为中性面。中性面所对应的圆心角叫中性角，用 r 来表示。中性面右侧到轧件出口处 A 区域内，轧件的运动速度都大于轧辊线速度的水平分量，这个区域称为前滑区。中性面左侧到轧件入口处 B 区域内，轧件的运动速度都小于轧辊线速度的水平分量，这个区域称为后滑区。

5.2.1.2　前滑值和后滑值的表示方式

前滑与后滑的大小分别用前滑值和后滑值表示。

前滑值等于轧件出口速度与轧辊圆周线速度之差和轧辊圆周线速度的百分比值。

$$S_h = \frac{v_h - v}{v} \times 100\% \tag{5-12}$$

后滑值等于入口断面处轧辊圆周线速度的水平分量与轧件入口速度之差和轧辊圆周速度水平分量的百分比值。

$$S_H = \frac{v\cos\alpha - v_H}{v\cos\alpha} \times 100\% \tag{5-13}$$

5.2.1.3　研究前滑的意义

从广泛的意义来说，前后滑现象是广义的纵变形。因此，它是纵变形研究的基本内容。

在使用带拉力轧制及连轧时必须考虑前滑值。因为在轧机调整时必须正确估计前滑值，否则可能造成两台轧机之间的堆钢，或者因 S_h 值估计过大而致使轧件被拉断等现象。

在计算设备的实际工作时间时，应考虑到前滑数值越大，轧件从轧辊出来的速度也就越大。也就是说，同一轧制，如果前滑值越大，则生产率越高。要提高生产率就应该考虑前滑。

5.2.2　前滑值的测定

如果将式（5-12）中的分子和分母同乘以时间 t，则得：

$$S_h = \frac{v_h \cdot t - v \cdot t}{v \cdot t} \times 100\% = \frac{L_h - L}{L} \times 100\% \tag{5-14}$$

式中　L_h——在时间 t 内轧出的轧件长度；

L——在时间 t 内轧辊表面任一点所转过的辊面长度。

如果事先在轧辊表面一个圆周上刻出距离为 L 的两个小坑，如图 5-16 所示，则轧制后在轧件表面测出对应两个凸起之间的距离 L，即可用式（5-14）计算出轧制时的前滑值。若热轧时测出轧件的冷尺寸，则可用下式换算成轧件的热尺寸：

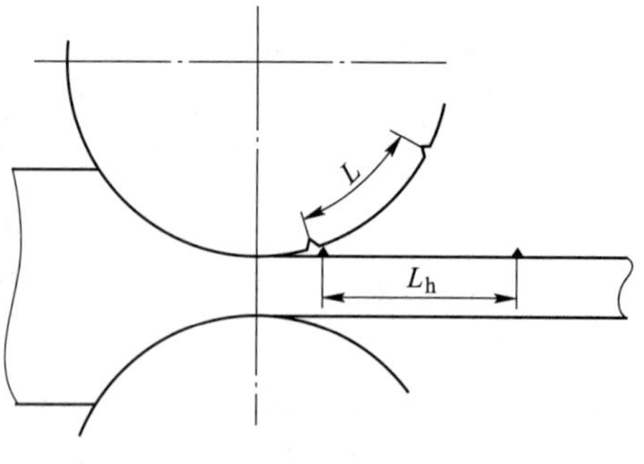

$$L_h = L'_h[1 + \alpha(t_1 - t_2)] \tag{5-15}$$

图 5-16　用刻痕法计算前滑值温度

式中　L_h——轧件的冷、热尺寸；

α——轧件的热膨胀系数，可按表 5-2 确定；

t_1，t_2——轧件轧制时的温度和测量时的温度。

表 5-2　碳钢的热膨胀系数

温度/℃	热膨胀系数
0~1200	$(15.0\sim20.0)\times10^{-6}$
0~1000	$(13.3\sim17.5)\times10^{-6}$
0~800	$(13.5\sim17.0)\times10^{-6}$

5.2.3　前滑值的计算

5.2.3.1　前滑值计算公式

（1）芬克前滑公式。按秒流量体积不变条件，变形区出口断面金属的秒流量应等于中性面处金属的秒流量，由此得出：

$$F_H v_H = F_r v_r = F_h v_h$$

$$v_h h = v_\gamma h_\gamma \quad 或 \quad v_h = v_\gamma \frac{h_\gamma}{h}$$

$$v_\gamma = v\cos\gamma \text{ , } h_\gamma = h + D(1 - \cos\gamma)$$

则：

$$\frac{v_h}{v} = \frac{h_\gamma \cos\gamma}{h} = \frac{h + D(1 - \cos\gamma)}{h}\cos\gamma$$

由此得到前滑值为：

$$S_h = \frac{v_h - v}{v} = \frac{v_h}{v} - 1$$

$$S_h = \frac{h\cos\gamma + D(1 - \cos\gamma)\cos\gamma - h}{h} = \frac{(1 - \cos\gamma)(D\cos\gamma - h)}{h} \tag{5-16}$$

此即芬克前滑公式。

（2）艾克隆德前滑公式。当 γ 角很小时，可取：

$$\cos\gamma = 1\text{，}1 - \cos\gamma = 2\sin^2\frac{\gamma}{2} = \frac{\gamma^2}{2}$$

则式（5-16）可简化为：

$$S_h = \frac{\gamma^2}{2}\left(\frac{D}{h} - 1\right) \tag{5-17}$$

（3）德列斯登前滑公式。若轧件很薄，可以认为 $\frac{D}{h} \gg 1$，式（5-17）括号中的 1 可以忽略不计时，则该式变为：

$$S_h = \frac{\gamma^2}{2} \cdot \frac{D}{h} = \frac{\gamma^2}{h}R \tag{5-18}$$

当 $\frac{R}{h} = C$（常数）时，$S_h = C\gamma^2$，呈抛物线；

当 $\frac{\gamma^2}{h} = C$（常数）时，$S_h = CR$，为直线；

当 $\gamma^2 R = C$（常数）时，$S_h = \frac{C}{h}$，呈双曲线。

应特别指出，在用式（5-16）~式（5-18）计算前滑值时，中性角 γ 一定要用弧度值。前面推导的是基本不考虑宽展时计算前滑值的近似公式。当存在宽展时，实际所得的前滑值将小于上述公式所得的结果。

（4）柯洛廖夫前滑公式。

$$S_h = \frac{R}{h}\gamma^2\left(1 - \frac{R\gamma}{b}\right) \tag{5-19}$$

此公式考虑了宽展的影响，在一般生产条件下，前滑值在 2%～10%波动，特殊情况可超出。

5.2.3.2　中性角 γ 的确定

由式（5-16）～式（5-18）可知，为计算前滑值必须知道中性角 γ。对于简单的理想轧制过程，在假定接触面全滑动和遵守库仑干摩擦定律以及单位压力沿接触弧均匀分布和无宽展的情况下，按变形区内水平力平衡条件导出中性角 γ 的计算公式，即

$$\gamma = \frac{\alpha}{2}\left(1 - \frac{\alpha}{2\beta}\right) \quad 或 \quad \gamma = \frac{\alpha}{2}\left(1 - \frac{\alpha}{2f}\right) \tag{5-20}$$

式（5-20）为计算中性角的巴甫洛夫公式，式中 α、β、γ 三个角的单位均为弧度。为深入了解，下面分析式（5-20）的函数关系，主要讨论 β 或 f 为常数时，γ 与 α 的关系。

式（5-20）为抛物线方程（见图 5-17）：

$$\gamma = \frac{\alpha}{2} - \frac{\alpha^2}{4\beta} \quad 或 \quad \alpha^2 - 2\beta\alpha + 4\beta\gamma = 0$$

此函数有最大值。为求此最大值，可使 γ 对 α 的一阶导数为零：

$$\frac{d\gamma}{d\alpha} = \frac{1}{2} - \frac{2\alpha}{4\beta} = 0$$

$$\alpha = \beta$$

当 $\alpha = \beta$ 时，$\gamma_{max} = \frac{\alpha}{4} = \frac{\beta}{4}$。

可见，当 $\alpha=\beta$ 时，即在极限咬入条件下，中性角有最大值，其值为 0.25α 或 0.25β；当 $\alpha<\beta$ 时，随 α 增加，γ 增加；当 $\alpha>\beta$ 时，随 α 增加，γ 减小；当 $\alpha=2\beta$ 时，$\gamma=0$。

当 $\alpha \ll \beta$ 时，γ 趋于极限值 $\alpha/2$，这表明由于剩余摩擦力很大，前滑区有很大发展，最大值可能接近变形区的一半。不过此时咬入角很小，前滑区的绝对值是很小的。当咬入角增加时，则剩余摩擦力减小，前滑区占变形区的比例减小，极限咬入时只占变形区的 1/4，如果再增加咬入角（在咬入后带钢压下），剩余摩擦力将更小。当 $\alpha=2\beta$ 时，剩余摩擦力为零，而此时 $\gamma/a=0$，$\gamma=0$。前滑区为零即变形区全部为后滑区，此时轧件向入口方向打滑，轧制过程实际上已不能继续下去。

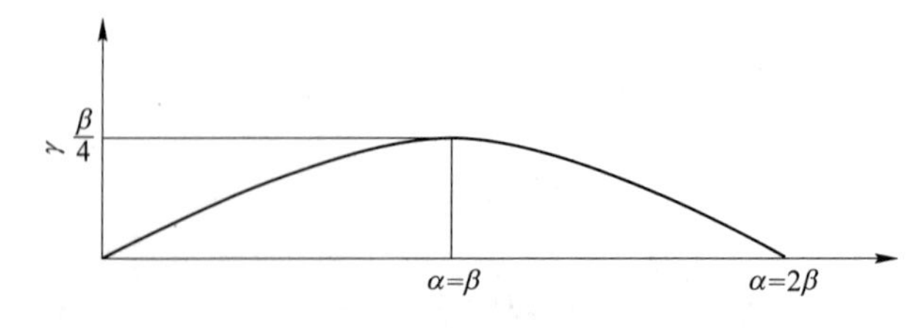

图 5-17　三特征角 α、β、γ 之间的关系

由上述分析可见，前滑区在变形区内所占比例的大小，即 γ/α 值的大小，与剩余摩擦力的大小有一定关系。前滑区占变形区的比例减小，极限咬入时只占变形区的 1/4，咬入后剩余摩擦力将更小。当 $\alpha=2\beta$ 时，剩余摩擦力为 0，此时 $\gamma=0$，整个变形区全部为后滑

区，此时轧件向入口方向打滑，轧制不能进行。

一般轧制过程都必然存在前滑区和后滑区。前已述及，前滑区的摩擦力是轧件进入变形区的阻力，轧辊是通过后滑区的摩擦力的作用将轧件拉入辊缝，故后滑区的摩擦力具有主动作用力的性质。所以前滑区和后滑区是两个相互矛盾的方面。然而前滑区对稳定轧制过程又是不可缺少的。当由于某种因素的变化，阻碍轧件前进的水平阻力增大（如后张力增大），或拉轧件进入辊缝的水平作用力减小（如摩擦系数减小）时，前滑区均将会部分地转化为后滑区，使拉轧件前进的摩擦力的水平分量增大，轧制过程得以在新的平衡状态下继续进行下去。

5.2.4　影响前滑的因素

轧制时影响前滑的因素很多，其中主要有辊径 D、摩擦系数 f、压下率 $\Delta h/H$、轧件厚度与孔型形状等。

（1）辊径。由简化前滑公式（5-17）~式（5-19）可以看出，前滑值随辊径的增加而增加（其他条件不变时）。这是由于 D 增加，α 就要减小，而在摩擦角 β（即摩擦系数）保持不变的条件下，剩余摩擦相对增加，前滑也随之增加。

（2）摩擦系数。实验证明，在其他变形条件相同的情况下，摩擦系数越大，前滑也越大。这是由于摩擦系数增大，剩余摩擦增加的结果。这一点也可以通过中立角和前滑计算公式得到证实，即摩擦系数（或摩擦角）增加，中立角增加，前滑也增加。另外，也不难得出结论，凡是影响摩擦系数的因素，如轧制温度、轧件与轧辊材质、轧制速度等，也同样会影响前滑。

（3）相对压下量。相对压下量的影响，实质上也就是高度单位移位体积的影响。由图 5-18 可以看出，前滑量随相对压下量的增加而增加，此乃为相对压下量增加促使延伸系数相应增大的结果。

下面再对图 5-18 中曲线变化的规律加以说明。图中曲线以 Δh 等于常数时前滑的增加最为显著，因为在此条件下相对压下量的增加仅意味着轧前高度 H 的减少，而咬入角 α 的数值并不受到影响，即此刻是在不减少剩余摩擦的条件下增加延伸系数的。而当 h 或 H 为常数的条件下，情况就不同了，因为无论在哪种条件下增大相对压下量，都意味着增大压下量 Δh，即都是在减少了剩余摩擦条件下增加延伸系数的，故后者前滑的增加较前者缓慢。

（4）轧件宽度。轧件宽度对前滑的影响，可用图 5-19 说明。当宽度小于某一定数值时（在图 5-21 中为 40mm），随宽度增加，前滑也增加。当宽度超过上述定值后，宽度如再增加，前滑将保持为一稳定数值。这是因为随宽度增加宽展减小，所以延伸相应增加，前滑也增加；而当宽度增加到一定限度后，$\Delta b \approx 0$，即宽度趋于稳定数值，故延伸相应稳定，前滑也就不变了。

（5）张力。实验证明，前张力增加时，前滑值增加，后滑值减小；后张力增加时，后滑值增加，前滑值减小。这是因为，前张力增加时，金属向出口方向流动的阻力减小，前滑值增大。

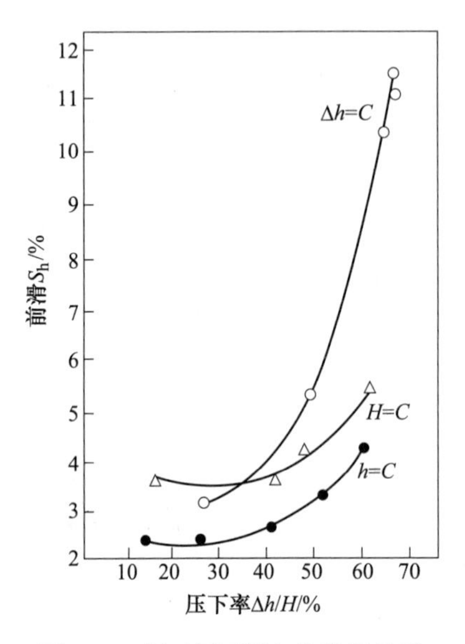

图 5-18　相对压下量与前滑的关系

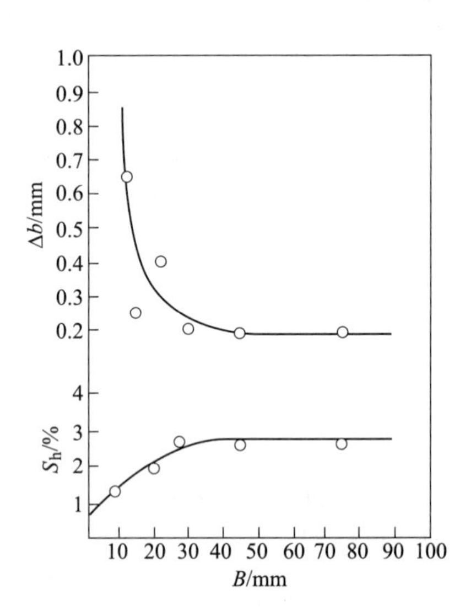

图 5-19　轧件宽度对前滑的影响
（铅试样；Δh = 1. 2mm，D = 158. 3mm）

5. 2. 5　连轧常数与前滑的关系

5. 2. 5. 1　连续轧制的概念

连续轧制是指一根轧件同时在数架轧机上轧制，相邻机架或道次间保持秒流量相等，如图 5-20 所示。所谓秒流量相等是指单位时间内流经任一截面的金属体积相等。

连轧机各机架顺序排列，轧件同时通过各个机架进行轧制，各个机架通过轧件互相联系，为保持轧机正常工作，必须保证在单位时间内通过各个机架的金属体积相等，即秒流量保持不变。

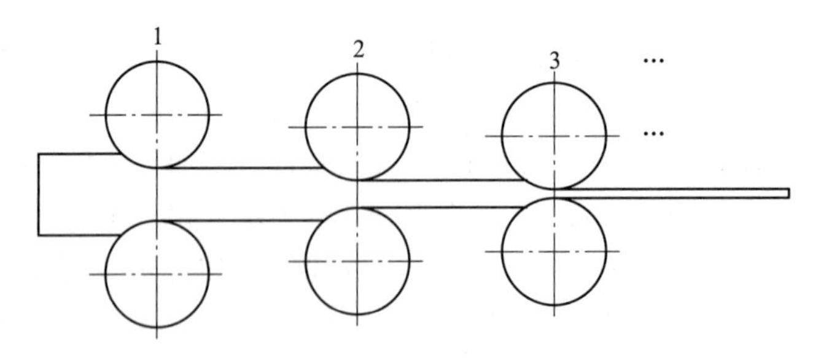

图 5-20　连轧

5. 2. 5. 2　连续流量方程

根据秒流量相等可以建立如下关系：

$$S_1 v_{h1} = S_2 v_{h2} = \cdots = S_n v_{hn} \tag{5-21}$$

式中　S_1，S_2，…，S_n——各架轧机轧后轧件横截面积；

v_{h1}，v_{h2}，…，v_{hn}——各架轧机中轧件出辊速度。

由式（5-12）可知：

$$v_h = (1 + S_h)v \tag{5-22}$$

式中　S_h——前滑值；

v——轧辊圆周线速度。

将式（5-22）代入式（5-21）得：

$$S_1 v_1 (1 + S_{h1}) = S_2 v_2 (1 + S_{h2}) = \cdots = S_n v_n (1 + S_{hn}) \tag{5-23}$$

将轧辊圆周速度 $v = \dfrac{\pi D n}{60}$ 代入式（5-23）并化简得：

$$S_1 D_1 n_1 (1 + S_{h1}) = S_2 D_2 n_2 (1 + S_{h2}) = \cdots = S_n D_n n_n (1 + S_{hn}) \tag{5-24}$$

式（5-24）表示轧件在各机架中轧制时的秒流量相等，即为一个常数，这个常数称为连轧常数，用 C 表示，连轧常数一般按最末一架轧机确定，即：

$$C = S_n D_n n_n (1 + S_{hn}) \tag{5-25}$$

式（5-24）为连轧过程处于平衡状态的基本方程式。由此式可以看出各机架轧制时的前滑值变化将导致各机架金属秒流量的变化，造成拉钢或堆钢，从而破坏变形的平衡状态，严重拉钢可使轧件断面收缩，甚至会造成轧件破断事故。堆钢可导致带钢折叠，或引起断辊、电动机电流过大而跳闸等设备事故。因此对于连轧机，准确计算各道次的前滑值很重要。在连轧生产中，当前滑值产生变化时，必须及时调整轧辊转速，以保证各机架通过的金属秒流量相等。

若忽略前滑，式（5-24）可改写成：

$$S_1 D_1 n_1 = S_2 D_2 n_2 = \cdots = S_n D_n n_n \tag{5-26}$$

实验 5-3 前滑值的测定

学生工作任务单

<table>
<tr><td>实验项目</td><td colspan="4">前滑值的测定</td></tr>
<tr><td>实验器材</td><td colspan="4">实验轧机、游标卡尺、铅试件</td></tr>
<tr><td>相关知识</td><td colspan="4">轧制过程运动学条件的宏观表现是轧件水平运动速度与轧辊辊面圆周速度水平分量之间存在差值，这就是前滑和后滑现象。轧件出口速度与轧辊出口端处的圆周速度之差和轧辊圆周速度之比称为前滑。前滑可以通过辊面刻痕法来测量，即在轧辊辊面上沿轧制线刻上两个小坑，其距离为 L，轧件轧后将留下刻痕痕迹，其间距为 L_h，按式（5-14）求出此轧制条件下的前滑值</td></tr>
<tr><td rowspan="2">任务实施过程说明</td><td>1. 不同摩擦条件下前滑值的测定</td><td colspan="3">（1）实验准备：铅试件两块，尺寸为 5mm×30mm×300mm。
（2）实验操作：
1）取 $H=5$mm、$B=30$mm、$L=300$mm 的试件一块，以 $\Delta h=1.5$mm 的压下量在辊面涂粉笔灰的轧辊中轧制，轧后用钢板尺量出轧件上两个痕迹之间距离 L_h，按式（5-14）计算出前滑值。
2）用芬克公式计算出前滑值 $S_{h计}$，将测量值及计算结果一并填入工作页表中。
3）将轧机辊面涂上润滑油。
4）取出 $H=5$mm、$B=30$mm、$L=300$mm 的试件一块，以 $\Delta h=1.5$mm 的压下量在辊面涂润滑油的轧辊中轧制，轧后用钢板尺量出轧件上两个痕迹之间距离，按式（5-14）计算出前滑值。
5）用芬克公式计算出前滑值 $S_{h计}$，将测量值及计算结果一并填入工作页表中</td></tr>
<tr><td>2. 不同前后张力时前滑值的测定</td><td colspan="3">（1）实验准备：铅试件三块，其中 5mm×30mm×400mm 试件两块、5mm×30mm×300mm 试件一块。
（2）实验操作：
1）取 $H=5$mm、$B=30$mm、$L=400$mm 的铅试件一块，用每道 $\Delta h=0.7$mm 的压下量在干净辊面上施加后张力 Q_H 连续轧制 5 道，测量前滑值。
2）取 $H=5$mm、$B=30$mm、$L=400$mm 的铅试件一块，用每道 $\Delta h=0.7$mm 的压下量在干净辊面上施加前张力 Q_H 连续轧制 5 道，测量前滑值。
3）取 $H=5$mm、$B=30$mm、$L=300$mm 的铅试件一块，用每道 $\Delta h=0.7$mm 的压下量在干净辊面上不加张力连续轧制 5 道，测取每道次轧后的前滑值。
4）将以上三块试件的原始尺寸、轧后尺寸及前滑值记入表中，并作 S_h-h 实验曲线</td></tr>
<tr><td>任务下发人</td><td colspan="2"></td><td>日期</td><td>年 月 日</td></tr>
<tr><td>任务执行人</td><td colspan="2"></td><td>组别</td><td></td></tr>
</table>

学生工作任务页

<table>
<tr><td>实验项目</td><td colspan="10">前滑值的测定</td></tr>
<tr><td colspan="11">实验数据记录——不同摩擦条件下前滑值</td></tr>
<tr><td>轧制条件</td><td>H</td><td>B</td><td>ε</td><td>L_h</td><td>$S_{h测}$</td><td>α</td><td>β</td><td>γ</td><td>$\cos\alpha$</td><td>$S_{h测}$</td></tr>
<tr><td>直接轧制</td><td></td><td></td><td></td><td></td><td></td><td></td><td></td><td></td><td></td><td></td></tr>
<tr><td>涂润滑油</td><td></td><td></td><td></td><td></td><td></td><td></td><td></td><td></td><td></td><td></td></tr>
</table>

<table>
<tr><td colspan="19">实验数据记录——不同张力条件下前滑值</td></tr>
<tr><td rowspan="3">轧制条件</td><td colspan="3" rowspan="2">轧前尺寸
/mm</td><td colspan="15">轧后尺寸/mm</td></tr>
<tr><td colspan="3">第一道</td><td colspan="3">第二道</td><td colspan="3">第三道</td><td colspan="3">第四道</td><td colspan="3">第五道</td></tr>
<tr><td>H</td><td>B</td><td>L</td><td>h_1</td><td>l_1</td><td>S_{h1}</td><td>h_2</td><td>L_2</td><td>S_{h2}</td><td>h_3</td><td>l_3</td><td>S_{h3}</td><td>h_4</td><td>l_4</td><td>S_{h4}</td><td>h_5</td><td>l_5</td><td>S_{h5}</td></tr>
<tr><td>前张力</td><td></td><td></td><td></td><td></td><td></td><td></td><td></td><td></td><td></td><td></td><td></td><td></td><td></td><td></td><td></td><td></td><td></td><td></td></tr>
<tr><td>后张力</td><td></td><td></td><td></td><td></td><td></td><td></td><td></td><td></td><td></td><td></td><td></td><td></td><td></td><td></td><td></td><td></td><td></td><td></td></tr>
<tr><td>无张力</td><td></td><td></td><td></td><td></td><td></td><td></td><td></td><td></td><td></td><td></td><td></td><td></td><td></td><td></td><td></td><td></td><td></td><td></td></tr>
</table>

<table>
<tr><td rowspan="8">检查与评估</td><td>考核项目</td><td>评分标准</td><td>分数</td><td>评价</td><td>备注</td></tr>
<tr><td>安全生产</td><td>无安全隐患</td><td></td><td></td><td></td></tr>
<tr><td>团队合作</td><td>和谐愉快</td><td></td><td></td><td></td></tr>
<tr><td>现场 5S</td><td>做到</td><td></td><td></td><td></td></tr>
<tr><td>劳动纪律</td><td>严格遵守</td><td></td><td></td><td></td></tr>
<tr><td>工量具使用</td><td>规范、标准</td><td></td><td></td><td></td></tr>
<tr><td>操作过程</td><td>规范、正确</td><td></td><td></td><td></td></tr>
<tr><td>实验报告书写</td><td>认真、规范</td><td></td><td></td><td></td></tr>
<tr><td>总分</td><td colspan="5"></td></tr>
<tr><td>任务下发人</td><td colspan="3"></td><td>日期</td><td>年　月　日</td></tr>
<tr><td>任务执行人</td><td colspan="3"></td><td>组别</td><td></td></tr>
</table>

知识拓展——冷轧机的打滑

轧制过程中出现的打滑现象，即带材和轧辊之间发生的相对滑动，其实质是带钢的变形区完全由前滑区或后滑区所取代。发生打滑现象轻则影响带钢的表面质量和产量，重则引起断带堆钢事故。在以往的研究中，人们往往简单的以前滑值或者中性角绝对值的大小作为判断打滑出现概率的依据，认为前滑值或者中性角越小，越容易出现打滑现象。其实，这是极不科学的。例如，对于冷连轧机而言，最末架的中性角、前滑的绝对值应该远小于前几个机架，但是这并不意味着该机架最容易发生打滑。

(1) 轧制速度。随着轧制速度的增加，润滑油膜的厚度增加，摩擦系数减小，打滑发生的概率加大，轧制过程变得不稳定。但是由于现代轧制生产中，提高生产效率，实现高速轧制已经成为各生产线所追求的目标，因此在防治打滑时不应该以牺牲速度作为代价。

(2) 润滑制度。润滑制度包括润滑液的品种、浓度、温度等，它们通过润滑液黏度的变化来影响润滑油膜的厚度。对于冷连轧机而言，润滑制度的选择起着关键的作用，是防治打滑的主攻方向之一。通过分析可以知道，随着润滑液黏度的增加，润滑油膜的厚度增加，摩擦系数减小，而且，随着浓度的提高和温度的降低，润滑液黏度增加。因此，针对冷连轧机容易发生打滑的机架（通常是倒数第二架），可以通过适当降低润滑液的浓度以及提高润滑液温度来防治打滑。

(3) 张力制度。随着后张力的增大，变形区润滑层厚度增加，因此对于易打滑机架，可以通过适当降低后张力来防治打滑。

(4) 轧辊粗糙度。轧辊粗糙度主要影响摩擦系数，随着轧辊粗糙度的减小，摩擦系数也减小，容易发生打滑。一般说来，轧辊的粗糙度与轧制吨位密切相关，及时换辊有利于防治打滑。

思考与练习

知识闯关
前滑

1. 填空

1. 中性面与出口面之间的弧长所对应的轧辊圆心角称为________。

2. 前滑是金属质点相对于辊面向________流动的现象。

2. 判断

(　　) (1) 轧制时轧辊直径增大，前滑值将减小。

(　　) (2) 前滑区内金属的质点水平速度小于后滑区内质点水平速度。

(　　) (3) 前张力增加，金属向前流动的阻力减小，使前滑值增加。

(　　) (4) 压下量增加，宽展量增加，轧件前滑值减小。

(　　) (5) 摩擦系数增加，前滑值和宽展量都将增大。

(　　) (6) 咬入角增加，中性角将增大。

(　　) (7) 由于变形金属是一整体，因此在变形区内各金属质点的流动速度都相同。

3. 单项选择

(1) 前滑区所对应的圆心角为中性角。中性角的最大值为（　　）。

A. β　　B. $\beta/2$　　C. $\beta/4$

（2）轧辊直径增大前滑（　　）。
A. 增加　B. 减小　C. 不变　D. 可能增大或减小
（3）张力对变形区前、后滑有直接影响，随着前张力的增加，（　　）。
A. 前滑增加，后滑减少　B. 前滑减少，后滑增加
C. 前、后滑都减少
（4）在轧制过程中，变形仅产生在轧件与轧辊接触的区域内，这一区域称为（　　）。
A. 摩擦区　B. 变形区　C. 前滑区　D. 后滑区
（5）张力对变形区前、后滑有直接影响，随着前张力增加，（　　）。
A. 前滑增加，后滑减少　B. 前滑减少，后滑增加
C. 前、后滑都减少　D. 前、后滑都增加
（6）压下量增加，轧件的前滑数值（　　）。
A. 可能增大或减小　B. 减小　C. 不变　D. 增加
（7）在轧制过程中，轧件的（　　）内摩擦力方向与轧件运动方向相同。
A. 前滑区　B. 后滑区　C. 变形区　D. 中性面处
（8）若轧辊圆周速度 $v=3\mathrm{m/s}$，前滑值 $S_h=8\%$，轧件出辊速度的值为（　　）。
A. 2.76m/s　B. 3.24m/s　C. 3.8m/s　D. 4.0m/s
（9）在前滑区任意截面上，金属质点水平速度（　　）轧辊的水平速度。
A. 小于　B. 大于　C. 等于　D. 垂直于
（10）轧件的前滑值是随着（　　）而减小的。
A. 轧辊直径的增加　B. 轧制速度的增加
C. 轧制速度的减小　D. 前张力的增加
（11）关于前滑、后滑的表述正确的有（　　）。
A. 轧件在变形区出口处，轧件速度大于轧辊线速度的现象为后滑
B. 轧件在变形区出口处，轧件速度大于轧辊线速度的现象为前滑
C. 轧件在变形区入口处，轧件速度小于轧辊线速度的水平分量的现象为后滑
D. 轧件在变形区入口处，轧件速度小于轧辊线速度的水平分量的现象为前滑

4. 问答

（1）什么是前滑？它是如何产生的？
（2）轧制过程中为什么要讨论前滑，而不讨论延伸？
（3）影响前滑的因素有哪些？
（4）中性角、咬入角和摩擦角三者有何关系？
（5）前滑是延伸的一部分，能说延伸越大前滑也越大吗？为什么？
（6）摩擦系数越大，前滑与宽展均增大是否矛盾？为什么？
（7）咬入角越大，其中性角也越大，对吗？为什么？
（8）在轧制时，如何理解前滑区存在的必要性？
（9）为什么有宽展时的前滑值较无宽展时的小？
（10）前滑与宽展的关系是如何变化的？
（11）在轧辊直径为400mm的轧机上，将10mm的带钢一道次轧成7mm，此时用辊面刻痕法测得前滑值为7.5%，计算该轧制条件的摩擦系数。（说明：这是一种测量摩擦系数

的方法)

(12) 若在轧辊辊面磨光但不加润滑的条件下冷轧薄板，若偶然将一小滴油掉在板面上，问此钢板轧制时会出现什么现象?(提示：用摩擦系数对宽展和前滑的影响来说明，并注意上下板面润滑条件、摩擦系数不同)

(13) 试分析轧辊材质、轧件化学成分、轧制温度、轧制速度等因素对前滑的影响规律。

(14) 若轧制圆周速度为 3m/s，轧件出口速度为 3.3m/s，求前滑值。

能量小贴士

“持而盈之，不如其已；揣而锐之，不可长保。金玉满堂，莫之能守；富贵而骄，自遗其咎。功遂身退，天之道也。”——《道德经》

模块6 计算轧制压力

本模块课件

模块背景

轧制压力的确定在轧制理论研讨中和在轧钢生产中都是重要的课题。轧制压力是轧钢工艺和设备设计的基本参数之一，轧钢设备的强度核算、主电机容量选择或校核，轧制压力都是不可缺少的基本数据。制定合理的轧制工艺规程、强化轧制过程、改进生产工艺、轧制生产过程自动控制，都必须了解轧制压力的大小。因此了解轧制压力的概念、正确计算轧制压力具有十分重要的意义。

轧制力矩是验算轧机主电机能力和传动机构强度的重要参数。轧钢生产中，在确定每道次的压下量时，必须考虑到电动机所输出的功率不应超过电动机本身所允许的最大功率。因此了解和掌握轧制力矩的确定方法，了解轧制时在电机轴所应负担的扭矩，是验算现有轧机和设计新轧机的重要力能参数。

学习目标

知识目标：了解轧制压力、平均单位压力、接触面积的概念；
了解影响轧制压力的因素；
掌握各种轧制过程中轧制压力的计算方法；
了解轧制力矩的组成和主电机容量的校核方法；
熟悉轧制图表和电机力矩图的绘制。

技能目标：会描述轧制压力和接触面积；
能分析各种因素对轧制压力的影响；
能计算各种轧制情况下的轧制压力；
会描述轧制力矩及其组成；
能识别轧制力矩、附加摩擦力矩、空转力矩和动力矩；
能计算轧制力矩和电机力矩；
会校核主电机的容量。

德育目标：培养学生爱国情怀和主人翁精神；
培养学生养成严谨的工作作风；
培养学生有很强的责任心，及时发现生产过程中出现的各种问题；
培养学生有较强的安全意识。

任务 6.1　估算实际生产中的轧制压力

钢铁人物

助人为乐郭明义

2011 年 9 月 20 日，郭明义在第三届全国道德模范评选中荣获全国助人为乐模范称号。

郭明义 1977 年 1 月参军，并于 1980 年 6 月在部队加入中国共产党，曾被部队评为“学雷锋标兵”。

入党 30 年来，他时时处处发挥先锋模范作用，在每个工作岗位上都取得了突出的业绩。从 1996 年开始担任采场公路管理员以来，他每天都提前 2 个小时上班，15 年中，累计献工 15000 多小时，相当于多干了五年的工作量。工友们称他是“郭菩萨”“活雷锋”，矿业公司领导则称郭明义使整个“矿山人”的精神得到了升华。他 20 年献血 6 万毫升，是自身血量的 10 倍多。1994 年以来，他为希望工程、身边工友和灾区群众捐款 12 万元，先后资助了 180 多名特困生，而自己的家中却几乎一贫如洗。一家 3 口人至今还住在鞍山市千山区齐大山镇，一个 20 世纪 80 年代中期所建的、不到 40 平方米的单室里。离开部队那么多年了，郭明义干工作依然是这股子劲头。郭明义总是说：“部队是个大熔炉，进去是铁，出来是钢；只要不怕苦，总能炼成钢。”

习近平总书记指出，雷锋、郭明义、罗阳身上所具有的信念的能量、大爱的胸怀、忘我的精神、进取的锐气，正是我们民族精神的最好写照，他们都是我们“民族的脊梁”。

“在鞍钢工作的 28 年里，郭明义先后做过大型矿用汽车司机、团支部书记、矿党委宣传干事、统计员、英语翻译和公路管理员。无论做什么，他都兢兢业业、任劳任怨，干一行爱一行、钻一行精一行。”郭明义单位领导说。

“郭明义真是个好兵。”这是郭明义当年所在部队的老战友们对他的共同感受。

“他永远想着，能给别人什么。他永远问自己：我还能献出什么！”一位采访过他的宣传干部说。

“爸爸是我人生的教科书，我会永远珍藏着，一直读下去。”郭明义的女儿说出她对父亲的感悟与理解。

任务情境

鞍山钢铁集团公司总部坐落在辽宁省鞍山市，鞍山地区铁矿石资源丰富，已探明的铁矿石储量约占全国储量的四分之一。周围还蕴藏着丰富的菱镁石矿、石灰石矿、黏土矿、锰矿等，为黑色冶金提供了难得的辅助原料。中长铁路和沈大高速公路穿过市区，大连港、营口港、鲅鱼圈港与海内外相通，交通运输条件便利。鞍钢始建于 1916 年，前身是日伪时期的鞍山制铁所和昭和制钢所。1948 年鞍钢成立，是新中国第一个恢复建设的大型钢铁联合企业和最早建成的钢铁生产基地，被誉为“中国钢铁工业的摇篮”“共和国钢铁工业的长子”。

学生工作任务单

学生工作单

<table>
<tr><td>模块 6</td><td colspan="4">计算轧制压力</td></tr>
<tr><td>任务 6.1</td><td colspan="4">分析和估算轧制过程中的轧制压力</td></tr>
<tr><td rowspan="3">任务描述</td><td>能力目标</td><td colspan="3">（1）能正确启动并操作实训轧机；
（2）能正确测定实训轧制时的轧制压力；
（3）能正确估算实际生产中的轧制压力；
（4）能分析影响轧制压力的因素</td></tr>
<tr><td>知识目标</td><td colspan="3">（1）熟悉正确启动和操作实训轧机的方法；
（2）掌握测量轧制压力的计算方法；
（3）熟悉轧制压力的计算公式；
（4）熟悉影响轧制压力的因素</td></tr>
<tr><td>训练内容</td><td colspan="3">（1）估算实际生产中的轧制压力；
（2）分析影响轧制压力的因素及降低轧制压力的措施</td></tr>
<tr><td>参考资料与资源</td><td colspan="4">《金属压力加工理论基础》，段小勇，冶金工业出版社，2008；
“金属塑性变形技术应用”精品课程网站资源</td></tr>
<tr><td>任务实施过程说明</td><td colspan="4">（1）学生分组，每组 5~8 人；
（2）分发学生工作任务单；
（3）学习相关背景知识；
（4）小组讨论制定工作计划；
（5）小组分工完成工作任务；
（6）小组互相检查并总结；
（7）小组合作，制作项目汇报 PPT，进行讲解演练；
（8）小组为单位进行成果汇报，教师评价</td></tr>
<tr><td>任务实施注意事项</td><td colspan="4">（1）实训前要认真阅读实训指导书有关内容；
（2）实训前要重点回顾有关设备仪器使用方法与规程；
（3）每次测量与计算后要及时记录数据，填写表格</td></tr>
<tr><td>任务下发人</td><td colspan="2"></td><td>日期</td><td>年　月　日</td></tr>
<tr><td>任务执行人</td><td colspan="2"></td><td>组别</td><td></td></tr>
</table>

学生工作任务页

<table>
<tr><td>模块 6</td><td colspan="3">校核主电机</td></tr>
<tr><td>任务 6.1</td><td colspan="3">计算轧制压力</td></tr>
<tr><td>任务描述</td><td colspan="3">（1）估算实际生产中的轧制压力。
已知某轧钢车间在 $D=530\text{mm}$，辊缝 $s=20.5\text{mm}$，轧辊转速 $n=100\text{r/m}$，在箱形孔轧制，轧前尺寸 $B_H \times H=174\text{mm}\times 202.5\text{mm}$，轧后尺寸为 $B_h \times h=176\text{mm}\times 173.5\text{mm}$，轧制温度为 1120℃，钢种为 45 号钢，试估算轧制压力。
（2）分析影响轧制压力的因素及降低轧制压力的措施。
分析轧制压力受哪些因素影响。如偏差较大，需分析原因，找出问题所在，并提出解决措施</td></tr>
<tr><td>任务实施过程</td><td colspan="3"></td></tr>
<tr><td>任务下发人</td><td></td><td>日期</td><td>年　月　日</td></tr>
<tr><td>任务执行人</td><td></td><td>组别</td><td></td></tr>
</table>

任务背景知识

6.1.1　轧制压力的概念、研究意义及其影响因素

6.1.1.1　轧制压力的概念

金属在变形区内产生塑性变形时，必然有变形抗力存在。轧制时轧辊对金属作用一定的压力来克服金属的变形抗力，迫使其产生塑性变形，同时，金属对轧辊也产生反作用力。由于在大多数情况下，金属对轧辊的总压力是指向垂直方向的，或者倾斜不大，因而可近似认为轧制压力就是金属对轧辊总压力的垂直分量，即是安装在压下螺丝下的测压仪实测的总压力，如图 6-1 中的 P_1 和 P_2。在简单轧制情况下，P_1 和 P_2 是相等的。

轧制压力可通过计算或直接测量这两个方法得到。现代轧制压力测量技术已有很大进步，测量精度日益提高，对生产实践和理论研究有很大的促进作用。常用的轧制压力测量方法有电阻应变仪测压法、辊面上安装测压仪法、水银测压计法等。

轧制压力是解决轧钢设备的强度校核、主电机容量选择或校核、制定合理的轧制工艺规程或实现轧制生产过程自动化等问题时必不可少的基本参数。

6.1.1.2　平均单位压力

忽略轧件沿宽度方向上接触应力的变化，并假定变形区内某一微分体积上作用着轧辊给轧件的单位压力 p 和单位接触摩擦力 t，如图 6-2 所示，则根据轧制压力的概念可得：

$$P = \overline{B}\int_0^l p\frac{\mathrm{d}x}{\cos\theta}\cos\theta + \overline{B}\int_{l_\gamma}^l t\frac{\mathrm{d}x}{\cos\theta}\sin\theta - \overline{B}\int_0^{l_\gamma} t\frac{\mathrm{d}x}{\cos\theta}\sin\theta \tag{6-1}$$

式中　$\overline{B}$——变形区平均宽度；

θ——微分体与轧辊接触弧中点到出口断面之间圆弧所对圆心角；

l_r——中性面到出口断面的距离；

l——变形区长度。

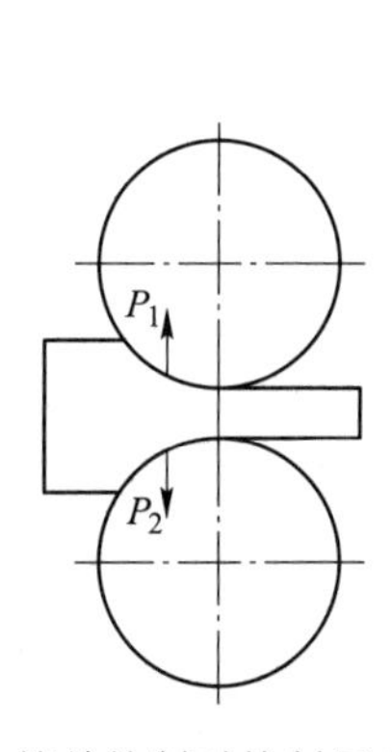

图 6-1　简单轧制时轧制压力的方向

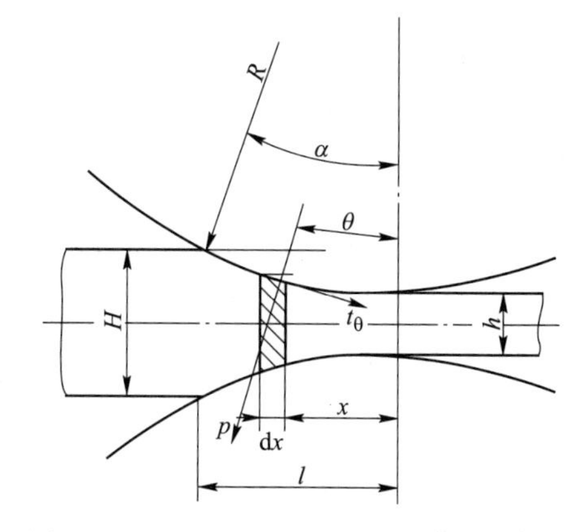

图 6-2　后滑区内作用于轧件微分体上的力

式（6-1）中第一项为各微分体上作用的正压力的垂直分量之和；第二项、第三项分别为后滑区和前滑区各微分体上作用的摩擦力的垂直分量之和，其值远小于第一项，工程上完全可以忽略。因此：

$$P = \overline{B}\int_0^l p\frac{\mathrm{d}x}{\cos\theta}\cos\theta = \overline{B}\int_0^l p\mathrm{d}x = \overline{B}\cdot l\cdot\overline{p} = S\cdot\overline{p} \tag{6-2}$$

式中　P——轧制压力；

$\overline{p}$——平均单位压力；

S——轧辊和轧件实际接触面积的水平投影，称接触面积。

这样，轧制压力的计算可归结为计算平均单位压力和接触面积这两个基本问题。平均单位压力取决于被轧制金属的变形抗力和应力状态系数：

$$\overline{p} = mn_\sigma\sigma_s \tag{6-3}$$

式中　n_σ——应力状态系数；

m——考虑中间主应力影响的系数，在 1～1.15 之间变化，当宽展小到忽略时，$m=1.15$，此时的变形抗力称为平面变形抗力，一般用 K 表示：

$$K = 1.15\sigma_s \tag{6-4}$$

σ_s——金属变形抗力

此时的平均压力计算公式为：

$$\overline{p} = n_\sigma K \tag{6-5}$$

6.1.2　计算接触面积

在一般情况下，轧件对轧辊的总压力作用在垂直方向上或倾斜度不大，而接触面积应与压力垂直。因此，一般情况下 S 不是轧件与轧辊实际接触面积，而是水平投影。

6.1.2.1　平辊上轧制矩形断面轧件时的接触面积

A　简单轧制

在平辊或扁平孔型中轧制矩形断面轧件时，可近似认为是简单轧制情况。当上下工作辊径相同时，接触面积可按式（6-6）计算。

$$S = \frac{B+b}{2}\sqrt{R\Delta h} \tag{6-6}$$

式中，B 和 b 分别代表轧制前后轧件的宽度。

当上下辊径不等时，接触面积可按式（6-7）计算。

$$S = \frac{B+b}{2}\sqrt{\frac{2R_1R_2}{R_1+R_2}\Delta h} \tag{6-7}$$

B　考虑轧辊弹性压扁

在冷轧和热轧薄板时，轧辊由于承受高压作用，因此产生局部压缩变形，此变形可能很大，尤其是在冷轧板带钢时更为显著。此时接触面积为：

$$S = \overline{B}l' \tag{6-8}$$

式中　l'——弹性压扁，即轧辊的弹性压缩变形。

$$l' = x_1 + x_2 = \sqrt{R\Delta h + x_2^2} + x_2 = \sqrt{R\Delta h + (c\bar{p}R)^2} + c\bar{p}R$$

$$c = \frac{8(1 - \gamma^2)}{\pi E}$$

式中　c——系数，$\gamma=0.3$，对于钢辊 $C=1.075\times10^5\text{mm}^2/\text{N}$；

　　E——弹性模量，$E=2.156\times10^5\text{MPa}$。

6.1.2.2　在孔型中轧制时的接触面积

在孔型中轧制时，由于轧辊上刻有孔型，轧件进入变形区和轧辊接触是不同时的，压下量也沿轧件宽度变化，接触面的水平投影不再是梯形，接触面积可用下述两种方法来计算。

A　按作图法确定接触面积

把孔型和孔型中的轧件一起，画出三面投影，得出轧件与孔型相接触面的水平投影，其面积即为接触面积，如图 6-3 所示。图中俯视图有剖面线部分是没考虑宽展时的接触面积，虚线加宽部分是根据轧件轧后宽度近似画出的接触面积。

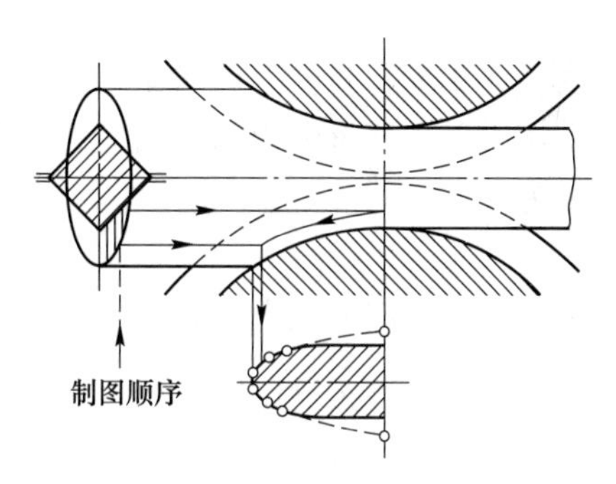

图 6-3　用作图法确定接触面积

B　近似公式计算法

$$S = \frac{B + b}{2}\sqrt{\bar{R} \cdot \Delta\bar{h}}$$

式中　$\bar{R}$——轧辊平均工作半径；

　　$\Delta\bar{h}$——平均压下量；对于一些经常使用的孔型也可按下列试验公式计算。

菱形轧件进菱形孔型：

$$\Delta\bar{h} = (0.55 \sim 0.6)(H - h)$$

方形轧件进椭圆孔型：

$$\Delta\bar{h} = H - 0.7h \text{（适用于扁椭圆）}$$

$$\Delta\bar{h} = H - 0.85h \text{（适用于圆椭圆）}$$

椭圆轧件进方孔型：

$$\Delta\bar{h} = (0.65 \sim 0.7)H - (0.55 \sim 0.6)$$

椭圆轧件进圆孔型：

$$\Delta\bar{h} = 0.85H - 0.79h$$

为了计算延伸孔型的接触面积，可用下列近似公式。

由椭圆轧成方形：

$$S = 0.75b\sqrt{R(H - h)}$$

由方形轧成椭圆：

$$S = 0.54(B + b)\sqrt{R(H - h)}$$

由菱形轧成菱形或方形：

$$S = 0.67b\sqrt{R(H - h)}$$

式中　H、h——在孔型中央位置的轧制前、后轧件断面的高度；

B、b——轧制前、后轧件断面的最大宽度；

R——孔型中央位置的轧辊半径。

6.1.3　影响轧制压力的因素

前已述及单位压力取决于被轧制金属的变形抗力和应力状态系数。影响变形抗力的因素如金属的化学成分和组织状态、变形温度、变形速度和变形程度已在前面具体介绍，这里主要分析影响应力状态系数的因素。

当各种外部条件的影响，使轧制方向的压应力增大时，为了使处于压应力状态的轧件产生塑性变形，高度方向的压应力，即单位压力也相应增大。应力状态系数就是表示外部条件作用下，变形区内的金属应力状态发生变化时，单位压力随之增大或减小的程度，可表示为：

$$n_\sigma = \bar{p}/K$$

式中　n_σ——应力状态系数；

$\bar{P}$——平均单位压力；

K——平均变形抗力。

实践和理论都表明，外摩擦系数、轧件厚度、轧辊直径、相对压下量、外区以及作用在轧件上的前后张力等因素，都影响应力状态系数的大小。

（1）摩擦系数的影响。在相对压下量一定的情况下，摩擦系数越大，平均单位压力越大。这是因为摩擦力的大小和分布规律直接影响变形区内的应力状态，从而影响单位压力的大小。摩擦力越大，变形区内纵向压应力越大，单位压力必然随之增大，需要的轧制力也增大。很显然，在表面光滑的轧辊上轧制比在表面粗糙的轧辊上轧制时所需要的轧制力要小。

（2）相对压下量的影响。在其他条件不变时，随相对压下量增大，平均单位压力增大。在轧出厚度一定时，增大压下量会引起变形区长度、接触面积增大，因而轧制压力将进一步增大。

（3）比值 D/h 的影响。在相对压下量一定的情况下，当轧辊直径 D 增大，或轧件厚度 A 减小时，会引起单位压力增大。这是因为，随 D/h 值增大，变形区长度增长，摩擦力对纵向压应力的影响增强。

（4）外区的影响。在轧制厚轧件时，变形区内各层金属纵向流动速度不同，产生不均匀变形，而变形区前后两个被认为是不产生变形的外区，又限制这种不均匀变形，这会引起单位压力增大。当变形区长度与轧件平均厚度的比值 $l/\bar{h} > 1$ 时，不均匀变形较小，外区影响不明显；当 $l/\bar{h} \leqslant 1$ 时，不均匀变形较大，外区影响变得明显。$l/\bar{h}$ 越小，不均匀变形越严重，外区影响越大。

（5）张力的影响。实验结果表明，前后张力都使单位压力减小，而且后张力的影响最为显著。由于张力使变形区内金属在轧制方向产生拉应力，由于外摩擦的作用产生的纵向压应力减小或变为拉应力，这样会使单位压力减小，从而轧制压力减小。

6.1.4　平均单位压力的计算

6.1.4.1　采利柯夫公式

采利柯夫公式考虑了张力的影响，可用于热轧、冷轧薄件。

平均单位压力取决于被轧制金属的变形抗力和变形区的应力状态。

$$\bar{p} = mn_{\sigma}\sigma_{s} \tag{6-9}$$

式中　m——考虑中间主应力的影响系数，在 1~1.5 范围内变化，若忽略宽展，认为轧件产生平面变形，则 $m = 1.15$；

n_{σ}——应力状态系数；

σ_{s}——被轧金属的屈服强度。

应力状态系数取决于被轧金属在变形区内的应力状态。影响应力状态的因素有外摩擦、外端、张力等。

$$n_{\sigma} = n'_{\sigma}n''_{\sigma}n'''_{\sigma} \tag{6-10}$$

式中　n'_{σ}——考虑外摩擦影响的系数；

n''_{σ}——考虑外端影响的系数；

n'''_{σ}——考虑张力影响的系数。

平面变形条件下的变形抗力：

$$K = 1.15\sigma_{s}$$

此时的平均单位压力的计算公式为：

$$\bar{p} = n_{\sigma}K \tag{6-11}$$

要算出平均单位压力就要准确确定应力状态系数。

（1）外摩擦影响系数 n'_{σ} 的确定。

$$n'_{\sigma} = \frac{2r\varepsilon}{\varepsilon(\delta - 1)}\frac{h_{r}}{h}\left(\frac{h_{r}}{h} - 1\right) \tag{6-12}$$

式中　ε——末道次变形程度，$\varepsilon = \Delta h/H$；

δ——系数，$\delta = 2fl/\Delta h$，$l = \sqrt{R\Delta h}$。

（2）外端影响系数 n''_{σ} 的确定。外端影响系数 n''_{σ} 的确定是比较困难的，因为外端对单位压力的影响是很复杂的。

1）在轧制板带钢的情况下可取 $n''_{\sigma} = 1$；$l/\bar{h} > 1$，$n''_{\sigma} \approx 1$。

2）轧制厚轧件，$0.5 < l/\bar{h} < 1$，则

$$n''_{\sigma} \approx \left(\frac{l}{h}\right)^{-4} \tag{6-13}$$

3）采利柯夫提出：

$$n''_{\sigma} = 1 + 2.6\mathrm{e}^{-3\left(0.4+\frac{l}{h}\right)^{2}} \tag{6-14}$$

（3）张力影响系数 n'''_{σ} 的确定。

冷轧时，必须考虑张力的影响：

$$n'''_{\sigma} = 1 - \frac{\delta}{2k}\left(\frac{q_{H}}{\delta - 1} + \frac{q_{h}}{\delta + 1}\right) \tag{6-15}$$

无前后张力时，$n'''_\sigma = 1$。

6.1.4.2　斯通公式

斯通公式适用于计算冷轧薄板带时的平均单位压力。在冷轧时，轧制压力很大，轧辊出现弹性压扁现象，近似将冷轧薄板看成轧件厚度为 $\bar{h}$ 的平行平板压缩。

$$\bar{p} = (\bar{K} - \bar{q})\frac{e^{fl'/\bar{h}} - 1}{fl'/\bar{h}} \tag{6-16}$$

式中　l' ——考虑弹性压扁后的变形长度；

$\bar{k}$ ——平面变形抗力的平均值，$\bar{K} = 1.15\sigma_s$，$\bar{\sigma}_s$ 由积累压下率的平均值 $\bar{\varepsilon}$ 在加工硬化曲线查出。

6.1.4.3　西姆斯公式

西姆斯公式普遍用于热轧板带钢精轧阶段的平均单位压力，如图 6-4 所示。

$$\bar{p} = n'_\sigma k \tag{6-17}$$

$$n'_\sigma = \sqrt{\frac{1-\varepsilon}{\varepsilon}}\left(\frac{1}{2}\sqrt{\frac{R}{h}}\ln\frac{1}{1-\varepsilon} - \sqrt{\frac{R}{h}}\ln\frac{h_r}{h} + \frac{\pi}{2}\right) \tag{6-18}$$

A　志田茂公式

$$n'_\sigma = 0.8 + (0.45\varepsilon + 0.04)\left(\sqrt{\frac{R}{H}} - 0.5\right) \tag{6-19}$$

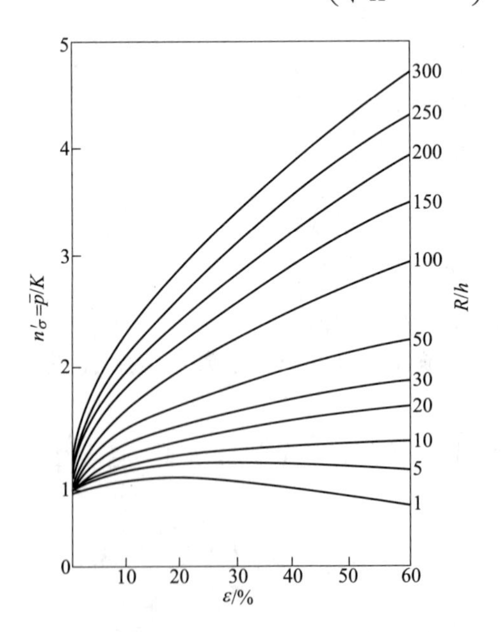

图 6-4　西姆斯公式 n'_σ 与 ε、R/h 的关系曲线

B　美坂佳助公式

$$n'_\sigma = \frac{\pi}{4} + 0.25\frac{l}{\bar{h}} \tag{6-20}$$

C　克林特里公式

$$n'_{\sigma} = 0.75 + 0.27\frac{l}{\bar{h}} \tag{6-21}$$

6.1.4.4　艾克隆德公式

艾克隆德公式是用于计算热轧低碳钢（包括延伸孔型轧制和三辊开坯机）及简单断面型钢的平均单位压力的半经验公式。

$$\bar{P} = (1 + m)(k + \eta\bar{\varepsilon}')$$

式中　1+m——考虑外摩擦影响的系数；

K——平面变形抗力，MPa；

η——金属流动的黏度；

$\bar{\varepsilon}'$——轧制时的平均变形速度，1/s。

$$m = \frac{1.6f\sqrt{R\Delta h} - 1.2\Delta h}{H + h} \tag{6-22}$$

当 $t \geqslant 800$℃，$w(\mathrm{Mn}) \leqslant 1\%$，$w(\mathrm{Cr}) \leqslant 2\% \sim 3\%$，

$$\bar{\varepsilon}' = \frac{2v\sqrt{\Delta h/R}}{H + h}$$

$$K = (14 - 0.01t)(1.4 + C + \mathrm{Mn}) \times 10$$

$$\eta = 0.01(14 - 0.01t) \times 10;$$

$$f = \alpha(1.05 - 0.0005t)，钢辊, \alpha = 1；铁辊, \alpha = 0.8；$$

艾克隆德进一步修正，

$$\eta = 0.01(14 - 0.01t)C' \times 10$$

式中，C' 为轧制速度系数，见表 6-1。

表 6-1　轧制速度系数

轧制速度/m · s^{-1}	C'
<6	1
6~10	0.8
10~15	0.65
15~20	0.60

计算 K 时，建议考虑含铬量的影响，即

$$K = (14 - 0.01t)(1.4 + w(\mathrm{C}) + w(\mathrm{Mn}) + 0.3w(\mathrm{Cr})) \times 10 \tag{6-23}$$

【例 6-1】　在 D=530mm，辊缝 s=20.5mm，轧辊转速 n=100r/m，在箱形孔轧制（见图 6-5），轧前尺寸 $BH \times H$=174mm×202.5mm，轧后尺寸为 $B_h \times h$=176mm×173.5mm，轧制温度为 1120℃，钢种为 45 号钢，用艾克隆德公式求平均单位压力。($w(\mathrm{C})$=0.4，$w(\mathrm{Mn})$=0)

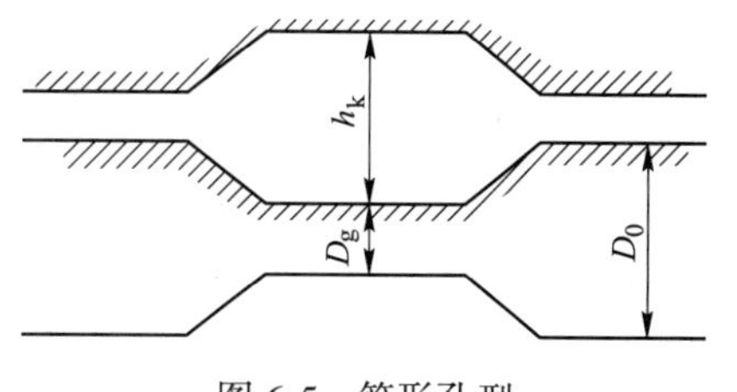

图 6-5　箱形孔型

解：

$$D_g = D - h + S = 530 - 173.5 + 20.5 = 377\text{mm}$$

$$f = a(1.05 - 0.0005t) = 1.05 - 0.0005 \times 1120 = 0.49$$

$$m = \frac{1.6fl - 1.2\Delta h}{H + h}$$

$$= \frac{1.6 \times 0.49\sqrt{\dfrac{377}{2} \times (202.5 - 173.5)} - 1.2 \times (202.5 - 173.5)}{202.5 + 173.5} = 0.06$$

$$v = \frac{\pi D_g n}{60} = \frac{\pi \times 377 \times 10^{-3} \times 100}{60} = 1.97\text{m/s}$$

$$\bar{\dot{\varepsilon}} = \frac{2v\sqrt{\Delta h/R}}{H + h} = \frac{2 \times 1970 \times \sqrt{\dfrac{2 \times 29}{377}}}{202.5 + 173.5} = 4.11\text{s}^{-1}$$

$$K = (14 - 0.01t)(1.4 + w(\text{C}) + w(\text{Mn})) \times 10$$

$$= (14 - 0.01 \times 1120) \times (1.4 + 0.4 + 0) \times 10 = 50.4\text{MPa}$$

因为 $v = 1.974 < 6$，所以 $C' = 1$。

$$\eta = 0.01(14 - 0.01t)C' \times 10$$

$$= 0.01 \times (14 - 0.01 \times 1120) \times 1 \times 10 = 0.28$$

$$\bar{p} = (1 + m)(K + \eta\bar{\dot{\varepsilon}})$$

$$= (1 + 0.06) \times (50.4 + 0.28 \times 4.11) = 54.64\text{MPa}$$

【例 6-2】 在 $D = 800\text{mm}$ 的箱形孔轧辊上轧制，轧前 $H \times B = 185\text{mm} \times 200\text{mm}$，轧后 $h \times b = 140\text{mm} \times 220\text{mm}$，轧件为 $\omega(\text{C}) = 0.45\%$，$\omega(\text{Mn}) = 0.5\%$的 45 号钢，当辊缝为 20mm，$t = 980℃$，$n = 80\text{r/min}$ 时，用艾克隆德公式求轧制力。

解：

$$D_g = D - h + S = 800 - 140 + 20 = 680\text{mm}$$

$$f = a(1.05 - 0.0005t) = 1.05 - 0.0005 \times 980 = 0.56$$

$$m = \frac{1.6fl - 1.2\Delta h}{H + h}$$

$$= \frac{1.6 \times 0.56 \times \sqrt{\dfrac{680}{2} \times (185 - 140)} - 1.2 \times (185 - 140)}{185 + 140} = 0.17$$

$$v = \frac{\pi D_g n}{60} = \frac{\pi \times 680 \times 10^{-3} \times 80}{60} = 2.85\text{m/s}$$

$$\bar{\dot{\varepsilon}} = \frac{2v\sqrt{\Delta h/R}}{H + h} = \frac{2 \times 2850 \times \sqrt{\dfrac{2 \times 45}{680}}}{185 + 140} = 6.38s^{-1}$$

$$K = (14 - 0.01t)(1.4 + w(\text{C}) + w(\text{Mn})) \times 10$$

$$= (14 - 0.01 \times 980) \times (1.4 + 0.45 + 0.5) \times 10 = 98.7\text{MPa}$$

因为 $v=2.85<6$，所以 $C'=1$

$$\eta = 0.01(14 - 0.01t)C' \times 10$$
$$= 0.01 \times (14 - 0.01 \times 980) \times 1 \times 10 = 0.42$$

$$\bar{p} = (1 + m)(K + \eta \bar{\dot{\varepsilon}})$$
$$= (1 + 0.17) \times (98.7 + 0.42 \times 6.38) = 118.61\text{MPa}$$

$$P = \frac{B_{\text{H}} + B_{\text{h}}}{2}\sqrt{R\Delta h}\ \bar{p} = \frac{200 + 220}{2} \times \sqrt{340 \times 45} \times 118.61 = 308\text{t}$$

知识拓展——热轧带钢产生厚度差的原因

热轧带钢产生厚度波动的原因，主要是轧制压力波动。而影响轧制压力波动的原因又是多方面的，如来料尺寸的影响、轧件温度的波动、轧件成分和组织不均匀、金属变形抗力和轧制时张力的变化、轧制速度的变化等。为了更好地消除热轧带钢厚度偏差，需分析其产生的原因，以便针对不同的原因采取不同的消除方法。

(1) 坯料厚度、温度、宽度偏差。坯料的参数有波动，将引起轧制压力和轧机弹跳变化，而精轧机组未能相应地调整轧机辊缝，又或是轧机空载辊缝设置不当，这种厚度偏差多为头部厚度偏差。

(2) 带钢头尾温差和加热温度不均匀是产生带钢同板厚差（带卷纵向厚差）的主要原因。热轧中带材温度变化对带钢厚度的影响具有相对应的关系；带钢一般头部温度较高，尾部温度较低，而实际轧制力也呈现出由头至尾逐渐增大的趋势，使轧机弹跳及带钢厚度也逐渐增加，从而出现带卷纵向厚差的现象。

(3) 热轧带钢在轧制过程中为了保证轧制的稳定，一般均存在一个恒定的微张力。但是在带钢的穿带及抛尾过程中，这种张力会突然增大或减小。张力的波动势必会引起带钢轧制力的波动，轧制力的波动就会导致产品厚度的波动。这种厚度波动一般在张力建立之后消失，末机架的张力波动将直接反映到产品的最终尺寸上。

(4) 热带钢连轧机都采用低速轧制，待卷取机卷入带钢后再同步加速到高速，进行升速轧制。轧辊转速变化较大时，将使油膜轴承的油膜厚度发生变化。油膜厚度变化将导致带钢实际的辊缝发生变化，从而出现带钢厚度波动。

(5) 轧辊偏心（椭圆度）将直接使实际辊缝产生高频周期性变化，从而影响带钢厚度。

AGC 系统即为轧件厚度自动控制系统，其对以上所提到的引起带钢厚度波动的各种因素，进行实时调整以保证产品的最终厚度精度。

知识闯关
轧制压力

思考与练习

1. 判断

(　　)(1) 张力轧制可有效降低轧制压力。

(　　)(2) 在轧制过程中，轧辊与轧件单位接触面积上的作用力称为轧制力。

（　　）（3）轧件宽度对轧制力的影响是轧件宽度越宽，轧制力越大。

（　　）（4）轧制时的接触面积并不是指轧件与轧辊相接触部分的面积。

（　　）（5）轧件有张力轧制和无张力轧制相比，有张力轧制时轧制压力更大。

（　　）（6）接触面积是指轧件与辊相接触部分的面积。

（　　）（7）在光滑的轧辊上轧制比在粗糙的轧辊上轧制所需轧制力小。

2. 选择

（1）计算冷轧板带钢平均单位压力的公式是（　　）。

A. 西姆斯公式　　B. 斯通公式　　C. 艾克隆德公式

（2）摩擦系数增加平均单位压力（　　）。

A. 增加　　B. 减小　　C. 不变

（3）在相同条件下，轧件的化学成分不同，轧制压力（　　）。

A. 相同　　B. 不同　　C. 与化学成分无关

（4）计算热轧板带钢平均单位压力的公式是（　　）。

A. 斯通公式　　B. 西姆斯公式　　C. 艾克隆德公式

（5）为了降低热轧时的轧制压力，应采用（　　）的方法。

A. 增大变形速度　　B. 增大轧辊直径　　C. 轧制时增大前、后张力

（6）轧件作用于轧辊上的垂直力称为（　　）。

A. 正压力　　B. 轧制压力　　C. 作用力

（7）可导致轧制压力增大的因素是（　　）。

A. 轧件厚度增加　　B. 轧件宽度增加　　C. 轧辊直径减小

（8）在压下量、轧辊直径相同的条件下，随着轧件与轧辊间的摩擦系数的增加，平均单位压力会随之（　　）。

A. 减小　　B. 增大　　C. 不变

3. 计算

（1）某平辊钢板轧机的变形区长度为 40mm，轧件入口宽度 100mm，出口宽度 110mm。计算轧辊和轧件的接触面积。

（2）在工作辊直径 $D=400$mm 的四辊冷轧机上，用 $H \times B = 1.85$mm×1000mm 的带钢轧成 0.38mm×1000mm 的带钢卷，钢种为含碳 0.17%的低碳钢，第三道由 0.5mm 轧到 0.38mm，前张力为 30×10^4N，后张力为 5×10^4N，$v=3$m/s，$f=0.05$，计算第三道的轧制压力。

能量小贴士

广大青年要坚定不移听党话、跟党走，怀抱梦想又脚踏实地，敢想敢为又善作善成，立志做有理想、敢担当、能吃苦、肯奋斗的新时代好青年，让青春在全面建设社会主义现

代化国家的火热实践中绽放绚丽之花。

——习近平在中国共产党第二十次全国代表大会上的报告

任务 6.2　轧制力矩分析和估算

钢铁人物

魏寿昆

魏寿昆（1907.9.16—2014.6.30），冶金学和冶金物理化学家和冶金教育家，中国冶金物理化学学科创始人之一，中国科学院资深院士。

魏寿昆于 1935 年毕业于德累斯顿工业大学化学系工学博士学位，1936 年任北洋工学院矿冶系教授，1952 年加入九三学社，1956 年被教育部批准为一级教授，1980 年当选为中国科学院院士。

魏寿昆在冶金热力学理论及其应用中获得多项重大成果，他首次提出“转化温度”概念及运用活度理论，为红土矿脱铬、金川矿提镍、包头矿提铌、攀枝花钒钛磁铁矿提钒、华南铁矿脱砷、贫锰矿脱磷等多反应中金属的提取和分离工艺，奠定了理论基础，并在国内率先开拓固体电池直接快速定氧技术。魏寿昆从事高等教学 70 年，培养了大量的冶金人才。其在冶金热力学方面造诣较深，先后进行过钢铁脱硫、钢液脱磷、活度理论、选择性氧化、固体电解质电池定氧和冶金热力学在中国特有矿产综合提取金属中的应用等研究，取得了重要成果，并多次获奖。

任务情境

宝钢是我国规模最大、品种规格最齐全、高技术含量和高附加值产品份额比重最大的钢铁企业。其主要生产基地为宝山钢铁股份有限公司、宝钢集团上海第一钢铁有限公司、宝钢集团上海浦东钢铁有限公司、宝钢集团上海五钢有限公司、宝钢集团上海梅山有限公司、宁波宝新不锈钢有限公司等。目前其钢铁生产规模在 2000 万吨左右，产品结构以板管材为主、棒线材为辅，不锈钢产品正在发展之中。宝钢的汽车板、造船板、家电板、管线钢、油管等高档产品在国内的市场占有率位于前列，同时也是优质工模具钢、高性能轴承钢、弹簧钢、钢帘线用钢以及航空航天用钢的主要供应商。宝钢建有功能完善的电子商务平台，同时在上海、杭州、广州、天津、青岛、重庆、沈阳等地设立了现代化的钢材加工中心，可以快速响应用户需求，为用户提供全方位的增值服务。随着新一轮发展战略的推进，宝钢正在加快一体化运作的步伐，集中发展对市场影响大、在我国钢铁工业结构调整中需要战略性投资、能与国际顶尖钢铁产品相抗衡的钢铁精品，全面提升钢铁业的综合竞争力。

学生工作单

学生工作任务单

<table>
<tr><td>模块 6</td><td colspan="4">校核主电机</td></tr>
<tr><td>任务 6. 2</td><td colspan="4">轧制力矩分析和估算轧制过程中的轧制力矩</td></tr>
<tr><td rowspan="3">任务描述</td><td>能力目标</td><td colspan="3">（1）能正确启动并操作实训轧机；
（2）能识别轧制力矩、附加摩擦力矩、空转力矩和动力矩；
（3）能计算轧制力矩和电机力矩；
（4）会校核主电机的容量</td></tr>
<tr><td>知识目标</td><td colspan="3">（1）熟悉正确启动和操作实训轧机的方法；
（2）了解轧制力矩的组成和主电机容量的校核方法；
（3）熟悉轧制图表和电机力矩图的绘制</td></tr>
<tr><td>训练内容</td><td colspan="3">（1）估算实际生产中不同条件下的轧制力矩；
（2）分析电机驱动轧机工作时所需的力矩组成及估算轧制功率</td></tr>
<tr><td>参考资料与资源</td><td colspan="4">《金属压力加工理论基础》，段小勇，冶金工业出版社，2008；
“金属塑性变形技术应用”精品课程网站资源</td></tr>
<tr><td>任务实施过程说明</td><td colspan="4">（1）学生分组，每组 5~8 人；
（2）分发学生工作任务单；
（3）学习相关背景知识；
（4）小组讨论制定工作计划；
（5）小组分工完成工作任务；
（6）小组互相检查并总结；
（7）小组合作，制作项目汇报 PPT，进行讲解演练；
（8）小组为单位进行成果汇报，教师评价</td></tr>
<tr><td>任务实施注意事项</td><td colspan="4">（1）实训前要认真阅读实训指导书有关内容；
（2）实训前要重点回顾有关设备仪器使用方法与规程；
（3）每次测量与计算后要及时记录数据，填写表格；
（4）结果分析时在企业实际生产中应用要考虑原料的烧损</td></tr>
<tr><td>任务下发人</td><td colspan="2"></td><td>日期</td><td>年　月　日</td></tr>
<tr><td>任务执行人</td><td colspan="2"></td><td>组别</td><td></td></tr>
</table>

学生工作任务页

学生工作单

模块 6	校核主电机		
任务 6.2	轧制力矩分析和估算轧制过程中的轧制力矩		
任务描述	（1）估算实际生产中不同条件下的轧制力矩。根据简单轧制条件下的轧制力矩表达形式，分析实际生产中不同条件下的轧制力矩的表达，可以从单辊驱动的轧制情况、带张力轧制的情况以及四辊轧机（两个工作辊和两个支承辊）的轧制情况进行讨论分析，得出估算这些实际轧制条件下的轧制力矩的表达形式。 （2）分析电机驱动轧机工作时所需的力矩组成及估算轧制功率。分析确定轧制力矩的方法，从理论计算和能耗曲线两个方面确定和估算轧制力矩，并分析讨论数据的合理性以及轧制力矩在实际生产中的重要意义		
任务实施过程			
任务下发人		日期	年　月　日
任务执行人		组别	

任务背景知识

6.2.1　电机力矩的组成

轧制功率是轧机电气设备选择的重要参数。轧制功率可以用理论计算的方法确定，也可以利用单位能耗曲线的实验资料确定。

计算电机功率 M_D 时，仅确定驱动轧辊所需的力矩是不够的。因为除轧制力矩以外，电动机轴上还有附加摩擦力矩、空载力矩等。

$$M_D = \frac{M_z}{i} + M_f + M_k + M_d \tag{6-24}$$

式中　M_z——轧制力矩，此即为使轧件塑性变形所需的力矩；

i——轧辊与主电机间的传动比；

M_f——传至电机轴上的附加摩擦力矩，此摩擦力矩是当轧件通过轧辊时，在轧辊轴承、传动机构及轧钢机其他部分所发生的；

M_k——空载力矩，即在空转时传动轧钢机所需的力矩；

M_d——动力矩，此力矩是为了克服速度变化所需的惯性力所必需的。

前面三项称作静力矩，即：

$$M_j = \frac{M_z}{i} + M_f + M_k \tag{6-25}$$

式中，M_z 为静力矩中的有效力矩，而 M_f 和 M_k 则为无效力矩，它们的数值越小，轧机的有效系数越高。

轧机有效系数 η_0 可表示为：

$$\eta_0 = \frac{M_z}{iM_j} \tag{6-26}$$

η_0 在很宽广的范围内变化，它与轧制方式、轧机设备装置有关，一般 $\eta_0 = 0.5 \sim 0.95$。

6.2.2　电机力矩的确定

6.2.2.1　轧制力矩的确定

在传动轧辊所需的力矩中，轧制力矩是最主要的。确定轧制力矩有两种方法：按轧制力计算和利用能耗曲线计算。前者对板带材等矩形断面轧件计算较精确，后者用于计算各种非矩形断面的轧制力矩。

A　按金属对轧辊的作用力计算轧制力矩

在简单轧制时，由于对称关系，轧件作用于上、下轧辊的轧制压力是大小相等、方向相反的，如图 6-6 所示，轧制压力作用点与出口断面间圆弧所对应的圆心角（压力作用角）为，轧制压力到出口断面的垂直距离（即力臂）为 a。

如果不考虑轧辊中的摩擦损失，则传动一个轧辊所需的力矩等于轧制压力 P 与其力臂 a 的乘积，即：

$$M_1 = Pa = P\frac{D}{2}\sin\varphi \tag{6-27}$$

显然，传动两个轧辊所需力矩为：

$$M_z = 2Pa = PD\sin\varphi \tag{6-28}$$

因此，只要能确定出压力作用角 ϕ，就可以按上式计算轧制力矩。实际计算时，常借助力臂系数 Ψ 来确定轧制压力作用点的位置。

力臂系数是轧制压力的力臂长度与变形区长度之比。简单轧制时，力臂系数可表示为：

$$\Psi = \frac{\beta}{\alpha} \approx \frac{a}{l} \tag{6-29}$$

式中　l——变形区长度。

由此可得，在简单轧制情况下，传动两辊所需克服的轧制力矩为：

$$M_z = 2P\Psi L = 2\pi\Psi\sqrt{R\Delta h} \tag{6-30}$$

力臂系数 Ψ 可按表 6-2 的经验数据选取。

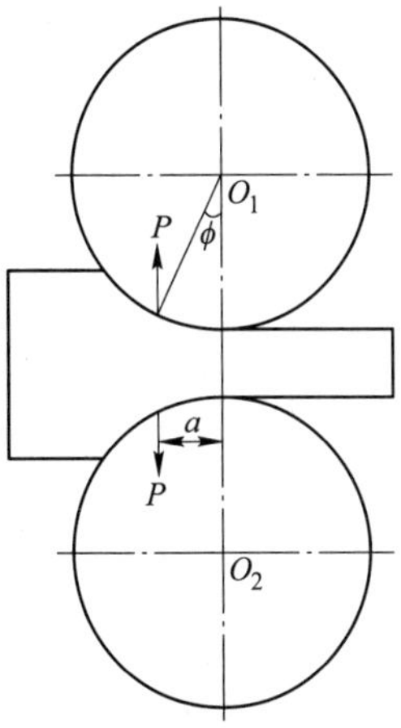

图 6-6　简单轧制时作用在轧辊上的力

表 6-2　力臂系数经验数据

轧制条件	力臂系数 Ψ	轧制条件	力臂系数 Ψ
热轧方断面轧件	0.5	在闭口孔形中轧制	0.7
热轧圆断面轧件	0.6	连轧带钢前几个机座	0.48
热轧厚度较大时	0.5	连轧带钢后几个机座	0.39
热轧薄板	0.42~0.45	冷轧	0.35~0.45

B　按能耗曲线计算轧制力矩

在许多情况下按轧制时的能量消耗确定轧制力矩是比较方便的，因为人们在这方面积累了一些实验资料，当轧制条件相同时，其计算结果也较可靠。在轧制非矩形断面时，由于确定接触面积和平均单位压力比较复杂，常采用这种方法计算轧制力矩。

在一定的轧机上由一定规格的坯料轧制产品时，随着轧制道次的增加，轧件的延伸系数增大。根据实测数据，按轧材在各轧制道次后得到的总延伸系数和 1t 轧件由该道次轧出后累积消耗的轧制能量所建立的曲线，称为能耗曲线。

轧制时消耗的能量 A 与轧制力矩的关系可表示为：

$$M = \frac{A}{\theta} = \frac{A}{\omega t} = \frac{AR}{vt} \tag{6-31}$$

$$\theta = \omega t = \frac{v}{R}t \tag{6-32}$$

式中　θ——轧件通过轧辊期间轧辊的转角；

ω——轧辊角速度，1/s；

t——轧制时间，s；

R——轧辊半径，m；

v——轧辊圆周速度，m/s。

利用能耗曲线确定轧制力矩，其单位能耗曲线对于型钢等轧制时一般表示为每吨产品的能耗与累积延伸系数，如图 6-7 所示；而对于板带材轧制一般表示为每吨产品的能量消耗与板带厚度的关系，如图 6-8 所示。第 $n+1$ 道次的单位能耗为 $a_{n+1}-a_n$，如轧件质量为 G，则该道次之总能耗为：

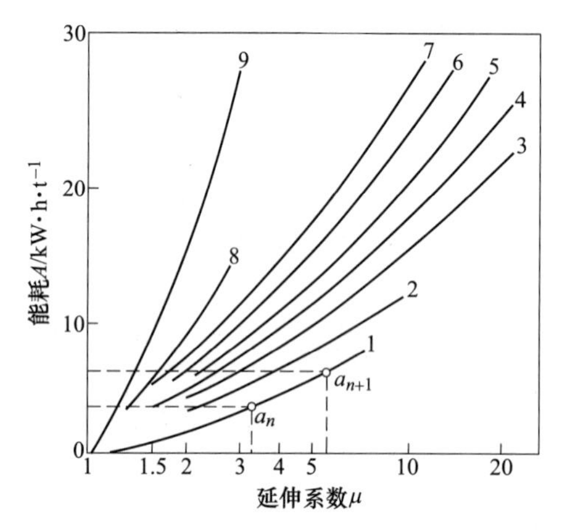

图 6-7　开坯、型钢和钢管轧机的典型能耗曲线

1—1150 板坯机；2—1150 初轧机；3—250 线材连轧机；4—350 布棋式中型轧机；5—700/500 钢坯连轧机；6—750 轨梁轧机；7—500 大型轧机；8—自动轧管机；9—250 穿孔机组

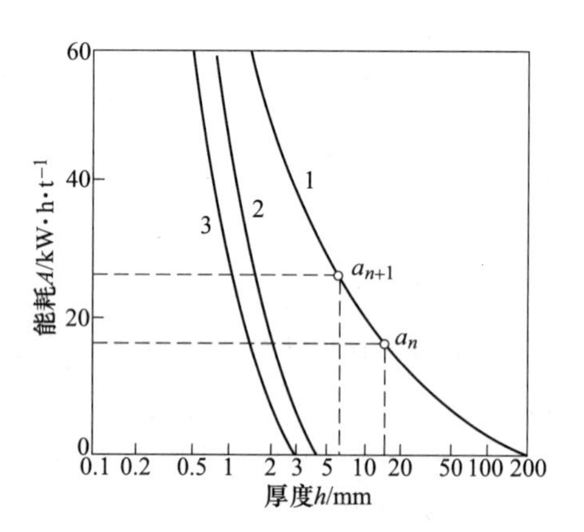

图 6-8　板带钢轧机的典型能耗曲线

1—1700 连轧机；2—三机架冷连轧低碳钢；3—五机架冷连轧铁皮

$$A=(a_{n+1}-a_n)G \tag{6-33}$$

因为轧制时的能量消耗一般是按电机负荷测量的，故按上述曲线确定的能耗包括轧辊轴承及传动机构中的附加摩擦损耗，但除去轧机的空转损耗，并且不包括与动力矩相对应的动负荷的能耗。因此，按能量消耗确定的力矩是轧制力矩 M_z 和附加摩擦力矩 M_f 之总和。

根据式（6-32）和式（6-33）得：

$$M+iM_i=\frac{9.8\times 102\times 3600(a_{n+1}-a_n)RG}{tv} \tag{6-34}$$

如果用 $G=F_hL_h\rho$，$t=\dfrac{L_h}{v_h}=\dfrac{L_h}{v(1+S_h)}$ 代入上式，整理后得：

$$M+iM_i=1800(a_{n+1}-a_n)\rho F_hD(1+S_h) \tag{6-35}$$

式中　G——轧件质量；

ρ——轧件密度；

D——轧辊工作直径；

F——该道次后轧件横断面积；

S_h——该道次前滑值；

i——传动比。

取钢的 $\rho=7.8\text{t/m}^2$，并忽略前滑的影响，则

$$M+iM_i=14010(a_{n+1}-a_n)F_hD \tag{6-36}$$

由于能耗曲线是在现有的一定的轧机上，在一定的温度、速度条件下，对一定规格的产品和钢种测得的。所以在实际计算时，必须根据具体的轧制条件选取合适的曲线。在选取时，通常应注意以下几个问题：

（1）轧机的结构及轴承的型式应该相似。如用同样的金属坯料轧制相同的断面产品，在连续式轧机上，单位能耗较横列式的轧机上小，在使用滚动轴承的轧机上单位能耗要比采用普通滑动轴承的轧机低 10%~60%。

（2）选取的能耗曲线的轧制温度及轧制过程应该接近。因为热轧时温度对轧制压力的影响很大。

（3）曲线对应的坯料的原始断面尺寸，应与欲轧制的坯料相同或接近，在热轧时可大于欲轧制的坯料的断面尺寸。

（4）曲线对应的轧制品种和最终断面尺寸应与欲轧制的轧件相同或接近。例如在断面尺寸和延伸系数相同的条件下，轧制钢轨消耗的能量比轧制圆钢和方钢的大。因为在异形孔型中轧制时金属与轧辊表面间的摩擦损失比较大，轧件的不均匀变形要消耗附加能量，并且钢轨的表面积大，散热和温降低。

（5）曲线对应的金属应与欲轧制的金属相同或接近，以保证变形抗力值相近。

（6）对于冷轧，曲线对应的工艺润滑条件和张力数值应与考虑的轧制过程相近。

6.2.2.2　附加摩擦力矩的确定

轧制时，在轧辊轴承中及轧机传动机构中都有摩擦力产生，克服这些摩擦力所需的力矩就是附加摩擦力矩。

附加摩擦力矩由两部分组成，一部分为轧辊轴承中的摩擦力矩 M_{f1}，另一部分为传动机构中的摩擦力矩 M_{f2}。

（1）轧辊轴承中的摩擦力矩。对普通二辊轧机（共四个轴承）而言，此力矩值为：

$$M_{f1} = Pdf_1 \tag{6-37}$$

式中　P——轧制压力；

d——轧辊辊颈直径；

f_1——轧辊轴承中的摩擦系数。

摩擦系数 f_1 决定于轴承构造及其工作条件，见表 6-2。

表 6-2　轴承中摩擦系数 f_1 之值

轴承形式	f_1
金属瓦轴承热轧时	0.07~0.10
金属瓦轴承冷轧时	0.05~0.07
树脂轴瓦（胶木瓦）	0.01~0.03
液体摩擦轴承	0.003~0.005
滚动摩擦轴承	0.005~0.01

（2）传动机构中的摩擦力矩。这部分力矩指减速机座、齿轮机座中的摩擦力矩。此传动系统的附加摩擦力矩，根据传动效率按式（6-38）计算：

$$M_{f2} = \left(\frac{1}{\eta} - 1\right)\frac{M + M_{f1}}{i} \tag{6-38}$$

式中　M_{f2}——换算到主电机轴上的传动机构的摩擦力矩；

η——传动机构的效率，即从主电机到轧机的传动效率，一般齿轮传动的效率取 0.96~0.98，皮带传动效率取 0.85~0.90。

η 可按表 6-3 中的数值选择。

表 6-3　η 的选择

传动方式	η
梅花接轴	0.94~0.96
万向接轴倾角 $\theta \leqslant 3°$ 时	0.96~0.98
万向接轴倾角 $\theta > 3°$ 时	0.94~0.96
考虑主接手损失的多级减速机	0.92~0.94
一级齿轮传动	0.95~0.98

（3）摩擦力矩换算到主电机轴上总的附加摩擦力矩为：

$$M_f = \frac{M_{f1}}{i} + M_{f2} \tag{6-39}$$

6.2.2.3　空载力矩的确定

空载力矩是指空载转动轧机主机列所需力矩，为各转动零件（如轧辊、连接轴、齿轮机座、减速机、飞轮等）的质量在轴承中引起的摩擦力矩的总和。

$$M_k = \Sigma \frac{G_i f_i d_i}{2i_i} \tag{6-40}$$

式中　G_i——该零件的重量；

F_i——该零件轴承的摩擦系数；

d_i——该零件的轴颈直径；

i_i——电动机与该零件的传动比。

按式（6-40）计算空载力矩甚为繁杂，通常可按经验办法来确定，即：

$$M_k = (0.03 \sim 0.06)M_H \tag{6-41}$$

式中　M_H——主电机的额定力矩。

或按式（6-42）确定：

$$M_k = (0.03 \sim 0.1)M_H \tag{6-42}$$

6.2.2.4　动力矩的确定

以不均匀速度轧制时都有动力矩，这在带飞轮或在轧制过程中调速以及可逆轧制情况下都可遇到。

大家知道，在速度变化时物体的惯性力 F 等于其质量乘以加速度：

$$F = m \cdot \frac{dv}{dt} = mR\frac{dw}{dt} \tag{6-43}$$

式中　$\frac{dw}{dt}$——角加速度。

动力矩 M_d 为惯性力 F 与回转半径 R 的乘积。

$$M_{\mathrm{d}}=F\cdot R=mR^{2}\frac{\mathrm{d}w}{\mathrm{d}t}=\frac{2\pi}{60}\cdot\frac{GD^{2}}{4g}\cdot\frac{\mathrm{d}n}{\mathrm{d}t}=\frac{GD^{2}}{38.2}\cdot\frac{\mathrm{d}n}{\mathrm{d}t} \tag{6-44}$$

式中　GD^2——旋转部件的飞轮惯量，kg · m²；

n——旋转部件的转速，1/min；

g——重力加速度，m/s²。

6.2.3　主电机容量校核

为了校核主电机容量，除了要知道负荷的大小外，由于轧制过程中力矩是变化的，因此还必须知道负荷随着时间的变化规律，即所谓负荷图，又称力矩图。而绘制力矩图时往往要借助于表示轧机工作状态的轧制图表。

6.2.3.1　轧制图表与静力矩图

图 6-9 所示的上半部分，表示一列两架轧机第一架轧 3 道，第二架轧 2 道，并且无交叉过钢。图示中的 t_1、t_2、t_3、t_4、t_5 为道次的轧制时间，可通过计算确定，为轧件轧后的长度 L 与平均轧制速度 v 的比值；t'_1、t'_2、t'_3、t'_4、t'_5 为道次间的间隙时间，其中 t'_3 为轧件横移时间，t'_5 为前后两轧件的间隔时间。对于各种间隙时间，可以进行实测或近似计算。图 6-9 的下半部分，表示轧制过程主电机负荷随机时间变化的静力矩。在轧制时间内，主电机的反抗力矩为该道的静力矩，即 $M_{\mathrm{j}}=\dfrac{M_{\mathrm{z}}}{i}+M_{\mathrm{f}}+M_{\mathrm{k}}$，在间隙时间内则只有 M_{H}。主电机负荷变化周而复始的一个循环，即轧件从进入轧辊到最后离开轧辊并送入下一轧件为止的过程，称为轧制节奏。

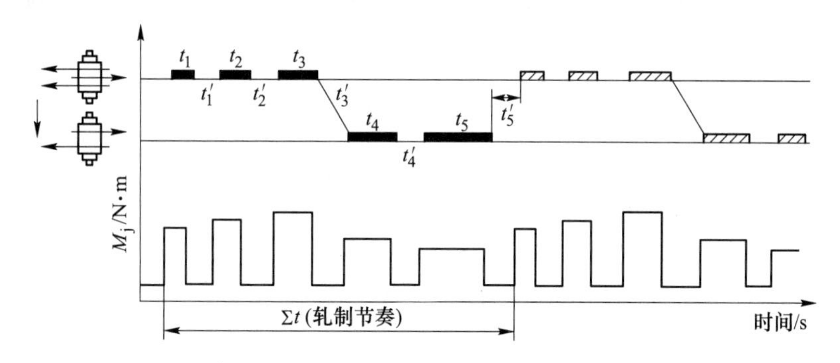

图 6-9　单根过钢时的轧制图表与静力矩图（横列式轧机）

在上述的轧机上，如轧制方法稍加改变，每架轧机可轧制一根轧件，其轧制图表的形式如图 6-10 所示。由于两架轧机由一个主电机传动，因此静力矩图就必须在两架轧机同时轧制的时间内进行叠加，但空转力矩不叠加。显然，在该情况下轧制节奏时间缩短了，而主电机的负荷加重了。

尽管根据轧机的布置、传动方式和轧制方法的不同，其轧制图表的形式是有差异的，但绘制静力矩图的叠加原则不变。如图 6-11 所示为不同传动方式的静力矩形式。

6.2.3.2　不同轧制条件下的动力矩图绘制

在某种轧制条件下，由于轧辊转动不匀速而产生动力矩。对于这种有动力矩的轧制，在选择或校核主电机的容量时，动力矩是不可忽视的主要因素之一。

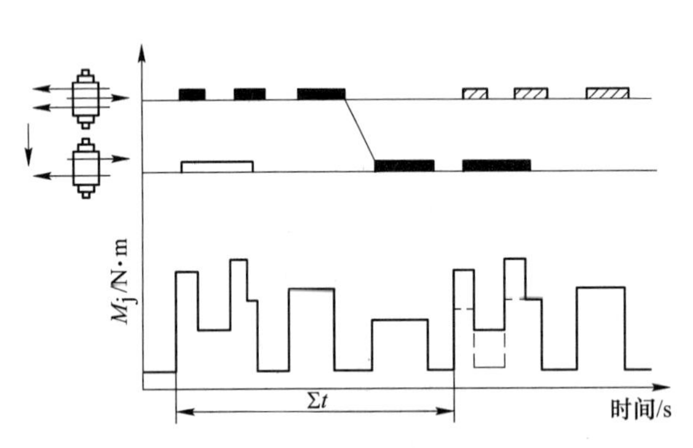

图 6-10　交叉过钢时的轧制图表与静力矩图（横列式轧机）

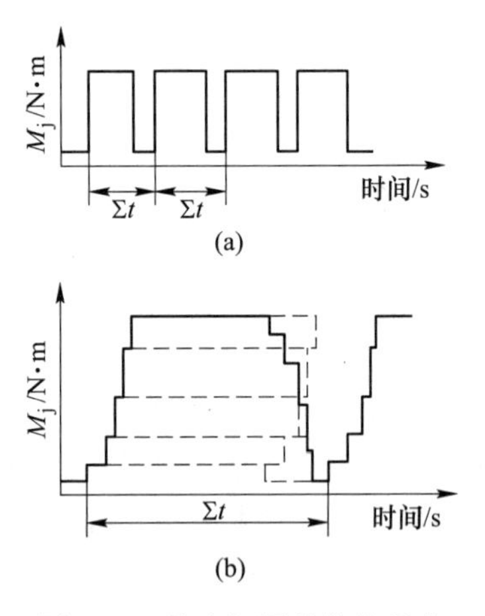

图 6-11　静力矩图的其他形式
（a）纵列式或单独传动的连轧机；
（b）集体传动的连轧机

在轧制过程中，由于使轧辊产生不匀速转动的形式不同，因此动力矩图的形式也不相同。但不论何种形式的动力矩图的绘制，均是在静力矩图的基础上进行。下面就两种常见的动力矩图的绘制作一些必要的介绍。

A　带飞轮的轧机动力矩

在某些非可逆式的轧机上，为了均衡主电机在轧制和间隙时间的传动负荷，一般在减速机的高速轴上装有一只或一对飞轮。因此，当考虑飞轮影响时，在电机轴上的传动负荷为：

$$M_D = M_j + \frac{GD^2}{38.2} \times \frac{dn}{dt} \tag{6-45}$$

为了解出上式，需找出转速与力矩和时间的关系。在带有飞轮传动的装置中，大多数选用异步电动机作为主电机，在计算飞轮传动装置时，都假设电机转速的下降正比于负荷的增加，如图 6-12 所示。其数学表达式为：

$$n = a - b \cdot M_D \tag{6-46}$$

常数 a 和 b 在电机特性中给出。以 n_0 表示负荷为零时的电机转速（同步转速），并以 n_h 表示负荷为额定力矩 M_H 时的电机转速，这样得到：

$$a = n_0, \quad b = \frac{n_0 - n_H}{M_H}$$

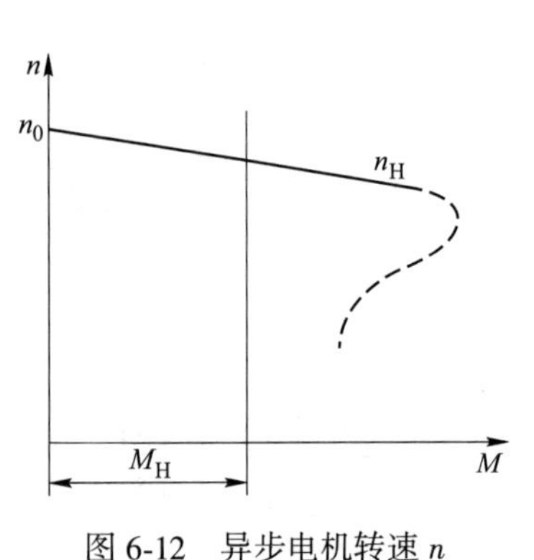

图 6-12　异步电机转速 n 与负荷 M 的关系

则式（6-46）可以写成：

$$n = n_0\left(1 - \frac{n_0 - n_H}{n_0} \cdot \frac{M_D}{M_H}\right) \tag{6-47}$$

式中，$\frac{n_0-n_H}{n_0}$比值为电机额定转差率，用 S_H 表示，一般为 3%~10%。

对式（6-47）求导数后代入式（6-45），经整理、积分得到：

$$M_D = M_j - (M_j - M_0)e^{-t/T} \tag{6-48}$$

式中 M_0——时间 $t=0$ 时电机的初始力矩；

T——电机的飞轮惯性常数，其值决定于飞轮尺寸与电机特性。

$$T = \frac{GD^2 n_0 S_H}{38.2M_H} \tag{6-49}$$

式（6-48）为轧制时的动态方程，它表明传动力矩按指数曲线变化，此曲线的渐近线为一直线。此直线平行于时间坐标，且与时间坐标距离为 M_j，如图 6-13 所示。

在传动装置空转期间，$M_j=M_k$，且 $M_0>M_k$ 时，将会得到间隙时间的负荷动态方程：

$$M_D = M_k - (M_j - M_0)e^{-t/T} \tag{6-50}$$

式中 M_0——初始力矩。

B 带飞轮的电机负荷图的绘制

当轧制道次很多时，利用上述两方程解析作图很浪费时间。因此，在实际计算中通常采用样板曲线作图。样板曲线的做法与使用如下：

（1）用负荷图的比例按下列方程式把样板图画在纸板上：

$$M' = M'_j(1 - e^{-t/T}) \tag{6-51}$$

式中 M'_j——轧制节奏中的最大静力矩。

作样板时的时间数值取 $t=0$ 到 $t=4T$，经过 $4T$ 后曲线实际上与渐近线重合在一起，如图 6-14 所示。

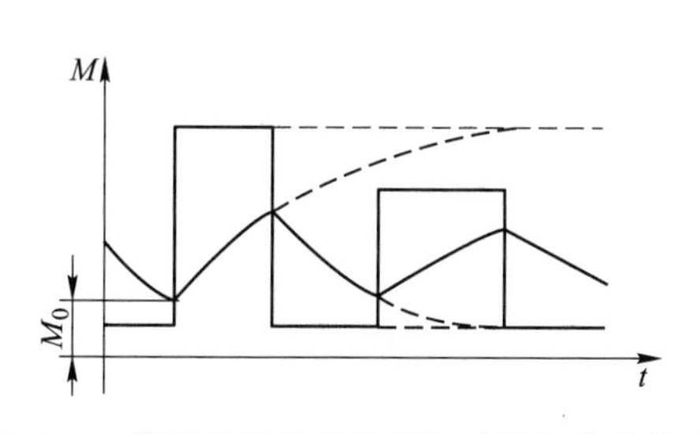

图 6-13 带飞轮的传动负荷与时间的变化关系

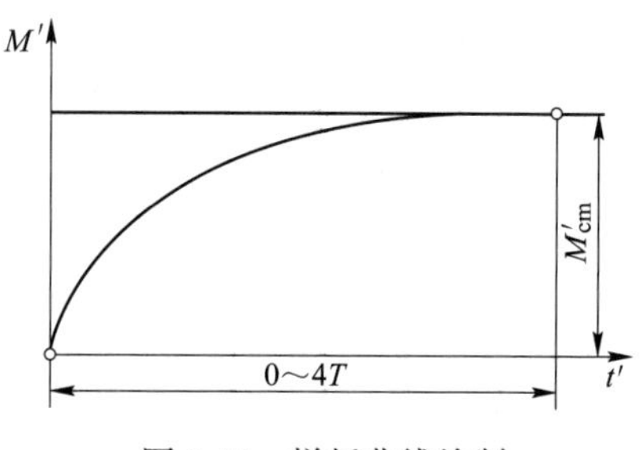

图 6-14 样板曲线绘制

（2）将已做成的样板曲线（按曲线剪下）叠放在静负荷图上，使曲线与初始输出力矩 M_0 相切，渐近线与时间坐标平行或与静力矩的直线重合。图 6-15（a）为轧制时的飞轮负荷变化曲线。

（3）将样板曲线转 180°叠放，可画出间隙时间的飞轮负荷变化，如图 6-15（b）所示。

应该指出，初始力矩 M_0 较难确定，该点比 M_k 稍大，在一个周期内，通过一个或两个始点与终点是否重合来确定。如果重合，该点为 M_0；如果不重合，可再进行由起点到终点，并返回起点的过程。由此可见，在没有确定 M_0 时，往返的过程只能用轻微的点在负荷图上做标记，而不能直接用实线画出负荷变化。

C　可调速轧机的传动负荷图

可调速轧机通常是以直流电机传动的，这种轧机不管可逆或不可逆，一般都是采用低速咬入、高速轧制的工作制度。其速度图的形式如图 6-16（a）所示由五部分组成，即空载加速阶段、加速轧制阶段、等速轧制阶段、减速轧制阶段、空载减速阶段，五个阶段的时间分别用 t_1、t_2、t_3、t_4、t_5 表示。图中 n_k 表示空载转速，n_1 为咬入转速，n_2 为轧机的限定转速，n_3 为抛出转速，n_H 为电机额定转速。如果以 a 表示角加速度，一般取 30～60r/min^2；以 b 表示减速度，一般取 40～80r/min^2，则有：

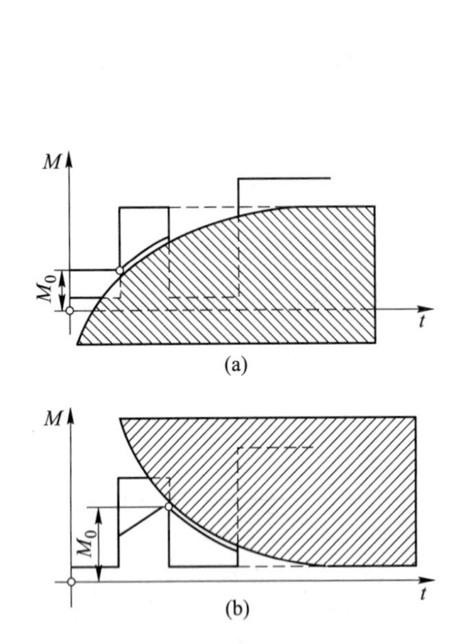

图 6-15　按样板曲线绘制带飞轮的传动负荷

（a）$M_j > M_电$；（b）$M_j < M_电$

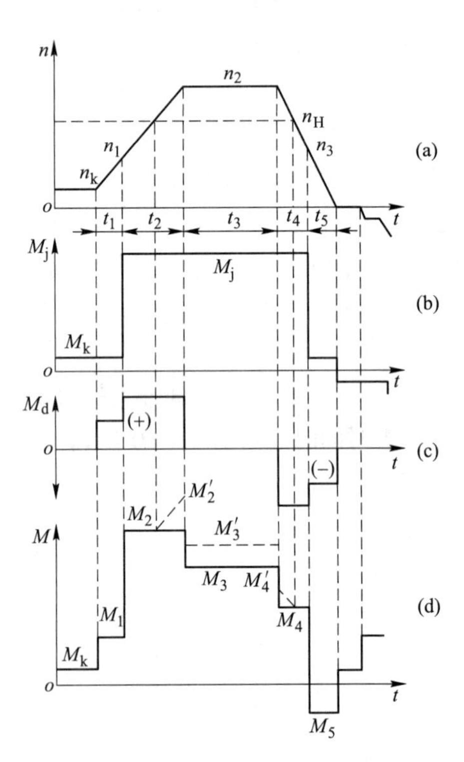

图 6-16　可调速轧机主电机的转速、扭矩与时间的关系

（1）空载启动阶段。由空载到轧件被轧辊咬入称为空载加速，这一阶段的传动力矩为：

$$M_1 = M_k + \frac{GD^2}{38.2} \cdot a \tag{6-52}$$

（2）咬入轧件后的加速阶段。由轧件被咬入轧辊时到轧辊加速到事先选定的限定速度为止，这一阶段的传动力矩为：

$$M_2 = M_j + \frac{GD^2}{38.2} \cdot a \tag{6-53}$$

（3）等速轧制阶段。这一阶段轧辊转速不变，传动力矩为：

$$M_3 = M_j \tag{6-54}$$

（4）轧制减速阶段。转速由 n_2 下降到 n_H，其传动力矩为：

$$M_4 = M_j - \frac{GD^2}{38.2} \cdot b \tag{6-55}$$

（5）空载制动阶段。轧件被轧辊抛出到轧机速度减小到零，这一阶段的传动矩为：

$$M_5 = M_k - \frac{GD^2}{38.2} \cdot b \tag{6-56}$$

当电机转速大于额定转速 n_H 时，电机将在弱磁状态下工作，此时应对相应阶段的传动力作出修正，其方法是将该时段电机力矩乘以系数 n/n_H，其中 n 为电机实际转速，如图 6-16 所示。

6.2.3.3　主电机容量的校核

为了保证主电机的正常工作，在轧制时，主电机必须同时满足不过载、不过热两个要求。校核时，通常是以一个负荷周期时间内负荷的变化为依据的。

A　过载校核

主电机允许在短暂时间、一定限度内超过额定负荷进行工作。即主电机负荷力矩中最大力矩不超过电机额定力矩与过载系数的乘积，电动机能正常工作：

$$M_{max} \leqslant \lambda M_H \tag{6-57}$$

式中　λ——主电机的允许过载系数；

M_H——电机额定力矩。

一般对于直流电动机 $\lambda = 2.5 \sim 3$，对于不带飞轮的交流电动机 $\lambda = 1.5 \sim 3$，对于带有飞轮的交流电机 $\lambda = 4 \sim 6$。

B　发热校核

保证电动机正常运转的另一条件是稳定运转时不过热，即电动机的温升不超过允许值。这就要控制电动机在运转时的工件电流不超过电机允许的额定电流。由于电枢电流与负荷力矩成正比关系，因此电动机不过热的条件可表示为：

$$M_k \leqslant M_H$$

$$M_k = \sqrt{\frac{\sum M_i^2 t_i + \sum M_i'^2 t_i'}{\sum t_i + \sum t_i'}} \tag{6-58}$$

式中　M_k——等效力矩；

$\sum t_i$——轧制时间内各段纯轧时间的总和；

$\sum t_i'$——轧制周期内各段间歇时间的总和；

M_i——各段轧制时间所对应的力矩；

M_i'——各段间歇时间对应的力矩。

思考与练习

知识闯关
轧制力矩

1. 判断

（　　）（1）轧机每小时轧制1t轧件所消耗的电机能量称为单位能耗。

（　　）（2）轧件变形时轧件对轧辊的作用力所引起的阻力矩称为轧制力矩。

（　　）（3）轧制力矩是使金属产生塑性变形的有效力矩，而附加摩擦力矩和空载力矩属消耗于摩擦的无效力矩。

（　　）（4）轧机的静力矩中，空载力矩也是有效力矩。

（　　）（5）换算到主电机输上的轧制力矩与静力矩的比值称为轧机效率。

2. 选择

（1）主电机传动力矩由静力矩和动力矩组成，而静力矩中（　　）为有效力矩。

A. 轧制力矩　　B. 附加摩擦力矩　　C. 扭转力矩

（2）轧制力矩与静力矩之比的百分数称为（　　）。

A. 轧机的效率　　B. 电机的效率　　C. 力矩系数

（3）静力矩由轧制力矩、附加摩擦力矩和（　　）组成。

A. 空转力矩　　B. 惯性矩　　C. 动力矩

（4）主电机输出力矩由静力矩和（　　）组成。

A. 轧制力矩　　B. 附加摩擦力矩　　C. 动力矩

（5）轧制力矩等于轧制压力与（　　）的乘积。

A. 轧辊半径　　B. 变形区长度　　C. 力臂

3. 简答

（1）何谓轧制力矩，它与哪些因素有关？

（2）简单轧制过程的轧制力矩有何特点，为什么要研究简单轧制？

（3）单辊驱动考虑辊颈摩擦时，为什么轧件给被动辊的作用力与摩擦圆相切是偏向出口方向？

（4）为什么支辊与工作辊间的滚动力臂偏向出口侧？

（5）轧制时的张力是如何改变轧制力矩的？是前张力的作用大，还是后张力的作用大，为什么？

（6）在型材轧机上轧制，两个轧辊产生的轧制力矩是否相等，其差值如何计算？

（7）四辊轧机的轧制力矩如何考虑？是否与不同的传动辊有关，为什么？

（8）工作辊主传动与支辊主传动的传动力矩是否相等，为什么？

（9）作用在电机轴上的传动力矩由哪几部分组成？

（10）空转力矩的实质是被传动部件所产生的摩擦力矩对吗，为什么？

（11）附加摩擦力矩与空转力矩有何实质性的区别？

（12）在相同的条件下轧制，利用能耗曲线在主轴和电机轴上测得的轧制力矩是否相等，为什么？

（13）使用能耗曲线时应考虑哪些问题？

（14）何谓轧制图表，绘制静力矩图为什么要借助于轧制图表？

（15）带飞轮的轧机力矩有何特点，如何绘制？
（16）电机飞轮的惯性常数与哪些因素有关，该常数有何作用？
（17）带飞轮的传动负荷为什么是曲线变化，它说明什么问题？

能量小贴士

子曰："由，诲女知之乎？知之为知之，不知为不知。"——《论语》

模块7 模拟调整轧机消除板带厚度误差

本模块课件

模块背景

在轧制过程中，由于轧制压力的作用，轧机整个机座产生弹性变形，轧件产生塑性变形。轧制时的弹塑性曲线把轧制过程中轧件与轧机的情况有机地结合起来，通过弹塑性曲线可以很清晰地分析轧制过程中造成厚度波动的各种原因。弹塑性曲线是生产过程中进行厚度自动控制的基础，在厚度自动控制方面已获得广泛的应用。因此，了解和掌握弹塑性曲线具有很重要的理论和实际意义。

学习目标

知识目标：熟悉正确启动和操作实训轧机的方法；
掌握轧件塑性曲线的意义；
掌握影响轧件塑性曲线的因素及影响规律；
能利用弹塑性曲线分析轧制过程中轧件厚度的控制调整方法。

技能目标：能正确启动并操作实训轧机；
能分析不同轧制条件对轧件塑性曲线的影响；
能模拟轧制过程中轧制条件的变化对成品尺寸的影响；
能正确分析轧制温度等工艺因素对轧件厚度的影响。

德育目标：培养学生爱国情怀和主人翁精神；
培养学生养成严谨的工作作风；
培养学生有很强的责任心，及时发现生产过程中出现的各种问题；
培养学生有较强的安全意识。

任务7.1　认知弹塑性曲线

科学没有国界

21世纪是科技爆发的时代，科学发展对于每个国家的重要性都不言而喻。国家的强大亦是科技人才的强大，也是教育系统的强大。因此，世界各国重视教育发展，渴望人才，当今社会亦演变成人才争夺的战场，“移民科学家”的话题再次登上科研界的热搜。

美国科学促进会（AAAS）2020 年年会上谈到的限制移民政策、防止国外政府影响研究的新措施，使美国科学家担心他们吸引外国人才进入实验室并与国际同事合作的能力。Charles Lieber 是目前国际上最权威、最活跃、最著名、年轻有为的纳米科学家和材料学家之一，在国际上享有盛誉。美国方面不断对中国发出“警告”：中国雄心勃勃的“千人计划”可能会使美国的科学利益面临风险。

AAAS 启动了“超越国界的科学”计划，以收集在美国从事学习和研究的移民科学家的故事，向美国政府和学术机构不断宣传支持外国研究人员。该计划是由 AAAS 科学外交中心和政府关系办公室发起的，“它是出于对旅行限制，缩短签证停留时间，拒绝签证以及对外国研究人员的调查对美国研究企业产生负面影响的担忧而发展的。”AAAS 首席政府关系官 Joanne Padrón Carney 说道。最重要的是，虽然许多政府官员和大学高层参与了这些问题讨论并发表了讲话，但个别科学家，尤其是外国人没有发言权。

Jan 和 Marica Vilcek 和 Vilcek 基金会为“超越国界的科学”计划提供了支持。Jan 是美国第一代微生物学家，想帮助强调外国研究人员对美国科学的贡献。越来越多地听到关于科学与国界的问题。如果国外科学家感到不受欢迎，或者不想来，就会逐渐产生累积效应。由于不知道政策会带何种长期效应，“超越国界的科学”计划将一直坚持下去。

对此，美国科学促进会主席朱棣文表示，如果国际合作中断，移民科学家的流动受到限制，美国很快就会感到压力。并进一步指出，美国所有诺贝尔奖获得者中有 34%是美国移民，更不用说像他这样的第二代获奖者了。同时在美国《财富》500 强公司中，有 45%是由移民或其子女创立的，如亚马逊 CEO 杰夫·贝佐斯（Jeff Bezos）和特斯拉 CEO 埃隆·马斯克（Elon Musk）。同时补充，“数十年来，来自国外的研究生和博士后来到美国学习并留下来，是因为我们是一个自由，开放和接受的社会”。

AAAS 首席执行官苏迪·帕里克（SudipParikh）表示，并不是要把美国的科学文化强加于其他国家。看到一些新兴国家的创造力和活力，但还是要确保数据伦理、科学行为、获得科学资金的规范，这些都是不断发展的全球科学文化的一部分。新冠肺炎的威胁不断扩大，更加让国际科学合作的必要性暴露无遗。

任务情境

弹塑性（elasticoplasticity）是指物体在外力施加的同时立即产生全部变形，而在外力解除的同时，只有一部分变形立即消失，其余部分变形在外力解除后却永远不会自行消失的性能。由于轧机的弹性变形与轧件的塑性变形同时存在，一般而言，所有轧出的钢板厚度都与设定的辊缝值不一致，这个模块的任务是认知弹塑性曲线 $p\text{-}h$ 图，然后根据分析结果模拟调整轧机。

任务引领

学生工作任务单

<table>
<tr><td>模块 7</td><td colspan="4">模拟调整轧机</td></tr>
<tr><td>任务 7.1</td><td colspan="4">认知弹塑性曲线</td></tr>
<tr><td rowspan="3">任务描述</td><td>能力目标</td><td colspan="3">可以通过分析影响实际生产中轧制厚度的因素，来分析轧制厚度调整的措施</td></tr>
<tr><td>知识目标</td><td colspan="3">能够掌握在实际生产中，如何进行轧机的零位调整</td></tr>
<tr><td>训练内容</td><td colspan="3">（1）认知轧件塑性曲线；
（2）认知轧机弹性曲线；
（3）认知轧制弹塑性曲线；
（4）分析金属轧制时弹塑性曲线的影响因素</td></tr>
<tr><td>参考资料与资源</td><td colspan="4">《金属压力加工理论基础》，段小勇，冶金工业出版社，2008；
“金属塑性变形技术应用”精品课程网站资源</td></tr>
<tr><td>任务实施过程说明</td><td colspan="4">（1）学生分组，每组 5~8 人；
（2）分发学生工作任务单；
（3）学习相关背景知识；
（4）小组讨论制定工作计划；
（5）小组分工完成工作任务；
（6）小组互相检查并总结；
（7）小组合作，制作项目汇报 PPT，进行讲解演练；
（8）小组为单位进行成果汇报，教师评价</td></tr>
<tr><td>任务实施注意事项</td><td colspan="4">（1）实训前要认真阅读实训指导书有关内容；
（2）实训前要重点回顾有关设备仪器使用方法与规程；
（3）每次测量与计算后要及时记录数据，填写表格；
（4）结果分析时在企业实际生产中应用要考虑原料的烧损</td></tr>
<tr><td>任务下发人</td><td colspan="2"></td><td>日期</td><td>年　月　日</td></tr>
<tr><td>任务执行人</td><td colspan="2"></td><td>组别</td><td></td></tr>
</table>

学生工作任务页

<table>
<tr><td>模块 7</td><td colspan="3">模拟调整轧机</td></tr>
<tr><td>任务 7.1</td><td colspan="3">认知弹塑性曲线</td></tr>
<tr><td>任务描述</td><td colspan="3">某一刚参加工作的轧钢工小王发现所有轧出的钢板厚度都与设定的辊缝值不一致，所以给客户提供的钢板厚度都会有一定偏差。小王找到自己的带班请教，如何调整轧机或者其他因素才能轧出符合客户厚度要求的钢板。如果你是师傅，你该如何做？</td></tr>
<tr><td>任务实施过程</td><td colspan="3"></td></tr>
<tr><td>任务下发人</td><td></td><td>日期</td><td>年　月　日</td></tr>
<tr><td>任务执行人</td><td></td><td>组别</td><td></td></tr>
</table>

任务背景知识

一般用弹塑性曲线来表示轧件和轧机的相互作用。在轧机自动控制、轧机结构设计等方面都要应用弹塑性曲线。

7.1.1　轧件的塑性曲线

影响轧制负荷的因素也将影响轧机的压下能力，因此也影响轧件轧制的厚度。由于问题复杂，用公式表示十分困难，而且精度不高，用图表却可以表现得清楚一些。表示这些轧制因素与轧件厚度关系的曲线叫做轧件的塑性曲线，如图 7-1 所示，纵坐标表示轧制压力，横坐标表示轧件厚度。下面分析各种因素对轧件塑性曲线的影响情况。

（1）变形抗力的影响。如图 7-2 所示，当轧制的金属变形抗力较大（见曲线 2）时则曲线较陡，在同样轧制压力下，所轧成的轧件厚度要厚一些，即 $h_2 > h_1$。

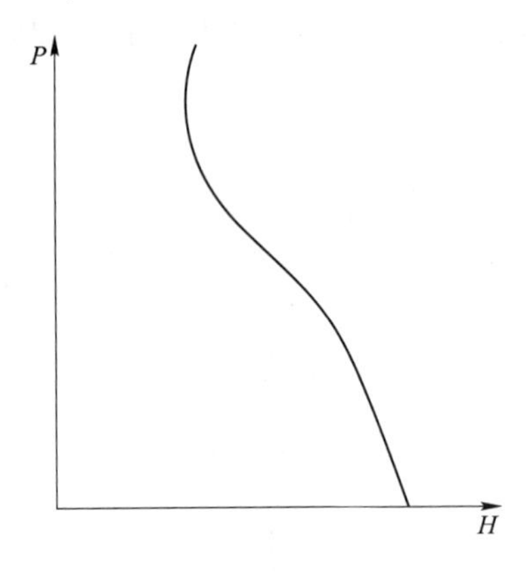

图 7-1　轧件塑性曲线

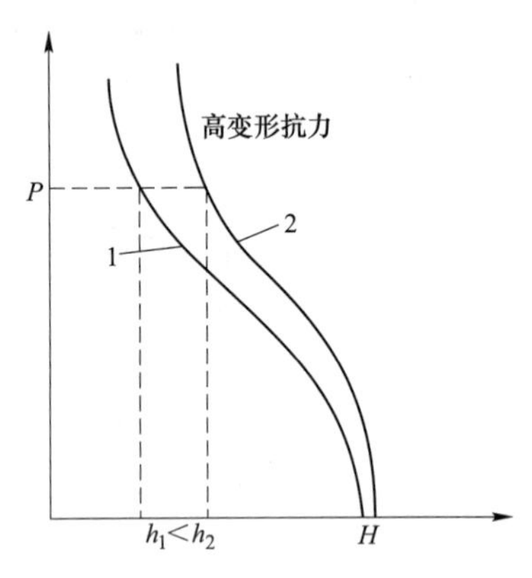

图 7-2　变形抗力的影响

（2）摩擦系数的影响。图 7-3 所示，摩擦系数越大，压力越大，轧制厚度也越大（见曲线 2）。

（3）张力的影响。张力的影响也可以用类似的图反映出来（见图 7-4），张力越大，轧出的厚度也就越薄（图中 q 为张力）。

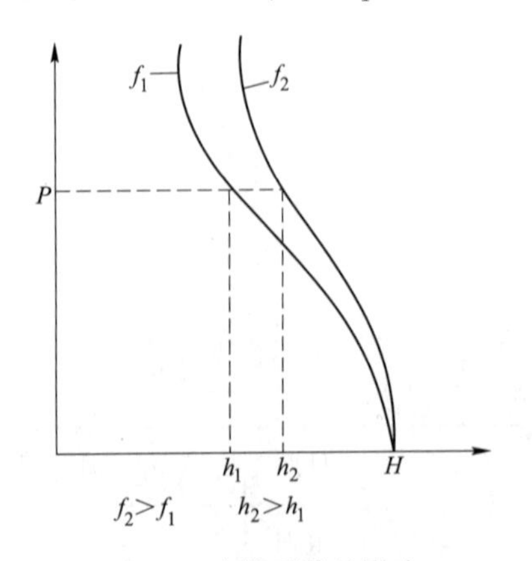

图 7-3　摩擦系数的影响

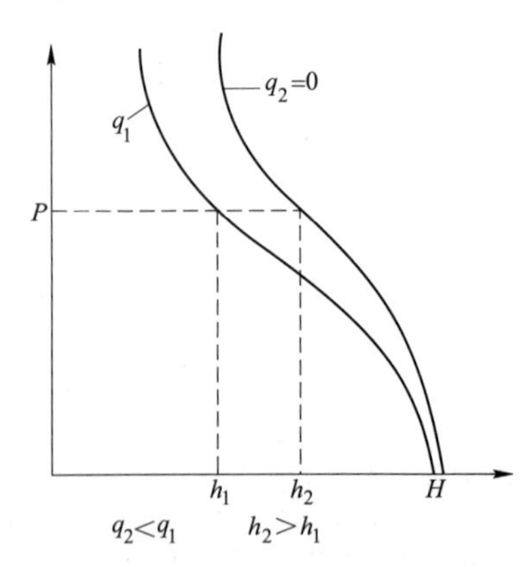

图 7-4　张力的影响

(4) 轧件原始厚度的影响。图 7-5 所示为轧件原始厚度的影响。同样负荷下，轧件越厚，轧制压下量越大；轧件越薄，轧制压下量越小。当轧件原始厚度薄到一定程度时，曲线将变得很陡。当曲线变为垂直时，说明在这个轧机上，无论施以多大压力，都不可能使轧件变薄，也就是达到“最小可轧厚度”的临界条件。

其他因素的影响，都可用类似的曲线表示出来。

7.1.2　轧机的弹性曲线

轧制过程中，轧辊对轧件施加的压力使轧件产生塑性变形，轧件从入口厚度 H 压缩到出口厚度 h，与此同时，轧件也给轧辊以大小相等、方向相反的反作用力，这个反作用力传到工作机座中的轧辊、轧辊轴承、轴承座、压下装置、机架等各个零件上，使各零件产生一定的弹性变形。这些零件的弹性变形积累后都反映在轧辊的辊缝上，使辊缝增大，如图 7-6 所示。这种现象称为弹跳或辊跳，其大小称为轧机的弹跳值。

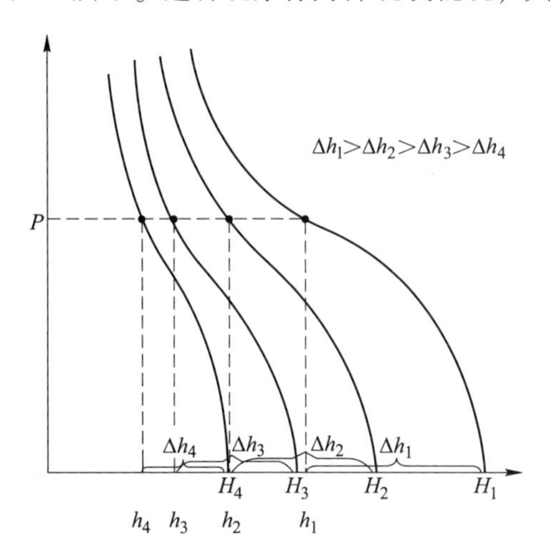

图 7-5　轧件厚度的影响

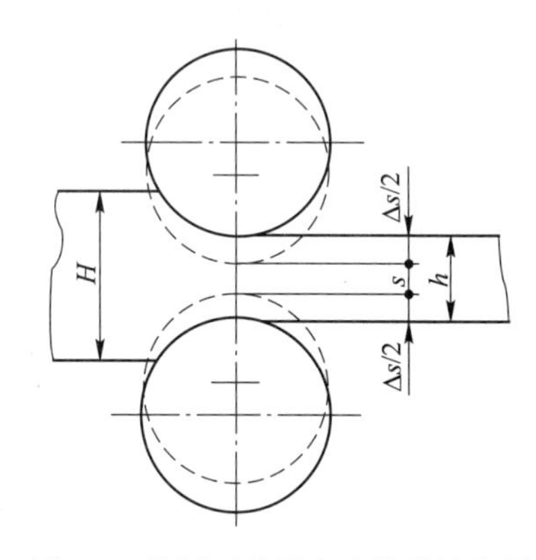

图 7-6　轧制时轧机产生的弹性变形

在轧制压力作用下轧辊产生弹性压扁和弯曲，二者相加起来就构成轧辊的弹性变形。如果用轧辊弹性变形与压力绘成图表，则它们之间近似地呈直线关系。图 7-7 所示即为四辊轧机的轧辊弹性曲线。它的弯曲度甚小，完全可以视为一条直线。

同样，轧辊轴承及机架等在负荷作用下也要产生弹性变形，其也可以和轧辊一样相对于负荷做一条弹性曲线。由于装配表面的不平以及公差的存在，弹性曲线如图 7-8 所示，在最初有一弯曲阶段，过后则可视为直线。虽然机架断面很大，有足够的刚度，但由于机架立柱很高，即使单位变形不大，立柱的总变形量也甚可观，完全不能忽略。

一般来说，一个中型四辊轧机在 4000～5000kN 负载作用下机架变形一般为 1mm，如果弹性变形小于此值，就可称为刚度良好的轧机。

考虑了轧辊和轧机机架的弹性变形曲线后，整个轧机的弹性曲线则为它们的总和。图 7-9 所示为一小型四辊轧机的典型弹性曲线，如果把此曲线近似地视为直线，那么曲线的斜率对已知轧机则为常数。这个斜率称为轧机的刚度系数，通常以 K 表示。刚度系数的物理意义是使轧机产生单位弹性变形所需施加的负载量。因此，对于某一轧机，其刚度系数可通过弹性曲线的斜率计算出来。由于曲线下部有一弯曲线，因此所给予的直线不相交于坐标原点，而在横坐标上相交于 s_0处，如图 7-10 所示。此时轧机变形为：

$$\Delta s = s_0 + P/K$$

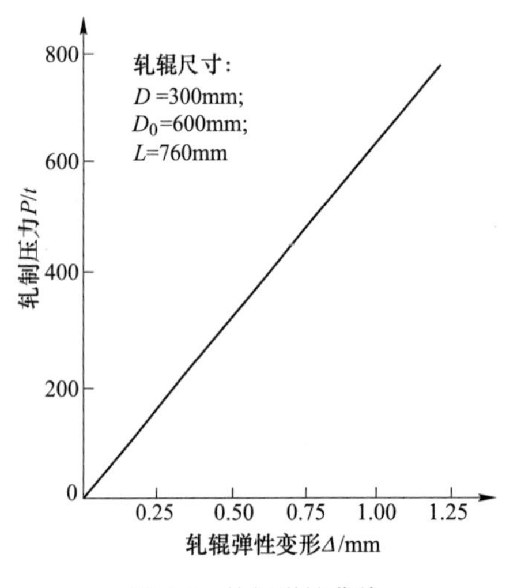

图 7-7　轧辊弹性曲线

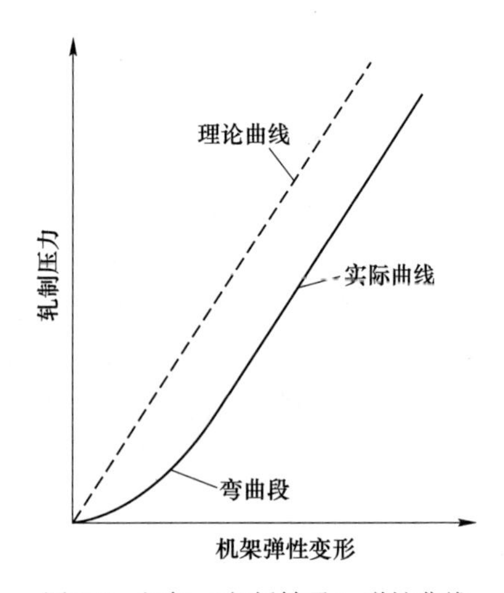

图 7-8　机架（包括轴承）弹性曲线

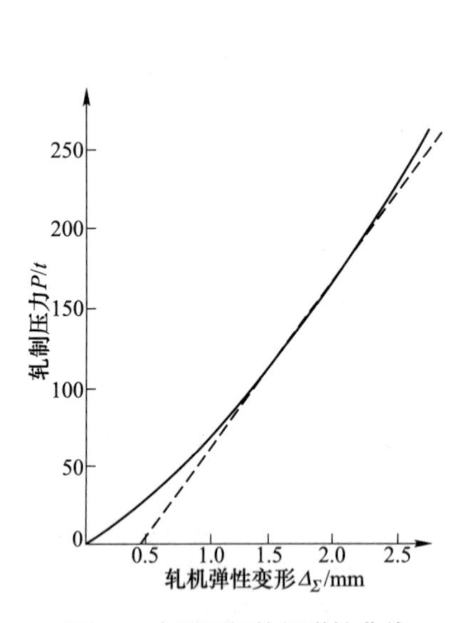

图 7-9　小型四辊轧机弹性曲线

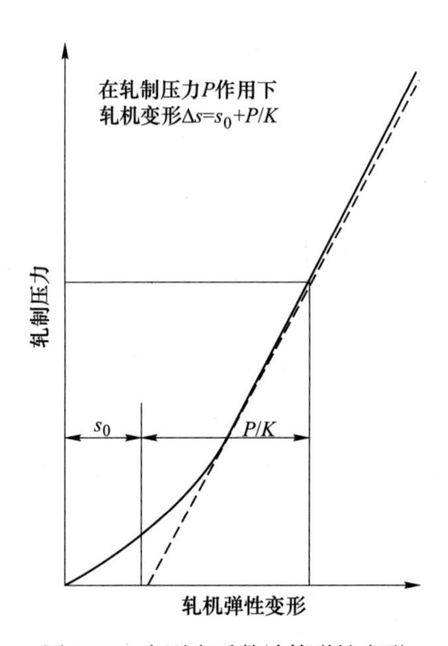

图 7-10　由刚度系数计算弹性变形

如果把轧机的辊缝考虑进去，那么曲线将不由零开始（见图 7-11），根据曲线可直接读出在一定辊缝和一定负荷下所能轧出的轧件厚度为：

$$h = s + s_0 + P/K = S + P/K \tag{7-1}$$

式中　h——轧件轧后厚度；

s——轧辊辊缝；

s_0——表示弹性曲线弯曲段的辊缝值；

S——$S = s + s_0$；

P——轧制压力；

K——轧机刚度系数。

式（7-1）又称为轧机的弹跳方程。从理论上来讲，式（7-1）是精确的，但实际上有下面几个因素影响它的精度：

（1）方程是建立在直线关系上，实际上它稍微有些弯曲，但由于轧机负载是在一定范围内，因此误差不会太大。

（2）轧辊以及整个轧机在负荷作用下温度升高，而且温度的变化与轧制节奏有关，这就影响到 s 值，使其成为一个变值。

（3）轧辊的偏心度、椭圆度等都会对轧件厚度带来一定的误差，而且由轧辊偏心度造成轧件的厚度偏差是难以纠正的。

（4）轧件宽度也对轧件厚度有一定的影响，因为在同一轧机上 K 随轧制的轧件宽度不同而有所差异。

显然，轧机的弹性曲线是轧辊弹性曲线和机架（包括轴承等）弹性曲线的和，设轧辊的刚度系数为 K_1，机架的刚度系数为 K_2，那么整个轧机的刚度系数为：

$$\frac{1}{K}=\frac{1}{K_1}+\frac{1}{K_2}$$

实际上，轧机的刚度系数很容易通过实测来得到。

7.1.3　轧制时的弹塑性曲线

把轧件的塑性曲线与轧机的弹性曲线画在同一个图上，这样的曲线图称为轧制时的弹塑性曲线。弹塑性曲线是轧机弹性曲线和轧件塑性曲线的总称。应用时可将两曲线的工作点重叠，得到以纵坐标为轧制压力 P、以横坐标为轧件厚度 h 的弹性曲线与塑性曲线的叠加图，称为 P-h 图，两曲线的交点为工作点，对应的横坐标即为轧件轧出厚度 h，如图7-12所示。

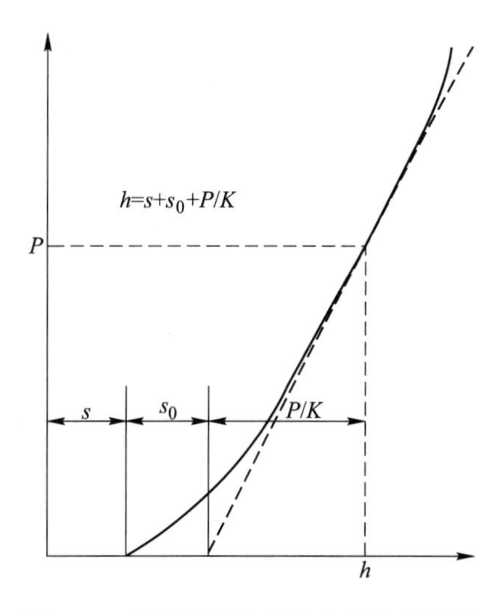

图 7-11　轧机尺寸在弹性曲线上的表示

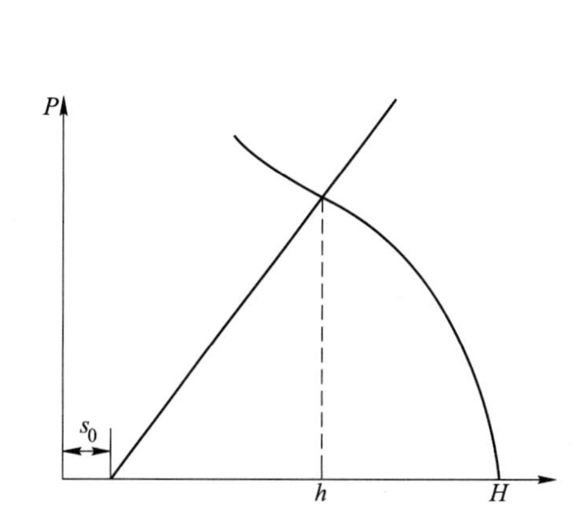

图 7-12　轧制弹塑性曲线

7.1.4　零位调整

人工零位法

在实际生产中，为了消除非线性段的影响，在轧制前，先将轧辊预压靠到一定压力 P_0（或按压下电机电流作标准），然后将此时的轧辊辊缝仪读数设定为零（即清零）。当轧制压力为 P 时，轧出的轧件厚度为：

$$h = s_0' + (P - P_0)/K$$

式中　s_0'——人工零位辊缝仪显示的辊缝值；

P_0——清零时轧辊预压靠的压力。

学生工作页

学生工作任务页

<table>
<tr><td>任务</td><td colspan="6">认知弹塑性曲线</td></tr>
<tr><td colspan="7">任务 1：认知轧件塑性曲线。
（1）举例画出轧件塑性曲线。

（2）影响轧件塑性曲线的因素分析。</td></tr>
<tr><td colspan="7">任务 2：认知轧机弹性曲线。
（1）举例画出轧机弹性曲线。

（2）轧机弹跳方程。</td></tr>
<tr><td colspan="7">任务 3：认知轧制弹塑性曲线。
（1）举例画出轧制弹塑性曲线。

（2）影响轧制弹塑性曲线的因素分析。</td></tr>
<tr><td rowspan="8">检查与评估</td><td>考核项目</td><td>评分标准</td><td>分数</td><td>评价</td><td colspan="2">备注</td></tr>
<tr><td>安全生产</td><td>无安全隐患</td><td></td><td></td><td colspan="2"></td></tr>
<tr><td>团队合作</td><td>和谐愉快</td><td></td><td></td><td colspan="2"></td></tr>
<tr><td>现场 5 S</td><td>做到</td><td></td><td></td><td colspan="2"></td></tr>
<tr><td>劳动纪律</td><td>严格遵守</td><td></td><td></td><td colspan="2"></td></tr>
<tr><td>工量具使用</td><td>规范、标准</td><td></td><td></td><td colspan="2"></td></tr>
<tr><td>操作过程</td><td>规范、正确</td><td></td><td></td><td colspan="2"></td></tr>
<tr><td>实验报告书写</td><td>认真、规范</td><td></td><td></td><td colspan="2"></td></tr>
<tr><td>总分</td><td colspan="6"></td></tr>
<tr><td>任务下发人</td><td colspan="3"></td><td>日期</td><td colspan="2">年　月　日</td></tr>
<tr><td>任务执行人</td><td colspan="3"></td><td>组别</td><td colspan="2"></td></tr>
</table>

知识拓展——活套控制

活套控制指的是涉及自动控制技术，特别涉及对精轧机活套进行控制的技术。设置活套机构的第一个目的就是作为套量检测装置对机架之间的活套量进行测量，并通过活套高度控制系统的调节保持套量恒定，保证连轧过程稳定进行。设置活套机构的第二个目的是作为执行机构进行带钢恒定小张力控制，以避免拉钢、堆钢现象，尽可能减小各机架之间和各功能之间因为带钢张力的变化而产生的耦合和互扰。

为了维持机架间物流平衡，保持板带张力恒定，在板带轧机精轧机组的机架之间装有活套。活套因动力机构的不同可分为气动活套、电动活套及液压活套。气动活套的动力源为压缩空气。由于空气的可压缩性太大，气动活套的响应速度太慢，控制精度差，不用于板带轧机中，但由于结构简单，维护方便容易，气动活套在棒线材生产线中得到了普遍使用。电动活套的动力源为变频电机。变频电机的尾轴上装有编码器，编码器检测电机的转速及电机转子位置以控制活套高度，通过检测电机负载转矩并转换成张力后控制板带张力。液压活套的执行机构为液压缸。液压缸由伺服阀驱动，活套的旋转轴上装有角度编码器以检测活套角度，液压缸的活塞侧与活塞杆侧装有压力变送器，通过控制液压缸活塞的移动以控制活套高度，通过测量活塞侧与活塞杆侧的压力并转换成机架间张力后控制板带张力，也可以在活套辊上安装压力检测组件直接检测板带对活套辊的压力，把压力转换成板带张力后控制机架间板带张力。

目前，大部分热连轧机组的活套机构由小惯量直流电动机驱动，但新建和改造的热连轧机已越来越多地采用了液压活套。和电动活套相比，液压活套由于惯量小、动态响应快，其追套能力和恒张性能有显著提高。另外，活套控制装置也已从 20 世纪 80 年代开始逐步实现了由模拟电路系统到计算机构成的全数字化系统的转变。活套控制数字化有利于控制参数的在线调整，有利于先进的、智能化的控制思想的实现，可以显著提高控制精度、增加控制功能、完善各种补偿措施以及提高活套控制装置的运行可靠性。

为液压活套如图 7-13 所示。活套的控制过程大致可以分为三个阶段：活套的起套控制、活套稳定阶段的控制、活套的落套控制。当板带经过活套的下流机架时，活套起套，活套辊与板带接触，进入活套的稳定控制阶段。在活套的稳定控制过程中，活套的角度与板带张力参考值保持不变。当机架间物流不平衡时，活套的实际角度与张力发生变化，偏离角度参考值，活套调节上流机架的速度以维持物流平衡。当板带尾部将要离开活套的上流机架时，活套落套。为了使落套时板带运行平稳，在活套完全落下之前设计了“小套”控制过程，也就是把活套的落套过程分成两步进行，当板带的尾部运行到活套上流机架前的某一位置时，活套下降到某一高度，经过一段时间后，活套完全下落到等待位置。

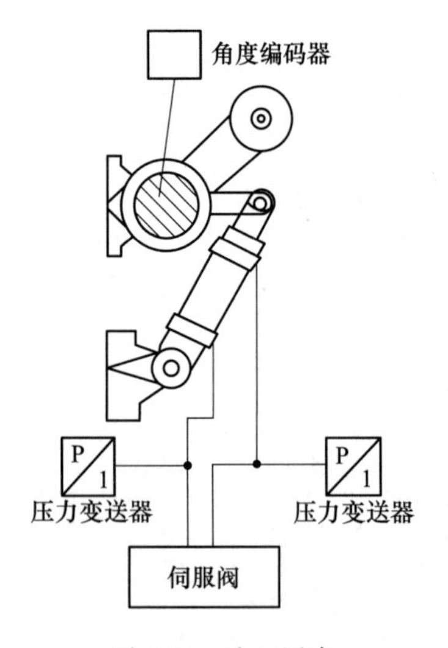

图 7-13 液压活套

在板带轧制过程中活套的作用相当重要，它起着控制机架间物流、调节轧机速度的重要作用。采用角度闭环与张力开环控制方式的常规活套在热带轧机中得到了普遍应用。

知识闯关
认知弹塑性曲线

思考与练习

1. 选择

（1）轧钢时轧机辊缝的（　　）增大量称为弹跳值。

A. 弹性　　B. 刚性　　C. 塑性　　D. 韧性

（2）表示轧制压力与轧件厚度关系变化的图叫（　　）曲线。

A. 弹性　　B. 塑性　　C. 刚性　　D. 压下

（3）轧件变形抗力越大，轧缝弹跳值（　　）。

A. 越大　　B. 越小　　C. 不变　　D. 与之无关

（4）轧机机架抵抗弹性变形的能力称为轧机（　　）。

A. 塑性　　B. 韧性　　C. 弹性　　D. 刚性

2. 判断

（　　）（1）轧机刚度系数越大，轧机弹跳越小，产品控制精度越差。

（　　）（2）轧机的弹塑性曲线是轧机的弹性曲线与轧件的塑性变形曲线的总称。

3. 简答

（1）什么是弹性曲线？在轧制生产中为什么要研究弹性曲线？

（2）什么是塑性曲线？对它的研究有何意义？

（3）何谓弹塑性曲线？生产中如何利用这些曲线？

能量小贴士

深入实施人才强国战略，坚持尊重劳动、尊重知识、尊重人才、尊重创造，完善人才战略布局，加快建设世界重要人才中心和创新高地，着力形成人才国际竞争的比较优势，把各方面优秀人才集聚到党和人民事业中来。

——习近平在中国共产党第二十次全国代表大会上的报告

任务 7.2　弹塑性曲线的应用

钢铁企业

中国钢铁的辉煌十年

作为工业的重要组成部分，中国钢铁产业在这十年间发生了翻天覆地的变化，钢产量稳步上升、兼并重组步伐加快、绿色智能水平不断提高、高端技术不断创新。

说到这十年的变化，钢铁行业的智能制造成就尤为亮眼，一键炼钢、远程运维、工业机器人……钢铁行业的智能制造水平正在高速提升。目前，宝武、沙钢、南钢等企业已经建立起“黑灯工厂”、智能车间，实现 24h 无人化、少人化运转。宝钢股份冷轧厂热镀锌智能车间经过智能化升级后，无须工人值守，关灯也能正常运作，这只是钢铁企业借力数字化的一个缩影。以宝钢、衡钢为代表的钢铁企业成为乘智能化“东风”的典型，而智能化、数字化工具成为钢铁行业稳产的利器，帮助钢铁行业提升了效率，解放了生产力。“对制造业来说，智能化是永恒的主题。智能化改造是需要一定时间的。”衡钢相关负责人告诉《中国经济周刊》记者，钢铁企业的智能化护航生产，让我们这类钢管企业管理智慧化、制造智能化、服务智敏化，这是适应智能革命的需要，也是提高企业内部管理水平的需要。

钢铁行业的高质量发展以供给侧结构性改革为主线，除了智能制造，绿色低碳发展也是重要主题。2012 年，党的十八大召开，党中央在坚持生态优先、绿色发展之路上，做出了一系列重大决策部署。近年来，钢铁工业坚决落实党中央决策部署，进行了世界环保标准最严苛的超低排放改造。“节能减排是钢铁行业转型发展的重要任务之一，既是行业绿色发展的核心内涵，也是企业奠定生存基础、赢得市场竞争、谋划长远发展的具体抓手。”中国钢铁工业协会党委书记何文波在 2022 年中国钢铁节能减排论坛上表示。截至 2021 年年底，34 家钢铁企业完成了全工序的超低排放改造；220 多家企业约 5.6 亿吨粗钢产能正在实施超低排放改造，建成了一大批花园式工厂、清洁生产环境友好型工厂、4A 级工业景区。2022 年 8 月，中国钢铁工业协会发布的数据显示，我国基本完成主体改造工程的钢铁产能已近 4 亿吨，累计完成超低排放改造投资超过 1500 亿元。2025 年之前要完成 8 亿吨钢铁产能改造工程，还有约 4 亿吨待实施，按平均吨钢投资 360 元计，需要新增投资不少于 1500 亿元。

过去一段时期，产业集中度低、结构分散，导致钢铁工业在有序竞争、研发创新、节能降耗等问题上难以协同，严重制约了我国钢铁行业的高质量发展。在深化钢铁行业供给侧结构性改革大背景下，钢铁行业兼并重组明显加快，几乎每年都有标志性重大兼并重组事件发生，改变着钢铁行业生态。

近十年来，钢铁行业的兼并重组稳步进行，我国年产千万吨的钢铁企业数量也从 2012 年的 17 家增长为 2021 年的 25 家。2021 年，排名前 10 位的钢铁企业合计钢产量为 4.28 亿吨，占全国钢产量的 41.47%；排名前 20 位的钢铁企业合计钢产量 5.67 亿吨，占全国钢产量的 54.92%，行业集中度不断提高，钢铁企业的规模效应正在逐步显现。近十年，原宝钢和武钢联合重组为中国宝武，成为世界第一大钢铁企业；鞍钢牵手本钢成立鞍本集团，组建成为国内第二大、世界第三大钢铁企业……建龙、普阳钢铁集团、冀南钢铁集团等持续推进并购进程，钢铁企业的兼并重组步伐逐步加快，对钢铁行业布局、结构调整产生积极影响。

2021 年，宝武钢铁集团旗下的上市公司宝钢股份多次提及并购重组以扩大规模，公司董事长秘书王娟分析称，整合重组是钢铁行业高质量发展的重点方向之一，“宝钢股份将充分把握中国钢铁行业并购重组、集中度不断提升的契机。”冶金工业规划研究院相关人士曾撰文称，“从全球并购重组周期、钢铁产业内在规律和企业发展需求角度看，推进我国钢铁企业兼并重组是大势所趋。”

任务引领

展望未来，钢铁行业在兼并重组中变大变强，这将对推进钢铁工业的高质量发展奠定坚实的基础。

（节选自《中国经济周刊》2022 年第 19 期，作者郭志强）

学生工作单

学生工作任务单

<table>
<tr><td>模块 7</td><td colspan="4">模拟调整轧机</td></tr>
<tr><td>任务 7.2</td><td colspan="4">弹塑性曲线的应用</td></tr>
<tr><td rowspan="3">任务描述</td><td>能力目标</td><td colspan="3">能够通过分析影响实际生产中轧制厚度的因素，来分析轧制厚度调整的措施</td></tr>
<tr><td>知识目标</td><td colspan="3">能够根据弹塑性曲线解决钢板现场生产厚度问题</td></tr>
<tr><td>训练内容</td><td colspan="3">（1）分析弹塑性曲线；
（2）模拟调整实训轧机</td></tr>
<tr><td>参考资料与资源</td><td colspan="4">《金属压力加工理论基础》，段小勇，冶金工业出版社，2008；
“金属塑性变形技术应用”精品课程网站资源</td></tr>
<tr><td>任务实施过程说明</td><td colspan="4">（1）学生分组，每组 5~8 人；
（2）分发学生工作任务单；
（3）学习相关背景知识；
（4）小组讨论制定工作计划；
（5）小组分工完成工作任务；
（6）小组互相检查并总结；
（7）小组合作，制作项目汇报 PPT，进行讲解演练；
（8）小组为单位进行成果汇报，教师评价</td></tr>
<tr><td>任务实施注意事项</td><td colspan="4">（1）实训前要认真阅读实训指导书有关内容；
（2）实训前要重点回顾有关设备仪器使用方法与规程；
（3）每次测量与计算后要及时记录数据，填写表格；
（4）结果分析时在企业实际生产中应用要考虑原料的烧损</td></tr>
<tr><td>任务下发人</td><td colspan="2"></td><td>日期</td><td>年　月　日</td></tr>
<tr><td>任务执行人</td><td colspan="2"></td><td>组别</td><td></td></tr>
</table>

学生工作页

学生工作任务页

<table>
<tr><td>模块 7</td><td colspan="3">模拟调整轧机</td></tr>
<tr><td>任务 7.2</td><td colspan="3">弹塑性曲线的应用</td></tr>
<tr><td>任务描述</td><td colspan="3">刚参加工作的轧钢工小王发现所有轧出的钢板厚度都与设定的辊缝值不一致，带班师傅给了一张 P-h 图，让小王自己分析，然后根据分析结果模拟调整轧机。如果你是小王，你该如何做？</td></tr>
<tr><td>任务实施过程</td><td colspan="3"></td></tr>
<tr><td>任务下发人</td><td></td><td>日期</td><td>年　月　日</td></tr>
<tr><td>任务执行人</td><td></td><td>组别</td><td></td></tr>
</table>

任务背景知识

轧制时的弹塑性曲线以图解的方式，直观地表达了轧制过程的矛盾，因此它已获得广泛的应用。

7.2.1　厚度差产生原因

只要 s 和 P/K 变化，厚度就会波动。上节已经分析过，来料厚度波动、材质变化、张力变化、摩擦条件改变、温度波动等都会使 P 变化，因而造成产品厚度波动。

7.2.1.1　辊缝

轧机的原始预调辊缝值 s_0 决定着弹性曲线的起始位置。随着压下位置设定的改变，s_0 将发生变化。在其他条件相同的情况下，它将使实际轧出厚度 h 按图 7-14 的规律改变。例如，因压下调整，辊缝减小，曲线 A 左移，从而使得 A 曲线与 B 曲线的交点及工作点由 O_1 变为 O_2，此时实际轧出厚度由 h_1 变 h_2，$\Delta h_2 > \Delta h_1$，轧出厚度更小。

当采取预压靠轧制即在轧件进入轧辊以前，使上下轧辊以一定的预压靠力 P_0 互相压紧，相当于辊缝为负值，这样或能使轧出厚度更薄，此时实际轧出厚度变为 $h_3(<h_2)$，其压下量为 Δh_3。

除上述情况外，轧制过程中，因轧辊热膨胀、轧辊磨损及轧辊偏心而引起的辊缝变化，从而导致轧出厚度发生变化。

7.2.1.2　轧机刚度

轧机的刚度随轧制速度、轧制压力、轧件宽度、轧辊材质、工作辊与支撑辊接触状况的变化而变化。所以，轧机的刚度系数不是固定的常数。

如图 7-15 所示，当轧机的刚度由 K_1 增加到 K_2 时，实际轧出厚度由 h_1 减小到 h_2。可见，提高轧机刚度有利于轧出更薄的轧件。

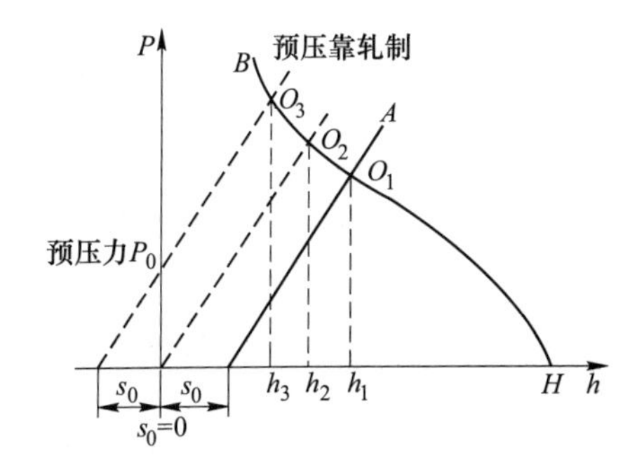

图 7-14　轧出厚度随辊缝而变化

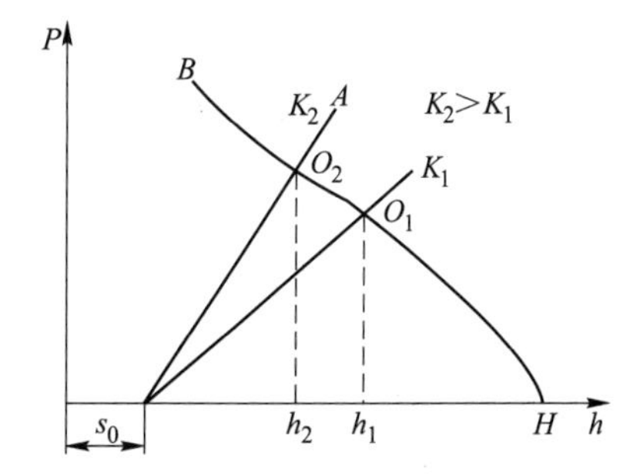

图 7-15　轧出厚度随轧机刚度而变化

7.2.1.3　轧制压力

如前所述，所有影响轧制压力的因素都会影响轧件塑性曲线的相对位置和斜率，因此，即使在轧件弹性曲线的位置和斜率不变的情况下，所有影响轧制压力的因素都可以通过改变弹性曲线和塑性曲线的交点（工作点）的位置，来改变轧件的实际轧出厚度。

（1）来料厚度 H 变化会使塑性曲线的相对位置和斜率发生变化。如图 7-16 所示，在 s_0 和 K 值一定的情况下，来料厚度 H 增大，塑性曲线的起始位置右移，并且其斜率稍有增大，即轧件的塑性刚度稍有增加，故实际轧出厚度增大；反之，实际轧出厚度减小。所以，当来料厚度不均匀时，所轧出的轧件厚度将出现相应的波动。

（2）在轧制过程中，当摩擦系数减小时，轧制压力会降低，使得轧出厚度减小，如图 7-17 所示。轧制速度对实际轧出厚度的影响，也是主要通过摩擦系数起作用的。当轧制速度增高时，摩擦系数减小，实际轧出厚度也减小。

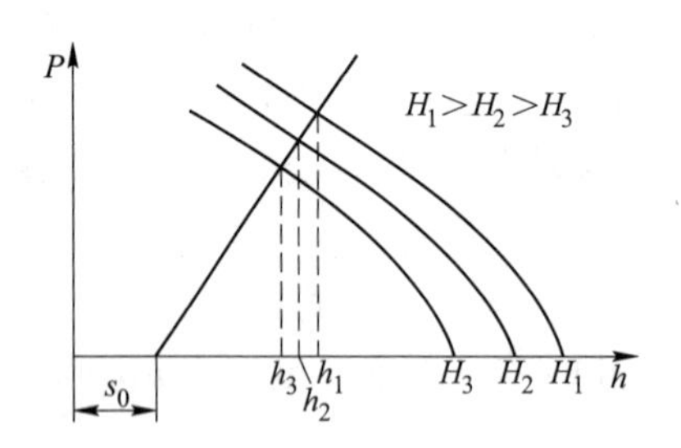

图 7-16 来料厚度变化引起轧出厚度变化

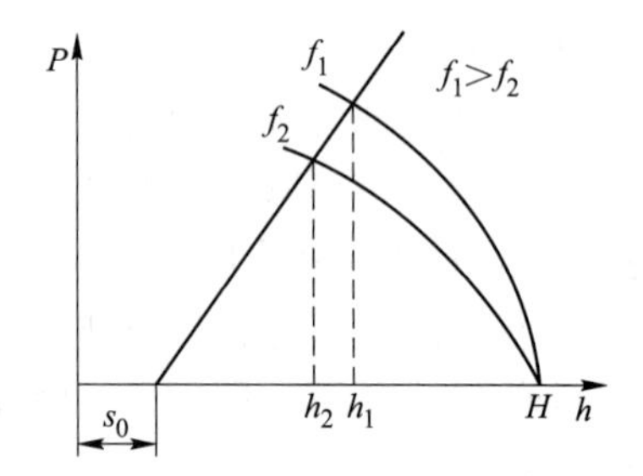

图 7-17 摩擦系数变化引起轧出厚度变化

（3）当变形抗力增大时，塑性曲线斜率增大，即轧件塑性刚度增大，实际轧出厚度增大，如图 7-18 所示。这说明当来料力学性能不均匀或轧制温度发生变化时，轧出厚度必然产生相应的波动。

（4）轧件张力对轧出厚度的影响也是通过改变塑性曲线的斜率来实现的。张力增大时，塑性曲线斜率减小，即轧件塑性刚度减小，因而使轧出厚度减小，如图 7-19 所示。热连轧时的张力微调、冷连轧时的较大张力轧制，都是通过对张力的控制，使带钢轧得更薄和进行厚度精确控制。

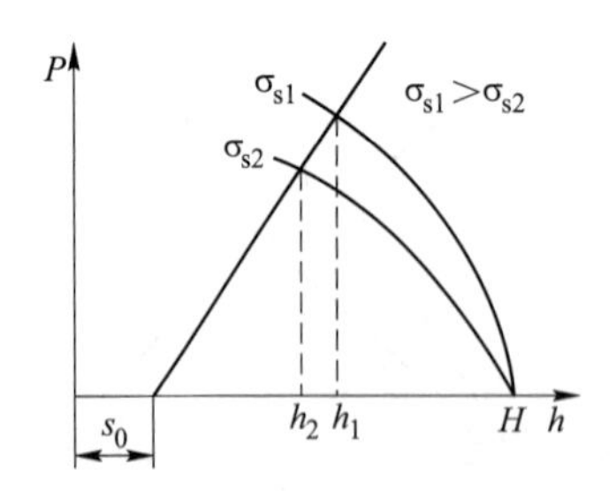

图 7-18 变形抗力变化引起轧出厚度变化

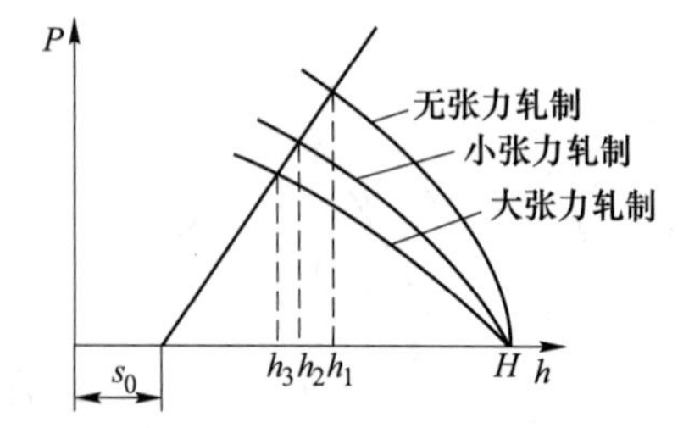

图 7-19 张力变化引起轧出厚度变化

7.2.2 轧制进程中的调整原则

如图 7-20 所示，在一个轧机上，其刚度系数为 K（曲线 1′），坯料厚度为 H_1，辊缝为 s_1，最后轧成厚度为 h_1（曲线 1），其轧制压力为 P_1。但由于来料厚度波动，轧前厚度增加为 H_2，此时轧制压力因压下量增加而增至 P_2（曲线 2），这时就不能再轧到 h_1 的厚度了，而是轧成为h_2的厚度，出现了产品厚度偏差。如果想轧制成h_1的厚度，那就需要进行轧机调整。

一般来说，常用移动压下螺丝以减小辊缝的办法来消除厚度差，如曲线2′所示，辊缝由s_1减至s_2，而轧制压力增加到P_3，此时轧出厚度仍保持为h_1。

但在连轧机和可逆式带材轧机上，还有一种常用的调整方法，即改变张力，如图7-20所示，当增加张力，轧件塑性曲线由曲线2变成曲线3的形状，这时轧出的产品厚度为h_1，轧制压力保持P_1不变。

这说明，轧制过程参数变化影响轧件尺寸的变化，需要进行调整以消除这些影响，调整的手段为调整压下螺丝和张力。

此外，利用弹塑性曲线还可在探索轧制过程中轧件与工具的矛盾基础上，寻求新的途径。例如，近年来为了提高轧机精度，在带材轧机上采用液压新型轧机。这种轧机可利用改变轧机刚度系数的方法，以保持恒压力或保持恒辊缝。如图7-20中曲线3，即为改变轧机刚度系数K为K'，以保持轧后产品厚度不变。

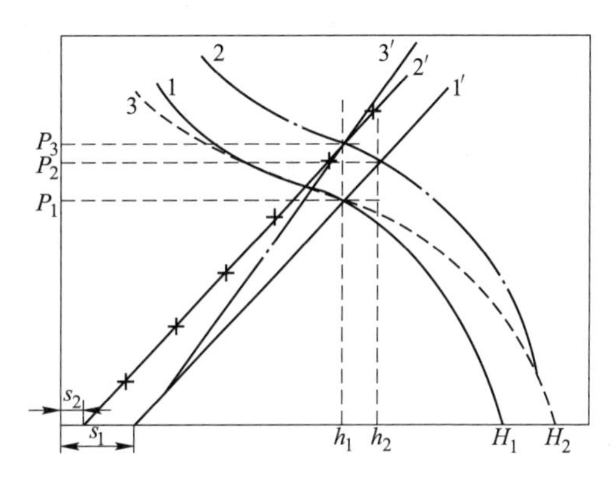

图7-20　轧机调整原则

7.2.3　厚度自动控制的基础

根据$h=S+P/K$，如果能进行压下位置检测以确定s，测量压力P以确定P/K（K为可视为常值），那么就可确定h。如果所测得的h与给定值有偏差，那么就调整压下螺丝以改变s和P/K之值，直到维持所要求的厚度值为止。最早的厚度自动控制（亦称AGD）就是根据这一原理设计的。

【例7-1】 某热轧厂末架轧机刚度系数为5MN/mm，实测轧件轧出厚度为$h=4.0$mm、轧制压力$P=10.0$MN，预压靠力$P_0=12$MN。求人工零位的辊缝仪指示值。

解：由$h=S_0'+(P-P_0)/K$得：

$$S_0' = h - (P - P_0)/K = 4 - (10 - 12)/5 = 4.4\text{mm}$$

【例7-2】 某热轧厂末架轧机预压紧力$P_0=12$MN，该轧机台上显示辊缝值$S_0'=5.9$mm，实测轧件轧出厚度为$h=5.0$mm、轧制压力$P=7.05$MN。求轧机刚度。

解：由$h=S_0'+(P-P_0)/K$得：

$$K = (P - P_0)/(h - S_0') = (7.05 - 12)/(5 - 5.9) = 5.5\text{MN/mm}$$

实验 7-1　分析金属弹塑性曲线

学生工作任务单

<table>
<tr><td>实验项目</td><td colspan="3">分析金属弹塑性曲线</td></tr>
<tr><td>任务目标</td><td colspan="3">（1）正确启动并操作实训轧机。
（2）分析不同轧制条件对轧件塑性曲线的影响。
（3）分析轧制过程中的轧件厚度的控制调整方法</td></tr>
<tr><td>实验器材</td><td colspan="3">轧机、游标卡尺、钢板</td></tr>
<tr><td rowspan="2">任务实施过程说明</td><td>具体任务</td><td colspan="2">如图 7-21 所示，当原始辊缝为 s_0、来料厚度为 H_1 时，轧出厚度为 h_1。若由于某种原因导致轧制压力产生波动（由 P_1 波动到 P_2），轧出厚度由 h_1 变为 h_2，即产生了 Δh 的厚度偏差。分析轧出厚度偏差 Δh 与轧制压力偏差 ΔP 的关系。若要调整辊缝来消除此偏差，辊缝调整量 ΔS 与 ΔP 有何对应关系？
图 7-21　具体任务</td></tr>
<tr><td>任务实施</td><td colspan="2">（1）分析轧出厚度偏差 Δh 与轧制压力偏差 ΔP 的关系。
（2）分析辊缝调整量 Δs 与 ΔP 的关系。
（3）通过调整真实轧机来验证分析结论</td></tr>
<tr><td>任务实施注意事项</td><td colspan="3">（1）实训前要认真阅读实训指导书有关内容。
（2）实训前要重点回顾有关设备仪器使用方法与规程。
（3）每次测量与计算后要及时记录数据，填写表格</td></tr>
<tr><td>任务下发人</td><td></td><td>日期</td><td>年　月　日</td></tr>
<tr><td>任务执行人</td><td></td><td>组别</td><td></td></tr>
</table>

学生工作任务页

<table>
<tr><td>实验项目</td><td colspan="5">分析金属弹塑性曲线</td></tr>
<tr><td colspan="6">(1) 分析轧出厚度偏差 Δh 与轧制压力偏差 ΔP 的关系。
1) 分析过程：

2) 结论：

(2) 分析辊缝调整量 ΔS 与 ΔP 的关系。
1) 分析过程：

2) 结论：

(3) 通过调整真实轧机来验证分析结论。
1) 调整过程：

2) 结论：</td></tr>
<tr><td rowspan="8">检查与评估</td><td>考核项目</td><td>评分标准</td><td>分数</td><td>评价</td><td>备注</td></tr>
<tr><td>安全生产</td><td>无安全隐患</td><td></td><td></td><td></td></tr>
<tr><td>团队合作</td><td>和谐愉快</td><td></td><td></td><td></td></tr>
<tr><td>现场 5 S</td><td>做到</td><td></td><td></td><td></td></tr>
<tr><td>劳动纪律</td><td>严格遵守</td><td></td><td></td><td></td></tr>
<tr><td>工量具使用</td><td>规范、标准</td><td></td><td></td><td></td></tr>
<tr><td>操作过程</td><td>规范、正确</td><td></td><td></td><td></td></tr>
<tr><td>实验报告书写</td><td>认真、规范</td><td></td><td></td><td></td></tr>
<tr><td>总分</td><td colspan="5"></td></tr>
<tr><td>任务下发人</td><td colspan="2"></td><td>日期</td><td colspan="2">年　月　日</td></tr>
<tr><td>任务执行人</td><td colspan="2"></td><td>组别</td><td colspan="2"></td></tr>
</table>

知识拓展——厚度自动控制

厚度自动控制是通过测厚仪或传感器（如辊缝仪和压头等）对板带实际出口厚度连续地进行测量，并根据实测值与设定值比较后的偏差信号，利用控制回路和装置或计算机的功能程序，改变压下位置、张力或轧制速度，把厚度控制在允许范围内。实现厚度自动控制的系统称为“AGC”（Automatic Gauge Control）。厚度自动控制系统的组成如图 7-22 所示。

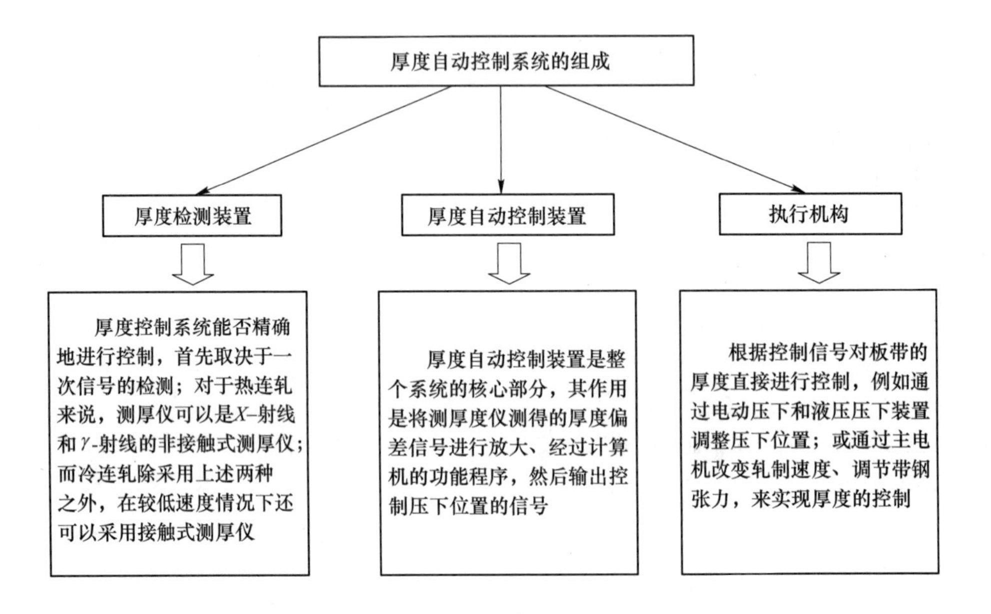

图 7-22　厚度自动控制系统的组成

根据轧制过程中控制信息流动和作用情况不同，厚度自动控制系统可分为反馈式、前馈式、监控式、张力式和金属秒流量式等。按照设定方式和轧机压下效率补偿环节的不同，厚度自动控制系统可分为轧制力 AGC、相对值 AGC 和绝对值 AGC。

厚度自动控制过程如图 7-23 所示，板带从轧件中轧出之后，利用测厚仪测出实际厚度 $h_{实}$，并与设定值 $h_{设}$ 相比较，得到厚度偏差 $\Delta h=h_{设}-h_{实}$，当二者数值相等时，厚度差运算器的输出为零，即 $\Delta h=0$。当出现厚度偏差 Δh 时，该值反馈给厚度自动控制装置，变换为辊缝调节的控制信号，输出给执行机构，由压下电动机带动压下螺丝作相应的调节，以消除此厚度偏差。

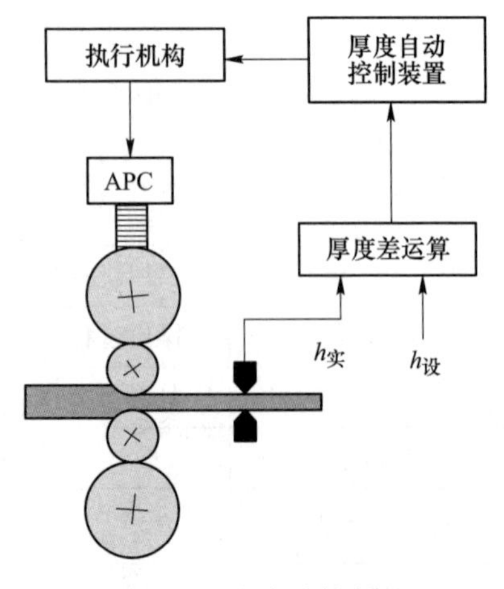

图 7-23　厚度自动控制过程

思考与练习

知识闯关
弹塑性曲线的应用

1. 判断

(　　)(1) 轧机抵抗弹性变形的能力称为轧机刚度。

(　　)(2) 轧件的变形抗力越大，轧机的弹跳值越大。

(　　)(3) 轧机的刚度增加时，实际轧出厚度将减小。

(　　)(4) 轧制压力越大，则轧件压下越多，轧出厚度越小。

(　　)(5) 只要轧机原始辊缝不变，不管来料厚度如何波动，轧出厚度都不变。

2. 简答

(1) 弹塑性曲线为什么会得到广泛应用？

(2) 什么是 P-h 图？它有何实际意义？

(3) 什么是轧机的刚性系数？它与轧件的尺寸精度关系如何？生产中如何根据该系数控制产品尺寸精度？

(4) 如图 7-24 所示，当原始辊缝为 s_0、来料厚度为 H 时，轧出厚度为 h。若来料厚度产生波动（由 H 波动到 H_1），轧出厚度将由 h 变为 h_1，即产生了 Δh 的厚度偏差。分析轧出厚度偏差 Δh 与来料厚度偏差 ΔH 的关系。若要调整辊缝来消除偏差 Δh，辊缝调整量 Δs 与 ΔH 有何关系？

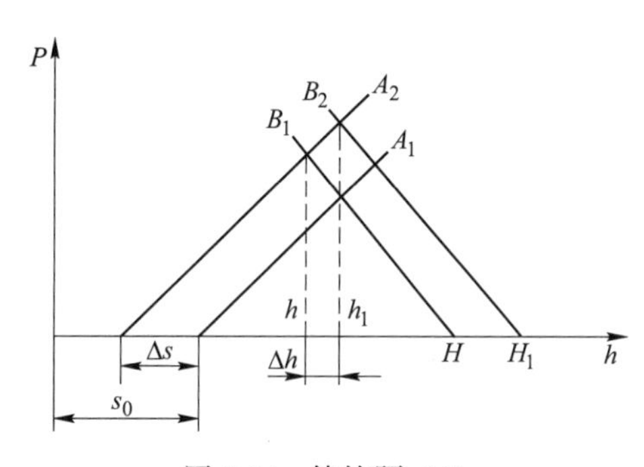

图 7-24　简答题（4）

(5) 若某道次轧制力 P 为 3000t，轧机刚度 K 为 1500t/mm，初始辊缝 s_0 为 4.5mm，求轧后钢板厚度 h。

(6) 已知某轧机刚性系数为 500t/mm，入口厚度 H 为 28mm，辊缝 s_0 为 18mm，预压力 P_0 为 1000t，轧制压力 P 为 2000t，求实际压下量。

能量小贴士

温、良、恭、俭，让。——《论语》

参 考 文 献

[1] 段小勇. 金属压力加工理论基础 [M]. 北京：冶金工业出版社，2010.
[2] 任汉恩. 金属塑性变形与轧制原理 [M]. 北京：冶金工业出版社，2015.
[3] 黄守汉. 塑性变形与轧制原理 [M]. 北京：冶金工业出版社，2002.
[4] 赵志业. 金属塑性变形与轧制理论 [M]. 北京：冶金工业出版社，1994.
[5] 曲克. 轧钢工艺学 [M]. 北京：冶金工业出版社，2005.
[6] 王廷溥，齐克敏. 金属塑性加工学 [M]. 北京：冶金工业出版社，2012.
[7] 吴爱新. 金属塑性变形与轧制技术 [M]. 北京：北京大学出版社，2013.
[8] 编辑委员会. 中国冶金百科全书：金属塑性加工 [M]. 北京：冶金工业出版社，1999.